机械零部件设计禁忌

第 2 版

于惠力　潘承怡　向敬忠　冯新敏　编著

机 械 工 业 出 版 社

本书在第 1 版的基础上，以机械零部件的设计为主框架，以设计方法和结构设计实践为主要内容，结合作者多年来从事机械设计教学、科研和实际设计的丰富经验，尤其结合在设计实践中遇到的各种问题，从正反两个方面阐述了常用机械零部件的设计方法及设计中常出现的错误和需要注意的问题，同时通过大量的工程设计实例，对设计方法进行了正误分析，在整个设计实例设计过程的各个节点列出了需要注意的问题或者禁忌，并增加了机械创新设计与禁忌的内容，突出了本书内容的实用性。

本书内容简明扼要，深入浅出，图文并茂，实用性强，对机械工程技术人员的设计工作和广大相关专业大专院校师生的学习具有重要的指导意义。

图书在版编目（CIP）数据

机械零部件设计禁忌/于惠力等编著. —2 版. —北京：机械工业出版社，2017.12

ISBN 978-7-111-60676-5

Ⅰ.①机… Ⅱ.①于… Ⅲ.①机械元件-设计 Ⅳ.①TH13

中国版本图书馆 CIP 数据核字（2018）第 183807 号

机械工业出版社（北京市百万庄大街 22 号　邮政编码 100037）

策划编辑：黄丽梅　责任编辑：黄丽梅

责任校对：肖　琳　封面设计：马精明

责任印制：孙　炜

天津翔远印刷有限公司印刷

2018 年 10 月第 2 版第 1 次印刷

184mm×260mm · 20 印张 · 488 千字

0001—3000 册

标准书号：ISBN 978-7-111-60676-5

定价：69.00 元

前　言

随着科学技术的飞速发展，对各种产品的设计要求越来越高，就机械工程而言，机械零部件的高效优质设计尤为重要。然而，科学技术越是向高度发展，人们的着眼点往往越是偏重于高新技术，而忽视了设计过程中的基础性和一般性问题，并因此给产品的经济效益带来损失，这是需要人们十分重视和必须克服的重要问题。

机械零部件的设计理论、设计方法对机械设计人员来说是非常重要的。本书将常用机械零部件的设计理论和设计计算与设计禁忌两部分内容有机地结合起来，以常用机械零部件的设计为主框架，以设计方法和结构设计实践为主要内容，结合我们多年来从事机械设计教学、科研和实际设计的丰富经验，尤其结合在设计实践中遇到的各种问题，从禁忌的角度提出如何解决机械零部件的设计问题。

本书自 2006 年 11 月出版以来，受到广大读者的喜爱，现特推出第 2 版。第 2 版在现行国家标准的指导下，除了对第 1 版中存在的问题进行了更正，还增加了设计实例以及机械创新设计与禁忌的内容，在本书中所述的整个设计过程中的各个节点都列出需要注意的问题或者禁忌，以便读者更好地学习和掌握相关的内容。

本书从正面——基本理论及设计方法的角度阐述了常用机械零部件的基本设计方法，从反面——禁忌的角度阐述了常用机械零部件设计中经常容易出现的错误问题，尤其是结构设计的错误；同时，还通过大量的工程设计实例，采用图文并茂的方法进行正误分析，突出了本书内容的实用性。

本书注重基本理论、基本知识和基本技能，突出实用性和工程性；内容简明扼要，深入浅出，图文并茂，可帮助读者在短时间内高效优质地掌握常用机械零部件的设计方法及工程应用。对广大机械工程技术人员的设计工作和广大相关专业大专院校师生的学习具有现实的指导意义。

本书共 18 章，参加本书编写的人员为：于惠力（第 1、2、3、4、18 章），潘承怡（第 9、10、11、12、13 章），向敬忠（第 5、6、7、8 章），冯新敏（第 14、15、16、17 章）。

在本书使用的过程中，有很多读者来电来函咨询更多的问题，也对本书的修订提出了一些有价值的改进意见，在此一并表示感谢！

由于作者知识和能力有限，书中错漏和不足之处，敬请读者指正。

作　者

目　　录

第 1 章   螺纹连接与螺旋传动

由螺纹零件构成的可拆连接称螺纹连接。由于螺纹零件是标准件，因此构成的螺纹连接具有成本低、结构简单、装拆方便、工作可靠等优点，是目前应用最广泛的一种连接零部件。螺纹连接的设计主要包括选择螺纹连接类型、螺纹连接受力分析及强度计算、螺栓组连接的结构设计与表达、提高螺纹连接强度的措施等。

螺旋传动是通过螺母和螺杆的旋合传递运动和动力的机械传动。

1.1   螺纹连接的主要类型、性能等级、公差、精度及禁忌

1.1.1   螺纹的分类、选择及禁忌

工程上，螺纹通常可根据螺纹的母体形状、牙型、旋向及线数来进行划分。

1. 按螺纹母体形状分类

按母体形状，螺纹可分为两种，即圆柱螺纹和圆锥螺纹。由于圆锥螺纹不便于加工，其使用受到了限制，因此在工程中很少使用；而圆柱螺纹便于加工，因此在工程中使用很多。

2. 按螺纹的牙型分类

按螺纹在螺杆轴向剖面上的形状即牙型，螺纹可分为以下四种：

（1）普通（三角形）螺纹 牙型角（螺纹相邻两条边之夹角）$\alpha = 60°$，轮廓形状为等腰梯形。螺纹副的运动关系可视为槽面摩擦问题，因此，由机械原理可知当量摩擦因数为

$$f_v = \frac{f}{\cos\dfrac{\alpha}{2}} \tag{1-1}$$

因为牙型角 α 大，所以当量摩擦因数 f_v 大；而 $f_v = \tan\rho_v$ 大，从而当量摩擦角 ρ_v 大。螺纹副的自锁条件为：螺旋线导程角小于当量摩擦角，即 $\varphi \leq \rho_v$ 时能自锁。因常用普通螺纹（M10~M60）的螺旋线导程角 φ 通常在 1.5°~3.5° 之间，而当量摩擦因数 f_v 在 0.1~0.15 之间，当量摩擦角 ρ_v 在 6°~8° 范围内，因此普通螺纹恒满足自锁条件，可以用于连接。普通螺纹又分为粗牙和细牙两种。在外径相同的条件下，细牙螺纹比粗牙螺纹的底径大，因此连接强度更高；由于细牙螺纹的螺距小，因此螺旋线导程角 φ 小，故在当量摩擦角 ρ_v 一定的情况下，细牙螺纹比粗牙螺纹的自锁性更好。

设计禁忌 1：在薄壁容器或设备上，一般不用粗牙螺纹，避免对薄壁件损伤太大。因为细牙螺纹的牙高小，对薄壁件损伤小，并且可以提高连接强度（细牙螺纹比粗牙螺纹底径大，根部面积大）和自锁性。

设计禁忌 2：在一般机械设备上用于连接的螺纹一般不采用细牙螺纹，尤其是受拉螺栓，原因读者可以自行分析。

（2）矩形螺纹 其牙型为特殊矩形，即正方形，因此其牙型角 $\alpha = 0°$。当螺旋线导程角

φ 相同时，由式（1-1）可知：因为矩形螺纹的牙型角比普通螺纹的牙型角小，因此矩形螺纹的当量摩擦因数 f_v 小；又由于 $f_v = \tan\rho_v$，所以矩形螺纹比普通螺纹的当量摩擦角 ρ_v 小，自锁性差，因此不能用于连接。

由机械原理可知，螺纹副的效率公式为

$$\eta = \frac{\tan\varphi}{\tan(\varphi+\rho_v)} \tag{1-2}$$

式中 η——螺纹副的效率；

φ——螺旋线导程角（°）；

ρ_v——螺纹的当量摩擦角（°）。

因此，当螺旋线导程角 φ 相同时，矩形螺纹的当量摩擦角 ρ_v 比普通螺纹的小，因此效率 η 高，通常用于传递力。

由于相同尺寸的矩形螺纹的根部面积比普通螺纹的小，因此其强度比普通螺纹低。

设计禁忌：矩形螺纹不能用于连接，因为自锁性不好。

（3）梯形螺纹 其牙型为牙型角 $\alpha = 30°$ 的等腰梯形。由式（1-1）可知：与普通螺纹相比，它的当量摩擦因数 f_v 小，自锁性不如普通螺纹，一般不能用于连接，通常用来传递力。由式（1-2）可知，其效率 η 比普通螺纹高，但比矩形螺纹低一些。由于梯形螺纹的底径比矩形螺纹的大，因此其强度比矩形螺纹的高。综合考虑，梯形螺纹是工程上用得最多的一种传力螺纹。

设计禁忌：梯形螺纹不能用于连接，因为自锁性不好。

（4）锯齿形螺纹 其牙型为锯齿形，一侧牙型角 $\alpha_1 = 30°$，另一侧（即工作面）牙型角 $\alpha_2 = 3°$，因此只能承受单向轴向力。又由式（1-2）可知，其效率 η 高于梯形螺纹，但根部面积比梯形螺纹小，因此强度比梯形螺纹稍低。

设计禁忌：锯齿形螺纹不能用于连接，因为自锁性不好。

3. 根据螺纹的旋向分类

根据旋向，螺纹可分为右旋螺纹及左旋螺纹，常用右旋螺纹，特殊情况下才用左旋螺纹。

设计禁忌：普通用途的螺纹一般不选用左旋，默认为右旋，只有特殊情况（例如设计螺旋起重器或煤气罐的减压阀时）才选用左旋螺纹。

4. 根据螺纹的线数分类

根据线数，螺纹可分为单线螺纹和多线螺纹，单线螺纹最常用，当要求效率高时可采用多线螺纹。

设计禁忌：用于连接的螺纹不能选用多线螺纹，因为多线螺纹的自锁性不好，连接性能差。

1.1.2 螺纹连接的主要类型及选用禁忌

1. 螺纹连接的类型

螺纹连接有四种基本类型：螺栓连接、螺钉连接、双头螺柱连接和紧定螺钉连接；还有两个特殊类型：地脚螺栓连接与吊环螺钉连接。如何正确选择这些连接类型是螺纹连接设计的重要问题之一。螺纹连接的主要类型如图 1-1~图 1-5 所示。

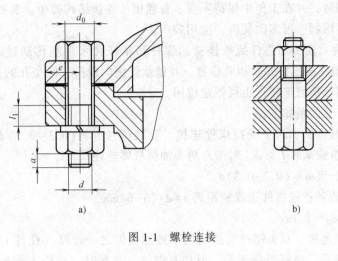

图 1-1 螺栓连接

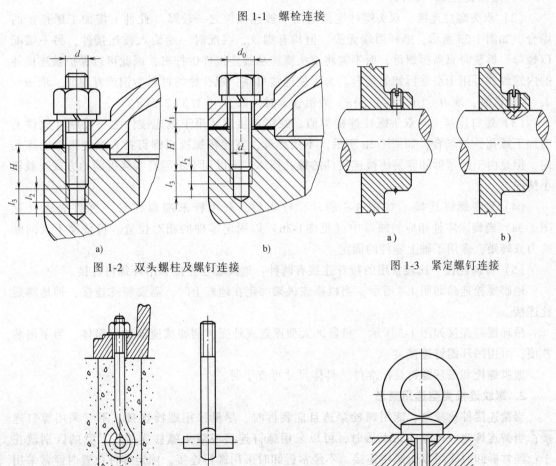

图 1-2 双头螺柱及螺钉连接

图 1-3 紧定螺钉连接

图 1-4 地脚螺栓连接

图 1-5 吊环螺钉连接

（1）螺栓连接　螺栓连接用于被连接件不太厚的情况，它是用螺栓穿过被连接件的光孔后拧紧螺母来实现的。螺栓连接分为两种结构，即普通螺栓连接和六角头加强杆螺栓连接。普通螺栓连接也称受拉螺栓连接，如图 1-1a 所示，通孔为钻孔，因此加工精度要求低。

螺栓和孔壁间有间隙，并在工作中保持不变。普通螺栓连接结构简单，装拆方便，使用时不受被连接件的材料限制，可多次装拆，应用较广。

图 1-1b 所示为六角头加强杆螺栓连接，螺杆和螺杆孔采用基孔制过渡配合（H7/m6，H7/n6），能精确固定被连接件的相对位置，并能承受横向载荷，但是孔的加工精度要求高，需钻孔后铰孔，用于精密连接，也可做定位用。

螺栓连接的尺寸关系如下：

1）螺纹余留长度 l_1：对于受拉螺栓连接，静载荷时 $l_1 \geqslant (0.3 \sim 0.5)d$，变载荷时 $l_1 \geqslant 0.75d$，冲击或弯曲载荷时 $l_1 \geqslant d$，对于六角头加强杆螺栓连接，$l_1 \approx d$。

2）螺纹伸出长度 $a \approx (0.2 - 0.3)d$。

3）螺栓的轴线到被连接件边缘的距离 $e = d + (3-6)\,\mathrm{mm}$。

4）通孔直径 $d_0 \approx 1.1d$。

（2）双头螺柱连接 双头螺柱连接适用于被连接件之一较厚（此件上需加工螺孔）的场合，如图 1-2a 所示，螺杆两端无头，但均有螺纹，装配时一端旋入被连接件，另一端配以螺母。拆装时只需拆螺母，而不需将双头螺栓从被连接件中拧出，因此可以保护被连接件的内螺纹，可用于经常拆卸的场合。为了使连接可靠，螺孔处的材料为钢或青铜时，取 $H \approx d$；为铸铁时，取 $H \approx (1.25 \sim 1.5)d$；为铝合金时，取 $H \approx (1.5 \sim 2.5)d$。

（3）螺钉连接 与双头螺柱连接类似，螺钉连接也适用于被连接件之一较厚（此件上需加工螺孔）的场合，如图 1-2b 所示，不用螺母，直接将螺栓或螺钉拧入被连接件的螺孔内，但是由于经常拆卸容易使被连接件的螺孔损坏，所以用于不需经常装拆的地方或受载较小情况。

（4）紧定螺钉连接 如图 1-3 所示，拧入后，利用杆末端顶住另一零件表面（见图 1-3a）或旋入零件相应的缺口中（见图 1-3b）以固定零件的相对位置。可传递不大的轴向力或转矩，多用于轴上零件的固定。

（5）特殊连接 比较常用的特殊连接有两种：地脚螺栓连接和吊环螺钉连接。

地脚螺栓连接如图 1-4 所示，当机座或机架固定在地基上时，需要特殊连接，即地脚螺栓连接。

吊环螺钉连接如图 1-5 所示，机器的大型顶盖或外壳，例如减速器的上箱体，为了吊装方便，可用吊环螺钉连接。

地脚螺栓和吊环螺钉是标准件，具体尺寸可查手册。

2. 螺纹连接类型选用禁忌

当被连接件比较薄、能用螺栓穿透且能装拆时，尽量采用螺栓连接，不要采用螺钉连接；当被连件之一很厚、钻不透时，可以采用螺钉连接或双头螺柱连接。二者的区别就在于：经常拆卸时采用双头螺柱连接，不经常拆卸时采用螺钉连接。固定零件位置时经常采用紧定螺钉连接。

3. 普通螺栓连接设计禁忌

普通螺栓连接是工程中应用最广泛的一种螺纹连接方式。图 1-6a 所示的结构为普通螺栓连接设计的常见的错误示例。该螺栓连接设计有以下错误：

1）螺栓装不进去，应该掉头安装。

2）不应当用扁螺母，应选用六角螺母，因为此处螺母承受拉伸载荷。

3）弹簧垫圈的尺寸不对，按标准查出其直径和厚度，结果如图 1-6b 所示。

4）弹簧垫圈的缺口方向不对。

5）螺栓长度不对，根据被连接件的厚度，按 GB/T 5780—2016 应取标准公称长度 60mm。

6）铸造表面上应加沉孔。

7）被连接件的两块板上通孔的直径均应大于螺栓直径。

改正后的结构如图 1-6b 所示。

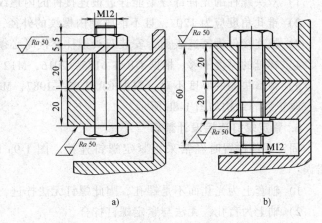

图 1-6　螺栓连接的结构

4. 螺钉连接设计禁忌

图 1-7a 所示的螺钉连接设计有如下错误：

1）此结构不应当用螺钉连接，因为作为被连接件的两块板都比较薄，只有当被连接件中有一个很厚、钻不透时才采用螺钉连接。此结构应当改为螺栓连接，具体结构和尺寸如图 1-7b 所示。

2）如果为螺钉连接，上边的板应该开通孔，螺钉的螺纹应与下边的板相拧紧，如图 1-7c所示。

3）图 1-7a 中虽然采用了螺钉连接，下边被连接件上的螺孔也应为通孔。

4）被连接件接合面处的相交线应当被螺钉挡住，不可见。

5）一般不采用全螺纹。

改正后的结构如图 1-7b、c 所示。

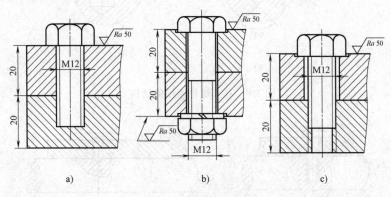

图 1-7　螺钉连接的结构

5. 双头螺柱连接设计禁忌

当被连接件中有一个很厚、钻不透时，还可采用双头螺柱连接。其与螺钉连接的区别就在于：经常拆卸时采用双头螺柱连接，以保护较厚的被连接件的内螺纹不被破坏。图 1-8a 所示的双头螺柱连接设计有如下错误：

1）双头螺柱的光杆部分不能拧进被连接件的内螺纹。

2）锥孔角度应为120°，且不能画到内螺纹的外径，应该画到钻孔的直径处。

3）被连接件为铸造表面，安装双头螺柱连接时必须将表面加工平整，故采用沉孔。

4）螺母的厚度不够，根据 GB/T 6175—2016，M12 的螺母其厚度 $m=11.57 \sim 12\text{mm}$。

5）弹簧垫圈的厚度不对，根据 GB/T 93—1987，M12 的弹簧垫圈的公称厚度为 3.1mm。

改正后的结构如图 1-8b 所示。

6. 紧定螺钉连接设计禁忌

固定零件位置时经常采用紧定螺钉连接。图 1-9a 所示的紧定螺钉连接的设计有如下错误：

1）轴套上为光孔而不是螺孔，因此螺钉无法拧进，应该在轴套上加工螺孔。

2）轴上为盲孔，无法与紧定螺钉拧合。

建议进行如下设计改进：当载荷较小时，可以改为如图 1-9b 所示的结构，即轴套上加工螺孔与紧定螺钉相拧合，紧抵在轴上的凹坑处进行定位。当载荷较大时，可以在轴上钻孔、攻螺纹，将紧定螺钉与轴上的内螺纹拧紧。

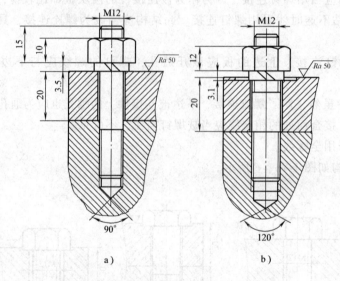

a)　　　　　　　　b)

图 1-8　双头螺柱连接的结构

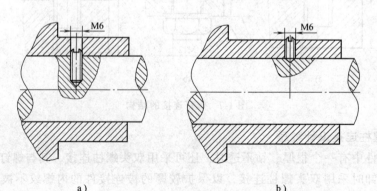

a)　　　　　　　　b)

图 1-9　紧定螺钉连接的结构

1.1.3 螺纹紧固件性能等级标注及公差选用禁忌

1. 螺纹紧固件性能等级标注禁忌

在机械设计中,涉及螺纹紧固件时不标出材料的牌号,因为同一材料经过不同的热处理后会得到不同的力学性能。因此,只需标出螺纹紧固件的性能等级(GB/T 3098.1—2010),不必标出材料。

例如错误的标注:螺栓 M10×40 45 GB/T 5782—2016。错误原因是:不能标出螺栓材料为 45 钢,需要标出螺栓的性能等级。

正确的标注:螺栓 M10×40 8.8级 GB/T 5782—2016。本例标出了螺栓的强度级别。螺栓的性能等级的选择可根据具体工作要求按 GB/T 3098.1—2010 进行选择。

2. 螺纹公差及精度标注禁忌

1)图 1-10 所示为普通内、外螺纹配合的标注,图 1-10a 所示为不完整的螺纹标注,没有标出公差带代号,不适合精度要求较高、比较重要的螺纹连接,此时应按图 1-10b 所示进行完整的普通内、外螺纹配合的标注。

2)图 1-11 所示为普通内螺纹标注。图 1-11a 所示为不完整的螺纹标注,没有标出公差带代号,不适合精度要求较高、比较重要的螺纹连接,此时应按图 1-11b 所示进行完整的普通内螺纹标注。

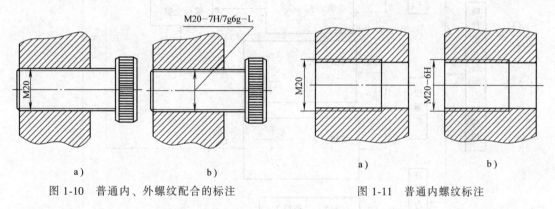

图 1-10 普通内、外螺纹配合的标注   图 1-11 普通内螺纹标注

3)图 1-12 所示为梯形内、外螺纹配合标注。图 1-12a 所示为不完整的标注,没有标出公差带代号,不适合精度要求较高、比较重要的螺纹连接,此时应按图 1-12b 所示进行完整的梯形内、外螺纹配合的标注,横线上面为右旋螺纹的标注,如果为左旋螺纹,则按横线下面的标注。

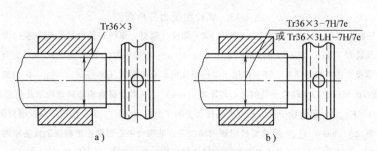

图 1-12 梯形内、外螺纹配合的标注

1.2 螺栓组连接的受力分析及禁忌

1.2.1 螺栓组连接的受力分析概述

螺栓一般都成组使用，因此设计螺栓直径时，必须首先分析计算出作用于一组螺栓几何形心的外力是轴向力、横向力、扭矩还是翻倒力矩，并计算出大小；然后根据该外力的大小，求出一组螺栓中受力最大的螺栓所受的力（见图 1-13 所示的螺栓组受力分析框图）；再针对该螺栓组的受力进行强度计算，以便确定直径（见图 1-18 所示的螺栓连接强度计算框图）。

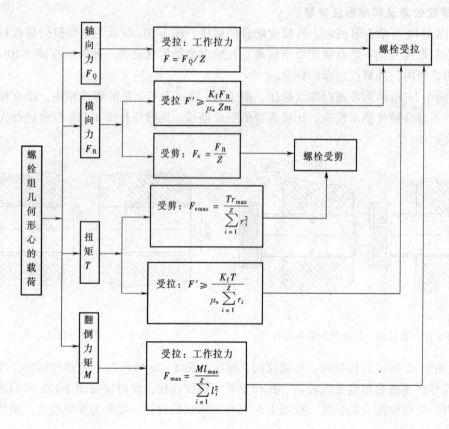

图 1-13　螺栓组受力分析框图

F_Q—轴向力（N）　F—工作拉力（N）　Z—螺栓（螺钉、螺柱）的个数　F_R—横向力（N）

F'—预紧力（N）　K_f—可靠系数，取 1.1~1.3　μ_s—摩擦因数，取 0.1~0.3　m—接合面数

F_s—单个螺栓受的剪切力（N）　T—作用于螺栓组几何形心的扭矩（N·mm）　r_{max}—距离螺栓组几何形心最远的螺栓中心到螺栓组几何形心的距离（mm）　r_i—各个螺栓中心到螺栓组几何形心的距离（mm）　F_{max}—一组螺栓中受力最大的螺栓所受的工作拉力（N）　M—作用于螺栓组翻倒轴线的翻倒力矩（N·mm）　l_{max}—距离螺栓组翻倒轴线最远的螺栓中心到螺栓组翻倒轴线的距离（mm）　l_i—各个螺栓中心到螺栓组翻倒轴线的距离（mm）

1.2.2 螺栓组连接的受力分析禁忌

1. 忌不将外力移到螺栓组几何形心

如图 1-14a 所示的螺栓组受力分析图例，在进行螺栓组受力分析时，将外力 R 分解为水平方向的力 H 和垂直方向的力 P 是对的，对于螺栓组来讲，H 是横向力，P 是轴向力。但是，如果直接将横向力、轴向力代入受力分析公式进行计算，是错误的，其原因是没有将外力移到螺栓组几何形心后再代入公式中进行计算。

正确的受力分析应当如图 1-14b 所示，将水平方向的力 H 和垂直方向的力 P 移到螺栓组几何形心（图中的 O 点）。水平方向的力 H 变为横向力 H 及翻倒力矩 M_H，顺时针方向；垂直方向的力 P 变为轴向力 P 及翻倒力矩 M_P，逆时针方向。总的翻倒力矩 M 为 M_H 与 M_P 之代数和。这样可按上述螺栓组受力分析框图中的公式进行计算。

2. 将扭矩与弯矩相混淆

如图 1-15a 所示的螺栓组，在进行受力分析时，如果将外力 F_Σ 移到螺栓组几何形心后，得到一个横向力 F_R 和翻倒力矩 M，那是极大的错误，因为该力矩的作用面是垂直于螺栓的轴线。正确的受力分析如图 1-15b 所示：外力 F_Σ 移到螺栓组几何形心后，得到一个横向力和扭矩；只有当该力矩的方向是平行于螺栓的轴线时，如图 1-16 所示，将外载荷移到螺栓组几何形心才是翻倒力矩 M。

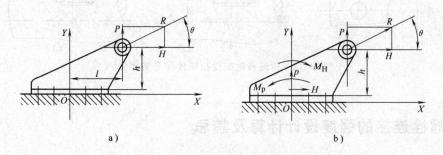

a)   b)

图 1-14 螺栓组受力分析图例

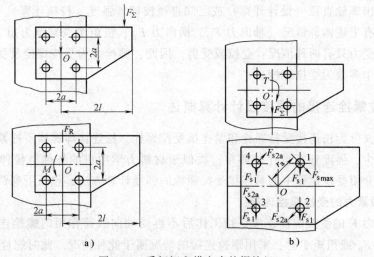

a)   b)

图 1-15 受扭矩和横向力的螺栓组

3. 受拉螺栓与受剪螺栓相混淆

当外载荷为横向力时，螺栓就一定受剪切吗？不一定，要看设计的是受剪螺栓（六角头加强杆螺栓）还是受拉螺栓。如果设计成六角头加强杆螺栓连接，安装时不需拧太紧，因此可以忽略预紧力 F'，如图 1-17a 所示的联轴器，螺栓组受扭矩作用，但是对于每一个螺栓连接处相当于受一个横向力作用。如果设计成如图 1-17b 所示的六角头加强杆螺栓连接，则此横向力直接作用到螺栓杆上，螺栓受剪切。如果设计成如图 1-17c 所示的受拉螺栓连接，则对于每个螺栓而言，横向力被接合面间的摩擦力平衡整个螺栓组受的扭矩则与接合面上的压力产生的摩擦力矩平衡。压力是由拧紧螺栓时每个螺栓受到轴向拉力，而被连接件受到夹紧力产生的，此轴向拉力即预紧力 F'。因此螺栓没有受到剪切，只受到预紧力 F'，即只受拉而不受剪。

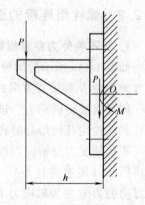

图 1-16　正确的受力分析

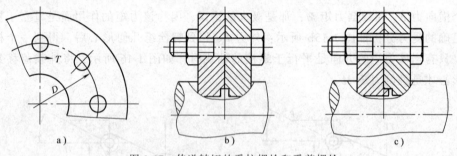

图 1-17　传递转矩的受拉螺栓和受剪螺栓

1.3　螺栓连接的强度设计计算及禁忌

螺栓组受力分析的目的在于求出一组螺栓中受力最大的螺栓所受的力，然后进行强度计算，即由力求出螺栓直径（设计计算）或已知直径校核其强度（校核计算）。尽管作用于一组螺栓的外力有上述四种情况（轴向力 F_Q、横向力 F_R、扭矩 T 及翻倒力矩 M），但对于单个螺栓本身的受力只有两种情况：受拉或受剪。因此，螺栓分为受拉螺栓及受剪螺栓两种情况，工程应用中多数为受拉螺栓。

1.3.1　受拉螺栓连接的强度设计计算概述

受拉螺栓又分为松连接受拉螺栓和紧连接受拉螺栓。松连接即螺栓不拧紧、不受力，工程中应用得较少，强度计算也比较简单，类似于材料力学中讲的杆件纯拉伸，此处不做介绍。本节重点介绍受拉螺栓中的紧连接受拉螺栓的强度计算方法，包括下列两种情况：

1. 只受预紧力的受拉螺栓连接

只受预紧力 F' 的受拉螺栓连接是指工作后不再受轴向载荷作用的螺栓连接。例如：外载荷为横向力 F_R 或扭矩 T 时，采用螺栓连接的情况属于此种情况。此时螺栓只受预紧力 F' 作用，其强度条件为

$$\frac{1.3F'}{\frac{\pi d_1^2}{4}} \leqslant [\sigma] \tag{1-3}$$

式中 F'——预紧力（N）；

d_1——螺栓的小径（mm）；

$[\sigma]$——螺栓的许用应力（N/mm²）。

此公式可理解为：螺栓被拧紧时既受拉力又受扭矩，根据第四强度理论，拉扭合成的结果相当于纯拉力作用的 1.3 倍。应深刻理解 1.3 的物理意义，绝非安全系数、可靠系数等，计算时绝对不能丢掉。

2. 既受预紧力又受工作载荷的受拉螺栓

既受预紧力又受工作载荷的受拉螺栓是指受拉螺栓的外载荷为轴向力 F_Q 或翻倒力矩 M，其强度条件为

$$\frac{1.3F_0}{\frac{\pi d_1^2}{4}} \leqslant [\sigma] \tag{1-4}$$

式中，F_0 为螺栓的总拉力。1.3 的物理意义可理解为：当个别螺栓松动时进行补充拧紧，该螺栓被拧紧时在轴向力 F_0 作用下既受拉力又受扭矩。根据第四强度理论计算，拉扭合成的结果相当于纯拉力作用的 1.3 倍。

F_0 的计算公式为

$$F_0 = F' + K_C F \tag{1-5}$$

$$F_0 = F'' + F \tag{1-6}$$

式中 F——工作拉力（N）；

F''——螺栓的残余预紧力（N）；

K_C——螺栓的相对刚度，当被连接件为钢铁制成时，一般可根据垫片材料选取 K_C 值，金属垫片或不用垫片为 0.2~0.3，皮革垫片为 0.7，铜皮石棉垫片为 0.8，橡胶垫片为 0.9。

式（1-5）、式（1-6）中的工作拉力 F 是由轴向力 F_Q 或翻倒力矩 M 引起的，其值可由图 1-13 中的公式求得。

如螺栓受变载荷作用，除按上述公式进行设计或校核外，尚需验算螺栓的应力幅，即 $\sigma_a \leqslant [\sigma_a]$。详细内容参考机械设计教材，此处不赘述。

螺栓强度计算以图 1-18 所示框图进行总结。

1.3.2 受拉螺栓连接的强度设计计算禁忌实例分析

1. 受力分析混淆

在进行单个螺栓连接强度计算时，没有分清是只受预紧力还是既受预紧力又受工作载荷，导致计算公式有误。若采用了普通螺栓，即受拉螺栓，则应在做螺栓强度计算求直径或已知直径校核强度时，将外载荷移至螺栓组几何形心进行分析。

图 1-19a 示出了一组螺栓连接的受力图，在进行受力分析时，如图 1-19b 所示是错误的，因为力 P 移至螺栓组几何形心 O 后不仅是一个横向力 F_R，还应有翻倒力矩。因此，对左边

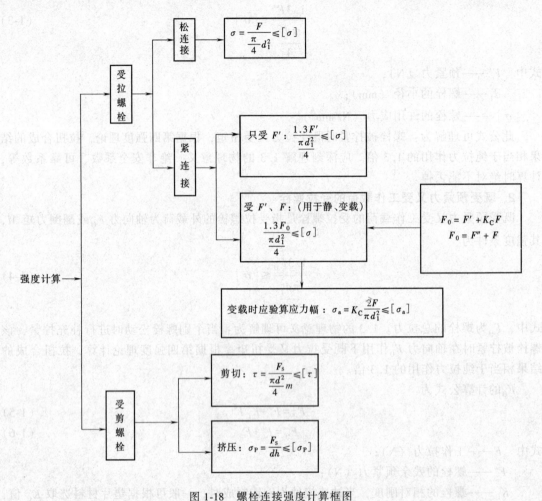

图 1-18　螺栓连接强度计算框图

σ_a—应力幅（MPa）　　$[\sigma_a]$—许用应力幅（MPa）　F_s—每个螺栓受的横向力（N）　m—接合面数

τ—剪应力（MPa）　　$[\tau]$—许用剪应力（MPa）　　σ_P—压应力（MPa）　　$[\sigma_P]$—许用压应力（MPa）

d—螺栓剪切面的直径（mm）　　h—被连接件受挤压孔壁的最小长度（mm）

的螺栓来说，不仅仅受到预紧力作用，还同时受到由翻倒力矩产生的工作载荷。

图 1-19c 所示是正确的受力分析，外载荷 P 移至螺栓组几何形心 O。对螺栓组来说外载荷是一个横向力 F_R 和一个翻倒力矩 M；对单个螺栓来说，属于既受预紧力又受工作拉力的紧连接螺栓。

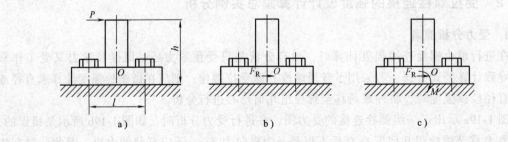

图 1-19　螺栓连接受力图

（1）螺栓组受力分析

横向力：$F_R = P$

翻倒力矩：$M = Ph$

（2）单个螺栓的受力分析

每个螺栓受的剪切力：$F_s = F_R/2 = P/2$ （螺栓个数为 2）

左面的螺栓受到由翻到力矩引起的工作拉力：

$$F = \frac{Ml_{max}}{\sum\limits_{i=1}^{2} l_i^2} = \frac{Phl/2}{2 \times (l/2)^2} = Ph/l$$

（3）求螺栓的预紧力　在翻倒力矩作用下，底板左半部分的压力减小，但是底板右半部分的压力以同样的程度增大，因此，翻倒力矩对接合面处的摩擦力没有影响。所以，由底板不右滑的条件，即接合面间的摩擦力大于或等于横向力的条件有

$$Z\mu_s F'm \geq K_f F_R$$

此处两块板连接只有计一个摩擦面，因此接合面数 $m = 1$，取 $K_f = 1$，则

$$F' \geq \frac{K_f F_R}{Z\mu_s m} = \frac{F_R}{2\mu_s} = \frac{P}{2\mu_s}$$

（4）计算螺栓的总拉力 F_0

选金属垫片得螺栓的相对刚度为：$K_C = 0.2$

所以螺栓的总拉力为：$F_0 = F' + K_C F = \dfrac{P}{2\mu_s} + 0.2\dfrac{Ph}{l}$

（5）计算螺栓小径 d_1

$$d_1 \geq \sqrt{\frac{4 \times 1.3 F_0}{\pi[\sigma]}} = \sqrt{\frac{4 \times 1.3\left(\dfrac{P_s}{2\mu_s} + 0.2\dfrac{Ph}{l}\right)}{\pi[\sigma]}}$$

2. 总拉力及力的方向计算错误

在对单个螺栓进行强度计算时，如果没有分清总拉力的计算方法，将总拉力等于预紧力 F' 加工作拉力 F，忽略了相对刚度的影响，得出的结果将是错的。

例如图 1-20 所示的螺栓（钉）组连接，如果题目不加说明，一般是采用普通螺栓（或螺钉）连接，即受拉螺栓。由强度计算直径或已知直径校核强度时，

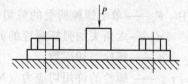

图 1-20　螺栓（钉）组连接

按一般规律是将外载荷移至螺栓组几何形心。但图示的外载荷已经在螺栓组的几何形心了，因此可以直接计算单个螺栓受力及强度。

螺栓组只受轴向载荷 P（为负值，因为拉为正，压为负），单个螺栓受的工作拉力为 $F = -P/4$，螺栓受的总拉力不应该为预紧力 F' 加工作载荷 F，即 $F_0 = F' - P/4$ 的计算是错误的。

正确的解法应该是：考虑螺栓及被连接件都是弹性体，都有弹性变形，因此单个螺栓受的总拉力应该等于预紧力 F' 加上工作拉力 F 的一部分，即

$$F_0 = F' + K_C F = F' - K_C \frac{P}{4}$$

而计算螺栓小径时，按一般规律，应代入
总拉力，即

$$d_1 \geqslant \sqrt{\frac{4 \times 1.3 F_0}{\pi [\sigma]}}$$

但此处比较特殊，由于预紧力 F' 大于总拉
力 F_0（因为工作拉力 F 为负，使螺栓的预紧力
F' 减小），所以应该用预紧力 F' 代入公式计算
更为合理，即

$$d_1 \geqslant \sqrt{\frac{4 \times 1.3 F'}{\pi [\sigma]}}$$

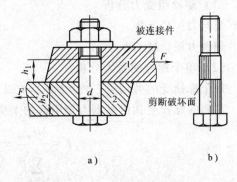

图 1-21　受剪螺栓连接

1.3.3　受剪螺栓连接的强度设计计算概述

受剪螺栓连接即用六角头加强杆螺栓（GB/T 27—2013）构成的连接，螺栓杆和螺栓孔
采用基孔制过渡配合（H7/m6，H7/n6），能精确固定被连接件的位置，并能承受横向载荷，
但是孔的加工精度要求高，需钻孔后铰孔，用于精密螺栓连接，也可用于定位。受剪螺栓连
接用于结构要求紧凑或连接空间受到限制的情况。如图 1-21 所示，受剪螺栓连接的失效形
式为螺栓的螺栓杆部分被压溃或螺栓杆被剪断。强度计算可利用材料力学的相应公式进行
计算。

（1）剪切强度计算

$$\frac{F_s}{\frac{\pi}{4} d^2 m} \leqslant [\tau] \tag{1-7}$$

（2）压缩强度计算

$$\frac{F_s}{dh} \leqslant [\sigma_P] \tag{1-8}$$

式中　F_s——单个螺栓所受的剪切力（N）；

　　　d——六角头加强杆螺栓的剪切面直径（mm）；

　　　m——螺栓剪切面数；

　　$[\tau]$——螺栓的许用切应力（N/mm²）；

　　　h——计算对象的受压高度（mm）；

　$[\sigma_P]$——计算对象的许用压应力（N/mm²）。

1.3.4　受剪螺栓连接的强度计算禁忌实例分析

1. 设计禁忌

1）当外载荷是横向力时，螺栓不一定受剪切，一定要区别外载荷与螺栓本身的受力方
向，两者可能一致，也可能不一致。例如：当外载荷为横向力时，螺栓如果设计成受拉螺
栓，则螺栓受拉而不受剪，如图 1-17 所示的联轴器传递转矩而采用受拉螺栓连接就是一个
例子。

2）当螺栓受横向力和扭矩联合作用时，计算时就不能先按受横向力作用求出单个螺栓

所受的横向力，再求出螺栓受扭矩作用时螺栓所受的横向力，然后代数相加。正确的做法应该是：当一组螺栓受扭矩 T 及横向力 F_R 作用时，对于单个螺栓来说，它受的力是由 T 产生的剪切力 F_{s1}（方向与回转半径垂直）及由横向力 F_R 产生的剪切力 F_{s2}（方向与 F_R 相同），而螺栓受的总剪切力为 $\boldsymbol{F}_{s1}+\boldsymbol{F}_{s2}$（矢量），如图 1-15 所示。如设计成受剪螺栓（六角头加强杆螺栓），此合力由螺栓光杆部分的剪切截面来承受；如设计成受拉螺栓，则此合力由接合面之间的摩擦力去承受，摩擦力的大小为 $\mu_s F'mZ$，从而求出每个螺栓所必需的最小预紧力 F'，再按螺栓只受预紧力的强度公式进行计算。

2. 实例分析

如图 1-22 所示，有一螺栓组连接。已知：$Q = 5000\text{N}$，$\alpha = 30°$，$a = 200\text{mm}$，$b = 300\text{mm}$，$c = 500\text{mm}$，螺栓的数目 $Z = 4$。求单个螺栓的设计载荷。

解： 1）螺栓组受力分析。将图 1-22a 中的外力 Q 移至螺栓组几何形心 O，得一横向力 F_R 及扭矩 T：

$$F_R = Q = 5000\text{N}$$

$$T = Qc\cos\alpha = 5000\text{N} \times 500\text{mm} \times \cos 30° = 2165 \times 10^3 \text{N} \cdot \text{mm}$$

2）求单个螺栓的设计载荷。

① 受剪螺栓连接的计算。如图 1-22b 所示，在力 F_R 作用下，每个螺栓都受到一个大小相等、与力 F_R 同方向的剪切力，即

$$F_{sQ} = \frac{F_R}{Z} = \frac{5000\text{N}}{4} = 1250\text{N}$$

在扭矩 T 作用下，每个螺栓都受到一个大小相等、方向与 O_iO 垂直的剪切力 F_{sT}，即

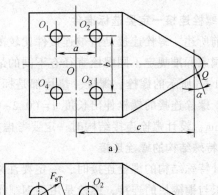

$$F_{sT} = \frac{Tr_{max}}{\sum\limits_{i=1}^{4} r_i^2} = \frac{T}{4r} = \frac{T}{4 \times \sqrt{\left(\dfrac{a}{2}\right)^2 + \left(\dfrac{b}{2}\right)^2}}$$

$$= \frac{2165 \times 10^3}{4 \times \sqrt{100^2 + 150^2}}\text{N} = 3002\text{N}$$

每个螺栓所受到的总剪切力为上述两剪切力的矢量和，可由余弦定理求得第 i 个螺栓所受的总剪切力为

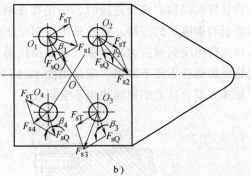

图 1-22　受横向力的螺栓组

$$F_{si} = \sqrt{F_{sQ}^2 + F_{sT}^2 - 2F_{sQ}F_{sT}\cos\beta_i}$$

式中，β_i 为第 i 个螺栓的 F_{sQ} 与 F_{sT} 夹角的补角，由图 1-22b 可知螺栓 2 受力最大，由图示几何关系不难算出 $\beta_2 = 153.69°$。

所以　　　　　$F_{smax} = F_{s2} = \sqrt{1250^2 + 3002^2 - 2 \times 1250 \times 3002 \times \cos 153.69°}\,\text{N} = 4160\text{N}$

设计此螺栓组连接时应按单个螺栓受横向力 $F_s = 4160\text{N}$ 作为设计载荷。

② 受拉螺栓连接的计算。对于设计成受拉螺栓，螺栓 2 的外载荷仍然是一个横向力

$F_s = 4160\mathrm{N}$，此横向力依靠接合面之间的摩擦力去平衡，因而螺栓必须有足够的预紧力以保证足够的摩擦力，即

$$\mu_s F' m Z \geqslant K_f F_s$$

从而求出

$$F' \geqslant \frac{K_f F_s}{\mu_s m Z}$$

式中，取 $K_f = 1.3$，接合面数 $m = 1$，$Z = 1$，$\mu_s = 0.15$，所以 $F' \geqslant \dfrac{K_f F_s}{\mu_s m Z} = 36050\mathrm{N}$。

尽管 4 个螺栓施加的预紧力可以不同，但为了设计和安装方便起见，每个螺栓的预紧力皆按最大的考虑。

1.4 螺栓及螺栓组连接的结构设计与禁忌

1.4.1 螺栓连接的设计与禁忌

1. 螺栓连接一定要选标准件

如前所述，螺栓连接是指被连接件比较薄、螺栓可以穿透的连接方式，结构设计时应该注意：国家标准规定不同螺栓直径有不同的最大长度，因此，不能穿透的禁忌设计成螺栓连接。图 1-6b 所示的螺栓、螺母、垫片都是标准件，尺寸一定要按标准查出。结构设计时还应注意：螺栓连接的螺栓伸出长度 $a = (0.2 \sim 0.3)d$；螺栓轴线到被连接件边缘的距离 $e = d + (3 \sim 6)\mathrm{mm}$；设计螺栓连接结构时一定要考虑如何安装与拆卸等问题。

2. 特殊结构的螺栓连接

设计特殊结构的螺栓连接时，一定要注意螺栓能装能拆的问题。例如图 1-23 所示为磁选机盖板与铜隔块的连接，螺栓是用碳钢制作的。禁忌采用图 1-23a 所示的连接结构，因为螺栓在运行中受到磁拉力脉动循环外载荷作用，易早期疲劳，出现螺栓卡磁头，造成螺栓折断，折断的螺栓不便于取出。应采用图 1-23b 所示的结构，成倒挂式连接，一旦出现螺栓折断，更换方便，昂贵的铜隔块也不会报废。

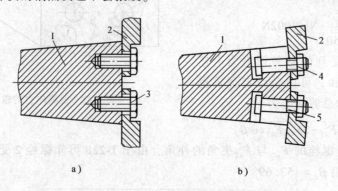

图 1-23 磁选机盖板与铜隔块的螺栓连接

1—铜隔块 2—压块 3—压盖螺钉 4—螺母 5—压盖螺栓

3. 高强度连接螺栓应配套使用

高强度螺栓连接是继铆接、焊接之后的一种新型钢结构连接形式。靠高强度螺栓以巨大的夹紧压力所产生的摩擦力来传递载荷，强度取决于高强螺栓的预紧力、钢板表面摩擦因数、摩擦面数及高强度螺栓数量。它具有施工安装迅速、连接安全可靠等优点，特别适合用在承受动力载荷的重型机械上。目前高强度连接螺栓在国外已广泛用于桥梁、起重机、飞机等的主要受力构件的连接。

图 1-24a 所示的高强度连接螺栓，存在下列问题：

1）装配图上无预紧力要求，也未注明必须用力矩扳手或专用扳手拧紧，使连接性能达不到预期效果，应在图样中注明。

2）对连接件表面未注明特别要求，表面不进行喷丸（砂）处理，且常有灰尘、油漆、油迹和锈蚀，降低了连接面抗滑移能力，应在图样中注明。

3）连接件不全，无垫圈，或只有一个垫圈，如图 1-24a 所示，容易造成连接体表面挤压损坏。应由两个高强垫圈组成，如图 1-24b 所示。

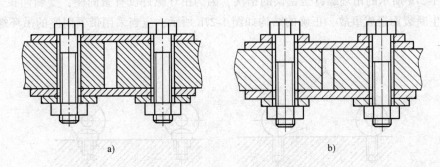

a)   b)

图 1-24　高强度连接螺栓

1.4.2　螺钉连接的结构设计与禁忌

1. 不按标准选螺钉

螺钉是标准件，选择螺钉的类型、直径及长度时，一定要按国家标准规定的系列进行选取，尽量不要任意设计成非标准的螺钉，否则，不仅增加了加工费用，同时互换性也得不到保证。

2. 螺钉螺纹连接部分不规范

图 1-25a 中，螺钉的钻孔深度 L_2、攻螺纹深度 L_1 都没按标准标出，正确的应按图 1-25b 所示，钻孔、攻螺纹、旋入深度必须按标准查出。

3. 滑动件的螺钉固定禁忌

滑动件的螺钉固定，例如

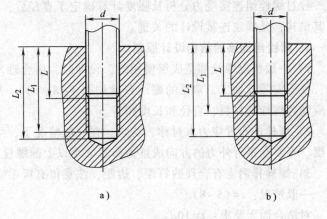

a)   b)

图 1-25　螺钉连接结构

滑动导轨，禁忌采用如图 1-26a 所示的结构，即只用沉头螺钉固定，因为这样固定只有一个螺钉能保证头部紧密结合，另外几个螺钉则由于存在加工误差而不能紧密结合，在往复载荷作用下，必然造成导轨的窜动。正确的结构如图 1-26b 所示，采用在端部能防止导轨窜动的结构。

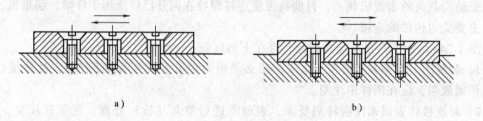

图 1-26　滑动件的固定结构

4. 吊环螺钉的固定禁忌

如图 1-27a 所示的吊环螺钉是错误的结构，因为吊环螺钉没有紧固座，受斜向拉力极容易在 a 处发生断裂而造成事故，正确的结构如图 1-27b 所示，应当采用带紧固座的吊环螺钉。

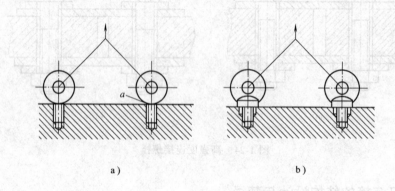

图 1-27　吊环螺钉的固定

1.4.3　螺栓组连接的结构设计与表达禁忌

经过螺栓组连接受力分析及强度计算确定了直径后，如何设计一组螺栓及如何正确表达出其结构，是螺纹连接设计的关键。

1. 螺栓组连接的结构设计原则

1）一般情况螺栓都是成组使用的，设计时，应合理地布置螺栓的位置，以使其受力均匀，便于安装及加工，常见的螺栓布置如图 1-28 所示。为了减少不同规格螺栓的数量，一般应使各螺栓的材料、直径和长度相等。

2）螺栓的布置应力求对称、均匀，在一般情况下，可初选螺栓的外径等于被连接件的厚度。不要在平行外力的方向成排地布置 8 个以上的螺栓，以免受力不均。

3）螺栓排列应有合理的钉距、边距，注意留有扳手空间。螺钉之间的钉距 t 应大致为：

一般情况：$t = (5 \sim 8) d$

对结合面无要求：$t = 10d$

要求结合严格密封：$t = 2.5d$

4）螺栓数目应考虑易于分度及加工。

5）螺栓与螺母底面的支撑面应平整，并与螺栓轴线垂直，以免产生附加弯矩而削弱螺栓的强度，例如铸造表面应加工。

2. 螺栓组连接的结构设计与禁忌

（1）圆形布置的螺栓组设计禁忌

如图 1-29a 所示，一组螺栓连接做圆形布置时禁忌设计成 7 个螺栓，即设计成奇数，因为不便于加工时分度；

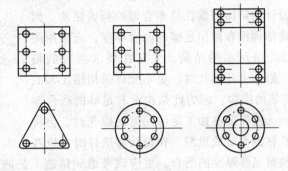

图 1-28 常见螺栓的布置

应该设计成如图 1-29b 所示的 8 个螺栓，这样便于分度及加工。一般分布在同一圆周上的螺栓数目应取 6、8、12 等易于分度的偶数数目，以利于划线钻孔。

（2）气密性螺栓组设计禁忌 气密性要求高的螺栓组连接设计钉距 t 时禁忌取得过大，如图 1-29c 所示，设计成两个螺栓是不合理的，因为一组螺栓做结构设计时，其相邻两螺栓的距离如取得太大，不能满足连接紧密性的要求，容易漏气，因此像气缸盖等气密性要求高的螺栓组连接应取如图 1-29d 所示的布置，取钉距 $t \geq 2.5d$，d 为螺栓外径。

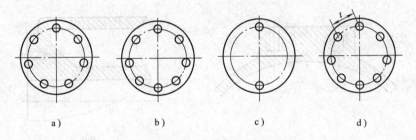

a)　　　　　　b)　　　　　　c)　　　　　　d)

图 1-29 圆形布置螺栓的个数与钉距

（3）在平行力的方向螺栓排列设计禁忌 如图 1-30a 所示，禁忌在平行外力 F 的方向并排地布置 9 个螺栓，因为此种布置螺栓受力不均，且钉距太小。建议改为图 1-30b 所示的 9 个螺栓的布置，使螺栓受力均匀，设计时还要注意螺栓排列应有合理的钉距、边距和留有扳手空间。

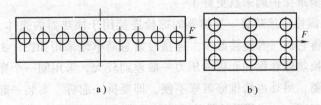

a)　　　　　　　　　　b)

图 1-30 在平行力的方向螺栓的排列

（4）螺孔边设计禁忌 如图 1-31a 所示，螺孔边禁忌没有倒角，这样拧入螺纹时容易损伤孔边的螺纹。改正后如图 1-31b 所示，将螺孔边加工成倒角。

（5）箱体的螺孔设计禁忌　如图 1-32a、b
所设计的箱体的螺孔是不合理的错误结构，因
为此结构没有留出足够的凸台厚度，应采用图
1-32c、d 所示的结构。尤其在要求密封的箱
体、缸体上开螺孔时，更不允许采用图 1-32a、
b 所示的结构，因为此结构没有足够的凸台厚
度，无法保证在加工足够深度的螺孔时，会将
螺孔钻透而造成泄漏。在设计铸造件时，应考

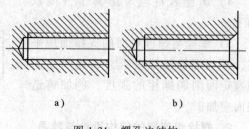

图 1-31　螺孔边结构

虑预留足够厚度的凸台，更应该考虑到铸造工艺的非常大的误差，必须留出相当大的加工
余量。

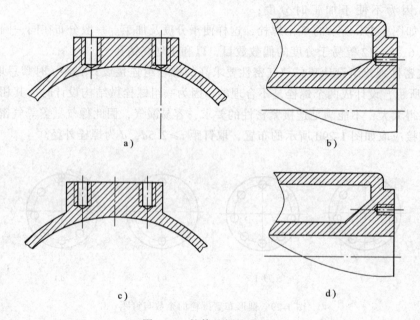

图 1-32　箱体的螺纹孔设计

（6）高速旋转部件的螺栓设计禁忌　高速旋转部件上的螺栓头部不允许外露，如图
1-33a 所示的结构是错误的。在高速旋转的旋转体设计的螺栓，例如工业上广泛使用的联轴
器，禁止将螺栓的头部外露，应将其埋入罩内，如图 1-33b 所示。如果能采用如图 1-33c 所
示的结构，即用安全罩保护起来就更好了。

（7）换热器的螺栓连接禁忌　换热器的螺栓连接用于换热器的壳体、管板和管箱之间，
由于结构的需要，将它们三者连接起来。连接时禁忌简单地采用如图 1-34a 所示的普通螺栓
连接的方法，因为换热器管程和壳程的压力一般差别较大，采用同一个穿透的螺栓不便兼顾
满足两边压力的需要，另外也给维修带来不便，即要拆一起拆、要装一起装，不能或不便于
分别维修。应该采用图 1-34b 所示的结构，螺栓为带凸肩的螺栓，这样，可以根据两边不同
的压力要求，选择不同尺寸的螺栓，也可以分别进行维修。

（8）铸造表面螺栓连接禁忌　铸造表面禁忌直接安装螺栓、螺钉、双头螺柱连接，因
为铸造表面不平整，如果直接安装螺栓、螺钉或双头螺柱，则螺栓（螺钉或双头螺柱）的

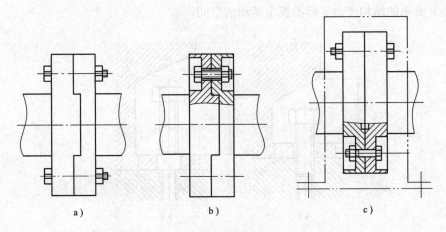

图 1-33　高速旋转轴的螺栓结构设计

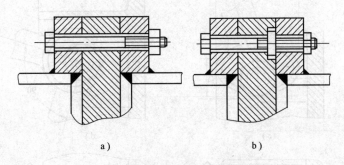

图 1-34　换热器的螺栓连接

轴线就会与连接表面不垂直，从而产生附加弯矩，使螺栓因受到附加弯曲应力而降低寿命，如图 1-35a 所示。正确的设计应该是在安装螺栓、螺钉、双头螺柱的表面进行机械加工，例如铸造表面采用图 1-35b 所示的凸台，或采用图 1-35c 所示的沉头座等方式，避免附加弯矩的产生。

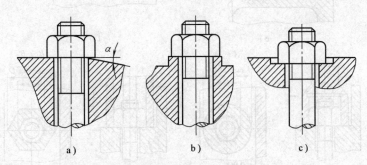

图 1-35　铸造表面的螺纹连接

（9）螺栓、螺钉、双头螺柱连接装拆禁忌　螺栓、螺钉、双头螺柱连接必须考虑安装及拆卸要方便，并留有足够的扳手空间。禁忌采用如图 1-36a 所示的结构，因为安放螺钉的地方太小，无法装入螺钉。L 应大于螺钉的长度，图 1-36b 所示的结构才能装拆螺钉。

设计螺栓、螺钉、双头螺柱连接的位置时还必须考虑留有足够的扳手空间，如

图 1-36c ~ h 所示的结构考虑了标准扳手活动的空间。

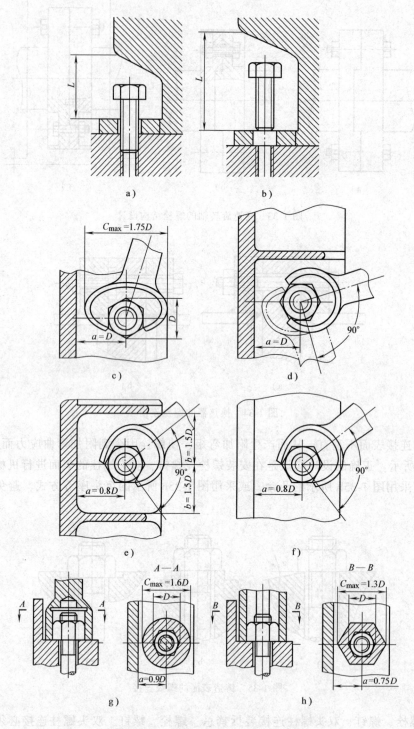

图 1-36　螺纹连接安装与扳手空间

（10）法兰螺栓连接设计禁忌　法兰螺栓连接的设计必须考虑螺栓的位置问题。禁忌采用图 1-37a 所示的结构，因为将螺栓置于最下边，则该螺栓容易受到管子内部流体泄漏的腐蚀，从而产生锈蚀而影响连接性能。应该改变螺栓的位置。不要放在最下面，安排在如图1-37b所示的位置比较合理。

（11）螺钉在被连接件的位置禁忌　螺钉在被连接件的位置禁忌随意布置在任意部位，而是应该布置在被连接件刚度最大的部位，这样能够提高连接的紧密性，如图1-38a所示的结构比较好。如果因为结构等原因不能实现或不容易实现，可以采取在被连接件上加十字或对角线的加强肋等办法解决，如图1-38b所示的结构就更好了。

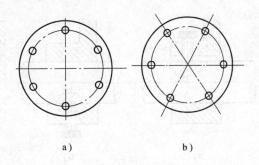

图 1-37　法兰螺栓连接的位置

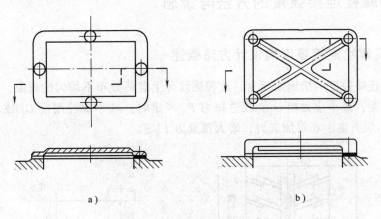

图 1-38　螺钉在被连接件的位置

（12）两个焊接件间螺孔设计禁忌　两个焊接件间禁忌有穿透的螺孔。对焊接构件，螺孔既不要开在搭接处，也不要设计成如图 1-39a 所示的穿通结构，以防止泄漏和降低螺栓连接强度。改进后的结构如图 1-39b 所示。

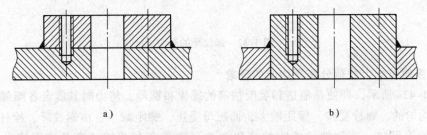

图 1-39　两个焊接件间的螺孔

（13）紧定螺钉设计禁忌　设计紧定螺钉的位置时，禁忌在承受载荷的方向上放置紧定螺钉，也就是不能采取如图 1-40a 所示的结构，这样会被压坏，不起紧定作用。改进后的结构如图 1-40b 所示。

（14）螺孔禁忌相交　如图 1-41a 所示，轴线相交的螺孔交在一起，能削弱机体的强度和螺钉的连接强度。正确的结构如图 1-41b 所示，要避免螺孔的相交。

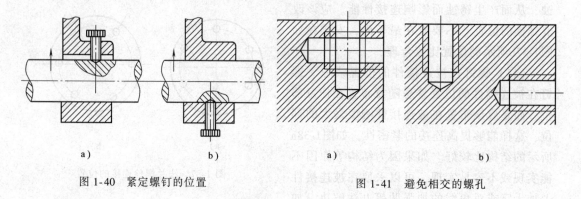

图 1-40　紧定螺钉的位置　　　　　　　　　　图 1-41　避免相交的螺孔

1.5　提高螺栓连接强度的方法与禁忌

1.5.1　提高螺栓连接强度的设计方法概述

提高螺纹连接强度的措施主要有：改善螺纹牙上载荷分布不均匀的现象，设法减小螺栓螺母螺距变化差；减小应力幅 σ_a；在总拉力 F_0 一定时，减小螺栓刚度 C_1 或增大被连接件刚度 C_2；减小应力集中和附加应力，增大预紧力 F' 等。

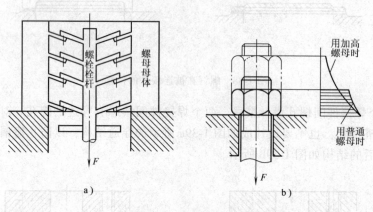

图 1-42　螺纹牙的受力

1. 改善螺纹牙上载荷分布不均匀的现象

如图 1-42a 所示，即使是制造和装配精确的螺栓和螺母，传力时其旋合各圈螺纹牙的受力也不是均匀的。螺栓受拉，螺距增大，而螺母受压，螺距减小。由螺纹牙、栓杆和母体的变形协调条件可知，这种螺纹螺距的变化差主要靠旋合各圈螺纹牙的变形来补偿。由图1-42a可知，从传力算起的第一圈螺纹变形最大，因而受力也最大，以后各圈递减。由图1-42b可知，旋合圈数越多，受力不均匀程度也越显著。到第 8～10 圈以后，螺纹牙几乎不受力。因此，采用加高螺母以增加旋合圈数，对提高螺栓强度并没有多少作用。

为了使螺纹牙受力比较均匀，可采用图 1-43 所示的方法改进螺母结构：

1）悬置螺母，使母体和栓杆的变形一致以减少螺距变化差，可提高螺栓疲劳强度达 40%。

2）内斜螺母，可减小原受力大的螺纹牙的刚度而把力分移到原受力小的牙上，可提高螺栓疲劳强度达 20%。

3）环槽螺母，其原理与悬置螺母相似，利用螺母下部受拉且富于弹性可提高螺栓疲劳强度达 30%。

这些结构特殊的螺母制造费工，只在重要或大型的连接中使用。

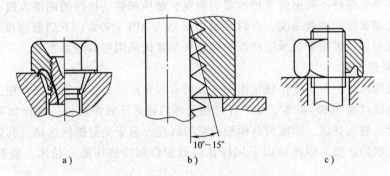

图 1-43　均载螺母

2. 减小应力幅 σ_a

$$\sigma_a = \frac{C_1}{C_1+C_2}\frac{2F}{\pi d_1^2} \leq [\sigma] \tag{1-9}$$

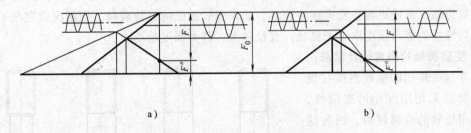

图 1-44　减小螺栓应力幅的措施

由式（1-9）可见，在总拉力 F_0 一定时，减小螺栓刚度 C_1 或增大被连接件刚度 C_2，在一定的工作载荷 F 作用下，螺栓的相对刚度 $\frac{C_1}{C_1+C_2}$ 越小，则应力幅 σ_a 也越小。因此，降低螺栓刚度 C_1 或增大被连接件刚度 C_2，都能使应力幅 σ_a 减小。

如图 1-44 所示，可清楚地看出：在螺栓总拉力 F_0 保持不变的条件下，如图 1-44a 所示，降低螺栓刚度 C_1 能达到减小应力幅 σ_a 的目的；如图 1-44b 所示，增大被连接件刚度 C_2，也能达到减小应力幅 σ_a 的目的。

3. 减小附加应力

减小附加应力主要是指减小弯曲应力，螺纹牙对弯曲很敏感，在拉应力很大的情况下，弯曲应力对螺栓断裂起关键作用。产生弯曲应力的主要原因是：被连接件、螺栓头部和螺母等承压面倾斜及螺孔不正等都会引起弯曲应力。减小螺栓附加弯曲应力的方法是使螺孔轴线与承压面垂直，因此螺栓连接处的被连接件表面必须加工，如图 1-35 所示。

4. 减小应力集中

螺纹有应力集中处容易产生断裂，特别是旋合螺纹的牙底处，由于栓杆拉伸，螺纹牙手腕区受弯剪，而且受力不均，情况更为严重。增大螺纹牙底圆角半径可减轻应力集中，提高螺栓疲劳强度约 20%~40%。高强度钢对于应力集中更敏感。

5. 增加预紧力

增加预紧力并保持不减受多种因素的影响，螺栓和被连接件的刚度大致不变，因此增加预紧力能提高螺栓的疲劳强度，有时预紧力高达（70%~80%）下屈服强度 σ_{eL}。为了减小预紧力的减退量，采用带有承压凸缘的螺栓头部要比采用垫圈效果更好。

6. 改善制造工艺

采用碾制螺纹时，由于冷作硬化作用，表层有残余压应力，金属流线合理，螺栓的疲劳强度可较车制螺纹高 30%~40%。如果经过热处理后再碾压效果更好。螺栓如果能够进行碳氮共渗、渗氮和喷丸处理，都能提高螺栓的疲劳强度。至于受剪螺栓连接，其失效形式主要是被连接件孔壁的压溃，因此可以采用杆孔过盈配合和冷挤压胀孔技术，能有效提高疲劳强度。

1.5.2 提高螺栓连接强度设计禁忌

1. 变载荷螺栓直径设计禁忌

受变载荷作用的螺栓连接在设计时，禁忌采用直径太大（当螺栓长度一定时）的螺栓。因为当螺栓长度一定时，采用直径太大的螺栓就相当于增大了螺栓的刚度 C_1，从而增大了螺栓的应力幅，螺栓更容易发生疲劳破坏。如果螺栓承受的是静载荷，则情况就完全不一样了，因为螺栓的静力强度取决于直径，直径越大，静力强度越高。

2. 变载荷螺栓刚度设计禁忌

受变载荷作用的螺栓连接在设计时，禁忌采用刚度小的连接件，例如采用较软的金属材料，因为这样相当于降低了螺栓的疲劳强度。只有增大被连接件的刚度，才能达到提高螺栓疲劳强度的目的。

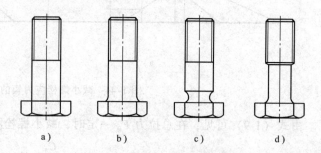

图 1-45　螺栓的不同根部圆角

a)　　　b)　　　c)　　　d)

3. 不应增加应力集中

图 1-45a 所示的螺栓底部圆角太小，因此应力集中太大，图 1-45b、c 及 d 所示的结构螺栓底部圆角都通过不同的方式进行了增大，因此减小了应力集中，提高了螺栓的疲劳强度。

4. 不应增加附加应力

图 1-46a 所示的结构是错误的，因为被连接件是铸造件，表面不平整，直接用螺栓连接会使螺栓中心线与被加工表面不垂直而产生附加弯矩，螺栓受弯曲应力而加速螺栓的破坏。正确的结构如图 1-46f、g 所示，即铸造件表面应加工后再装螺栓，为减小加工面，通常将铸造件表面加工成沉孔或凸台。图 1-46b 所示为钩头螺栓，使螺栓产生附加弯矩，因此应尽量避

免使用。图 1-46c 所示因螺栓孔偏斜而造成附加弯矩，因此加工时一定要使螺栓孔的中心与被连接件表面垂直。图 1-46d 所示的结构因为被连接件表面倾斜，与螺栓轴心线不垂直，从而使螺栓产生附加弯矩。可以采用斜垫圈，如图 1-46h 所示。图 1-46e 为被连接件刚度太小造成的螺栓附加弯矩，因此应当使被连接件有足够的刚度。

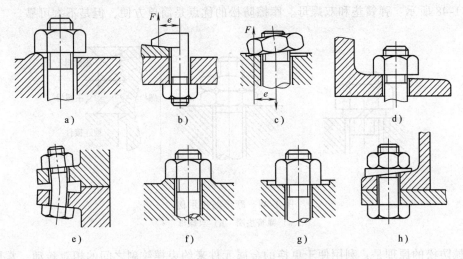

图 1-46　产生螺栓附加应力的正误结构

5. 不应增加应力幅

图 1-47a 所示为压力容器，用刚度小的普通密封垫，就相当于减小了被连接件的刚度，因此降低了螺栓的疲劳强度。如果改为图 1-47b 所示的结构，即被连接件之间采用刚度大的金属 O 形密封圈，就相当于增大了被连接件的刚度，因此能大大提高螺栓的疲劳强度。

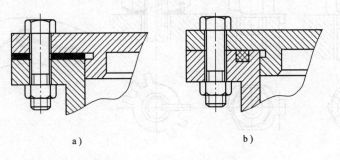

图 1-47　垫的正误结构

1.6　常用螺纹连接的防松方法及禁忌

1.6.1　常用螺纹连接的防松方法简介

在静载荷的情况下，螺纹连接能满足自锁条件，但是在冲击、振动以及变载情况下，或温度变化较大时，螺纹连接有可能松动，甚至松开，极其容易发生事故。因此在设计螺纹连接时，必须考虑防松问题。

防松的根本问题在于防止螺纹副之间的相对转动，按防松原理可分为摩擦防松、机械防松及破坏螺纹副之间关系三种防松方法。

摩擦防松的原理是：使螺纹中有不随连接载荷而变的压力，因此始终有摩擦力矩阻止螺纹副之间的相对转动，压力可由螺纹副纵向或横向压紧而产生。摩擦防松工程上最常用的结构如图 1-48 所示：弹簧垫和双螺母。摩擦防松的优点是简单方便，但是不太可靠。

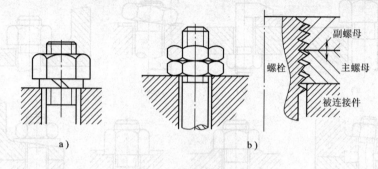

图 1-48　摩擦防松示例

a）弹簧垫圈　b）双螺母

机械防松的原理是：利用便于更换的金属元件来约束螺纹副之间的相对转动。常用的有开口销、圆螺母止动垫和串联钢丝绳等。但设计成图 1-49d 所示的串联钢丝时，需将低碳钢丝穿入各螺钉头部的孔内，使其相互制约。此法防松可靠，但装拆不便，适用于螺钉组连接。与摩擦防松相比较，机械防松较可靠，两者也可以联合使用。

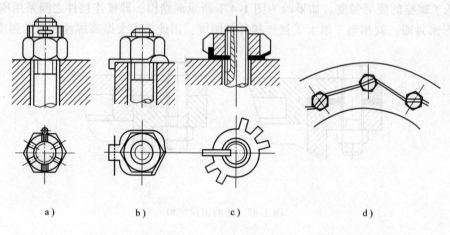

图 1-49　机械防松示例

破坏螺纹副之间关系的方法主要有：拧紧螺母后点焊或冲点以破坏螺纹，或在旋合段涂金属黏合剂，使螺纹副之间的运动关系变为非运动关系。此种方法构成不可拆连接。

1.6.2　螺纹连接的防松方法设计禁忌

1. 防松垫的缺口方向设计禁忌

如图 1-50a 所示，弹簧防松垫的缺口方向不对，弹簧防松垫是标准件，禁忌出现这种情况，如果设计成这种结构，肯定拧不紧，不能起到防松作用。改正后的结构如图 1-50b 所示。

2. 双螺母防松设计禁忌

如图 1-51a 所示，双螺母的设置不对，下螺母应该薄一些，因为其受力较小，起到一个弹簧防松垫的作用。但是在实际安装过程中如果这样安装实现不了，因为扳手的厚度比螺母厚，不容易拧紧，因此，通常为了避免装错，设计时采用两个螺母的厚度相同的办法解决，如图 1-51b 所示的结构。

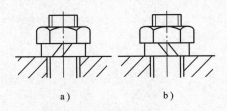

图 1-50 弹簧防松垫的缺口方向

图 1-51 双螺母的设置

3. 串联钢丝绳设计禁忌

设计时串联钢丝绳必须注意钢丝的穿绕方向，要促使螺钉旋紧。串联钢丝绳的穿绕方向禁忌采用如图1-52a 所示的方法，这样钢丝绳不仅不会起到防松作用，还因为连接螺栓一般是右旋，会把已拧紧的螺钉拉松。正确的安装方法是采用如图 1-52b 所示的穿绕方向，这样才可以拉紧。

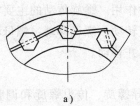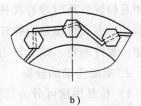

图 1-52 串联钢丝绳的穿绕方向

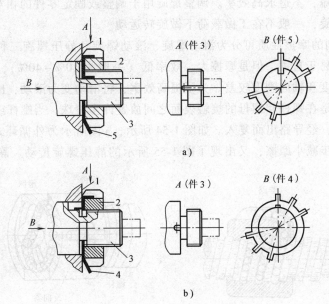

图 1-53 圆螺母止动垫设计禁忌
1—被紧固件 2—圆螺母 3—轴 4、5—止动垫

4. 圆螺母止动垫设计禁忌

采用圆螺母止动垫时要注意，禁忌垫片的舌头没有完全插入轴的槽中，这样不能止动，因为止动垫可以与圆螺母同时转动，所以不能防松。图 1-53 所示的结构中，件 1 为被紧固件，件 2 为圆螺母，件 3 为轴。图 1-53a 所示的件 5 采用的是我国国家标准圆螺母止动垫；图 1-53b 中的件 4 为近年来国外采用的新型圆螺母止动垫，是不弯舌头的，因此轴槽加工量较小，对轴强度削弱较小。

1.7 螺旋传动

1.7.1 螺旋传动分类及设计概述

1. 螺旋传动的作用

螺旋传动主要用来将回转运动变为直线运动，同时传递力和转矩，也可以用来调整零件的相互位置，有时兼有几种作用。螺旋传动的主要零件就是螺杆和螺母。将回转运动变为直线运动的方式可能是：螺杆转动、螺母移动；螺母转动、螺杆移动；螺母固定、螺杆转动并移动；螺杆固定、螺母转动并移动。

2. 螺旋传动的分类

1）按其用途可分为传导螺旋、传力螺旋和调整螺旋三种。传导螺旋以传递运动为主，有时也传递动力或承受较大的轴向力，如机床的丝杠。传导螺旋多在较长时间内连续工作，有时速度也很高，因此要求有较高的效率和精度，一般不要求自锁。传力螺旋用于举起重物或克服很大的轴向载荷，如螺旋千斤顶。传力螺旋一般为间歇性工作，速度较低，通常要求自锁，因工作时间短，不追求高效率。调整螺旋用于调整或固定零件的相对位置，如机床进给机构中的微调螺旋，一般不在工做载荷下做旋转运动。

2）根据螺旋副的摩擦性质可分为滑动螺旋、滚动螺旋和静压螺旋三种。滑动螺旋结构简单、加工方便、易于自锁，但是摩擦大、效率低（一般为 20% ~ 40%）、磨损快，低速时可能爬行，定位精度和轴向刚度较差。为了提高效率，将滑动变为滚动，出现了滚动螺旋传动。滚动螺旋传动是在螺杆和螺母的接触表面之间放置许多滚珠，当螺杆或螺母回转时，滚珠依次沿螺纹滚动，经导路出而复入。如图 1-54 所示，a 图所示为外循环式，b 图所示为内循环式。为了进一步减小摩擦，又出现了图 1-55 所示的静压螺旋传动。静压螺旋是采用静

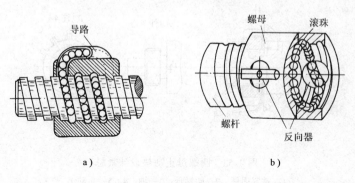

a)   b)

图 1-54 滚动螺旋传动

压流体润滑的滑动螺旋，但需要供油系统，因此造价高，结构复杂。滚动螺旋传动和静压螺旋传动与滑动螺旋传动相比，具有摩擦小、效率高（一般为大于90%）、磨损小、定位精度和轴向刚度高等特点。但是，因为其结构复杂、加工不便、造价高，因此用于重要的传动。图 1-55a、b 所示分别为受轴向力和径向力时的工作原理。

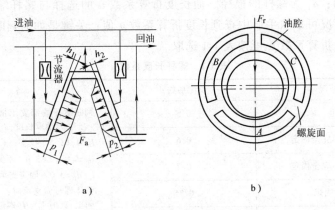

图 1-55 静压螺旋传动工作原理

1.7.2 螺旋传动设计及禁忌

1. 选材禁忌

螺杆与螺母禁忌选择相同的材料，螺杆与螺母都选用碳钢或合金钢，这样采用硬碰硬材料的设计会导致材料加剧磨损，应该考虑材料配对时既要有一定的强度，又要保证材料配对时摩擦因数小。因此，通常螺杆采用硬材料，即碳钢及其合金钢；螺母采用软材料，即铜基合金，例如铸造锡青铜等，低速不重要的传动也可用耐磨铸铁。

2. 自锁计算禁忌

滑动螺旋传动设计时一定要满足自锁条件，按一般自锁条件，螺旋线导程角只要小于当量摩擦角即可，即：$\varphi \leqslant \rho_v$。但滑动螺旋传动设计时禁忌按一般自锁条件来计算，为了安全起见，必须将当量摩擦角减小一度，即应满足：$\varphi \leqslant \rho_v - 1°$。

3. 螺母圈数设计禁忌

耐磨性计算出螺母圈数时，得出 $z \geqslant 10$ 是不合理的，因为螺母圈数越多，各个圈中的受力越不均匀，因此，应该使计算的螺母圈数 $z \leqslant 10$。

4. 系数 ψ 的选择禁忌

耐磨性计算时，系数 ψ 的选择禁忌偏大，否则，螺母高度过大，各圈受力可能不均。因为在推导公式过程中，为了消掉一个未知数，引入系数 $\psi = H/P$，H 为螺母旋合高度，P 为螺距。对于整体式螺母，磨损后间隙不能调整，为了使螺母各圈受力尽量均匀，系数 ψ 应取小值，通常取 $\psi = 1.2 \sim 2.5$；对于剖分式螺母，磨损后间隙可调整，或需螺母兼做支承而受力较大时，可取 $\psi = 2.5 \sim 3.5$；对于传动精度较高、要求寿命较长时，才允许取 $\psi = 4$。

5. 螺纹牙强度计算禁忌

在做螺纹牙强度计算时，计算螺杆是不对的，因为螺杆是硬材料（钢或合金钢），而螺母是软材料（铜基合金），螺纹牙的剪断和弯断多发生在强度低的螺母上，因此，只需计算螺母的剪切和弯曲强度即可。

6. 螺杆稳定性计算禁忌

在做螺杆稳定性计算时，禁忌长度折算系数 μ 判断及选择不合理。在做螺杆稳定性计算时，首先需要计算螺杆的柔度 λ，$\lambda = \mu l / i$，式中 l 为螺杆的受压长度；i 为螺杆危险截面的惯性半径，$i = d_1/4$；d_1 为螺杆的根径。而长度折算系数 μ 的选择与螺杆端部的支承情况有关，不同的支承情况可以从手册中查到长度折算系数 μ 值；关键是如何判断螺杆端部的支承情况，螺杆的长度折算系数 μ 可按表 1-1 选取。

表 1-1　螺杆长度系数 μ

端部支承情况	长度系数 μ	备　　注
两端固定	0.5	判断螺杆端部支承情况的方法：滑动支承时：若 l_0 为轴承长度；d_0 为轴承直径
一端固定，一端不完全固定	0.6	$l_0/d_0 < 1.5$　铰支
一端铰支，一端不完全固定	0.7	$l_0/d_0 = 1.5 \sim 3.0$　不完全固定 $l_0/d_0 > 3.0$　固定支承
两端不完全固定	0.75	整体螺母做支承时： 同上，此时 $l_0 = H$（螺母高度）
两端铰支	1.0	剖面螺母作支承时：为不完全固定支撑 滚动支承时：有径向约束——铰支，有径
一端固定，一端自由	2.0	向和轴向约束——固定支承

7. 螺旋千斤顶设计禁忌

设计螺旋千斤顶时经常出现如下结构错误：

（1）螺杆的挡圈压住了托杯　如图 1-56a 所示，当转动螺杆时，因挡圈压住了托杯而使托杯也跟着旋转，不能正常工作。改进后的结构如图 1-56b 所示，使螺杆的顶部比托杯高一些，让挡圈压住螺杆而不与托杯接触，托杯就不会转动了。

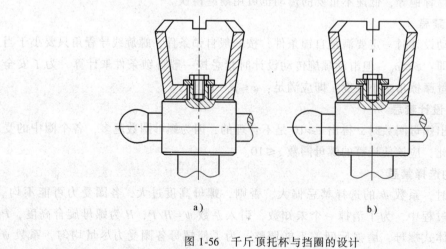

a)　　　　　　　　　　b)

图 1-56　千斤顶托杯与挡圈的设计

（2）手柄装不进　如图 1-57a 所示，手柄两边的手球与手柄为一体，直径比手柄杆大，因此装不进螺杆的手柄孔。改正后的设计如图 1-57b 所示，一个手柄球加工成带螺栓的可拆结构，就可以顺利地装拆了。

（3）螺旋千斤顶的底座太高　如图 1-58a 所示，螺杆距底座的底面 L 太高，因此使底座加大、结构庞大、重量增加。改正后的设计如图 1-58b 所示，螺杆距底座的底面 L 减小，结构比较合理。

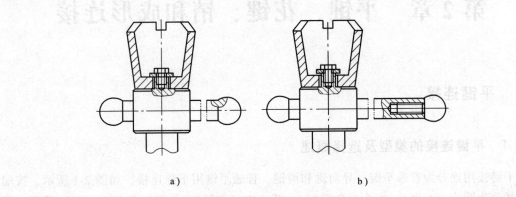

图 1-57　千斤顶手球的设计

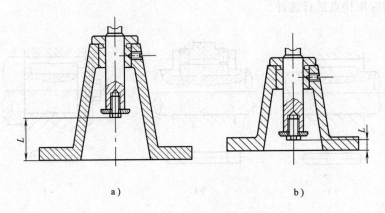

图 1-58　千斤顶的底座设计

第 2 章　平键、花键、销和成形连接

2.1　平键连接

2.1.1　平键连接的类型及选择概述

平键按用途分为普通平键、导向键和滑键，普通平键用于静连接，如图 2-1 所示。按端部形状分为圆头（A 型）、方头（B 型）、一圆一方（C 型），分别如图 2-1a、b、c 所示。导向键和滑键用于动连接，前者是键在毂槽中移动，后者是键在轴槽中移动。设计时应根据各类键的结构和应用特点进行选择。

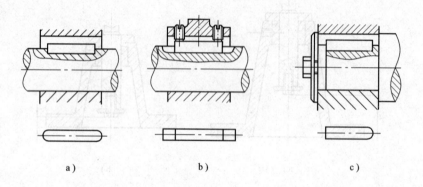

a)　　　　　　　　　　b)　　　　　　　　　　c)

图 2-1　平键连接的类型

2.1.2　平键连接的设计计算概述

如图 2-2 所示，平键的两侧面是工作面，上表面与轮毂槽底之间留有间隙。平键连接定心性较好、装拆方便。

平键连接的主要失效形式为：压溃、剪断（静连接）和磨损（动连接），平键连接的受力分析如图 2-2 所示。

为防止压溃，平键连接要进行抗压强度计算：

$$\sigma_P = \frac{\dfrac{T}{d/2}}{\dfrac{h}{2}l'} = \frac{4T}{dhl'} \leqslant [\sigma_P] \qquad (2\text{-}1)$$

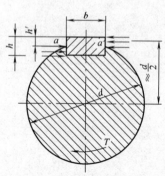

式中　l'——键的直段长，A 型键 $l' = L - b$，B 型键 $l' = L$，C

型键 $l' = L - \dfrac{b}{2}$；

图 2-2　平键连接的受力分析

L——键的公称长度（标准规定长度）；

b——键的公称宽度（标准规定宽度）。

为防止剪断，平键连接要进行抗剪强度计算：

$$\tau = \frac{\dfrac{T}{d/2}}{bl'} \leqslant [\tau] \qquad (2-2)$$

因为压溃是主要失效形式，通常只进行抗压强度计算。

设计时，由毂宽或轴段长（两边各留 3~5mm）查标准选键长 L，由轴径 D 查标准选取键宽 b 和键高 h，按抗压强度进行校核计算。强度不够可再将键加长或选双键。

2.1.3 平键连接的设计计算禁忌

1. 键长计算禁忌

做平键强度计算时，禁忌代入键的全长 L（例如 A 型键），因为键的两个圆头不能有效地传递转矩，应该去掉键的两个圆头，用键的直段 l' 代入公式进行计算，即 $l' = L - b$。

2. 键槽设计禁忌

在轮毂或轴上开有键槽的部位禁忌做成直角或太小的圆角，如图 2-3a 所示，因为这样容易产生很大的应力集中，进而产生裂纹而破坏。应在键槽部分做出适合于键宽的过渡圆角半径 R，如图 2-3b 所示。

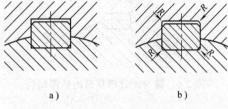

图 2-3 轮毂或轴上键槽的结构

3. 空心轴上开键槽禁忌

在空心轴上开键槽时，开键后轴的剩余壁厚禁忌太小，如图 2-4a 所示，因为这样会严重影响轴的强度。在空心轴上开键槽时应该选用薄型键，或对需要开槽的空心轴应适当增加轴的壁厚，如图 2-4b 所示。

4. 键宽与轮毂槽宽配合禁忌

做平键设计时，禁忌键宽与轮毂槽宽不选公差配合，而取轮毂槽宽大于键宽，如图2-5a 所示，或虽然键宽与轮毂槽宽选了公差配合，但是选了间隙配合，这样都是不对的，因为平键是以侧面进行工作来传递转矩的，而且往往是反复的转矩，如按上述两种方法设计，则必将造成轮毂与轴的相对转动，尤其在交变载荷作用下情况更加严重，使键和键槽的侧面反复冲击而破坏。因此，设计时应该使键宽与轮毂槽宽选过渡配合的公差，因为键是标准件，所以选择轮毂槽宽为 JS9 的公差比较合适，如图 2-5b 所示。

5. 轮毂槽高设计禁忌

做平键设计时，禁忌轮毂槽高与键的顶部设计成没有间隙或配合尺寸，如图 2-6 所示。因为键的顶面不是工作面，为了保证键的侧面与轮毂槽宽的配合，键的顶部与轮毂槽顶面不

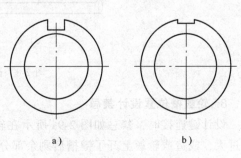

图 2-4 空心轴上键槽的结构

能再配合，必须留出一定的距
离，如图 2-3 所示。

6. 轮毂槽剩余部分设计禁忌

轮毂上开了键槽后剩余部分
禁忌太薄，如图 2-7a 所示的结
构，因为这样做的结果一是会削
弱轮毂的强度，二是如果轮毂是
需要热处理的零件（例如齿轮），

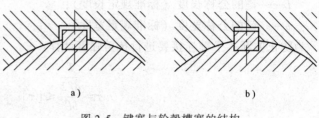

图 2-5　键宽与轮毂槽宽的结构

开了键槽后再进行热处理时，轮毂上开了键槽后剩余部分由于尺寸小、冷却速度快而产生断
裂，所以设计时应适当增加这一部分轮毂的厚度，如图 2-7b 所示。

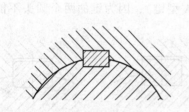

图 2-6　键与轮毂槽顶部的错误结构

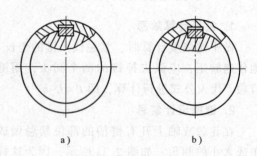

图 2-7　轮毂槽的厚度

7. 长轴开多个连续键槽设计禁忌

如果长轴上有多个连续的键槽，禁忌如图 2-8a 所示开在轴的同一侧，这样会使轴所受
的应力不平衡，容易发生弯曲变形。改正后的结构如图 2-8b 所示，即交错开在轴的两面。
同理，特别长的轴也禁忌如图 2-8c 所示开一个很长的键槽，应该将长的键设计成双键开在
轴的对称面（180°），以使轴的受力平衡，如图 2-8d 所示。

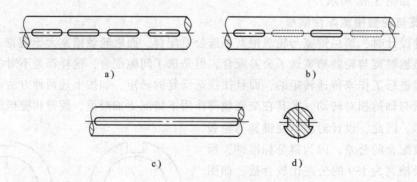

图 2-8　长轴键槽的结构

8. 轮毂槽位置设计禁忌

设计键连接时，禁忌如图 2-9a 所示在轮毂的上方开工艺孔和槽等，这样会造成局部应
力过大，或造成轮毂上开了键槽后剩余部分由于尺寸小而削弱了轮毂的强度；同时，如果轮
毂是需要热处理的零件，在进行热处理时，由于尺寸小、冷却速度快容易产生断裂，改进后

的设计如图 2-9b 所示。同理，设计特殊零件的键连接例如凸轮时，轮毂槽禁忌开在如图 2-9c所示的薄弱方位上，应该将轮毂槽开在强度较高的位置，如图 2-9d 所示的位置。

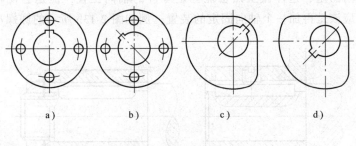

图 2-9 轮毂槽位置设计

9. 键槽位置设计禁忌

设计键槽的位置时，禁忌如图 2-10a 所示在轴的阶梯处开键槽，因为轴的阶梯处的截面是应力集中的主要地方，有圆角和直径过渡两个应力集中源，如果键槽也开在此平面上，则由键槽引起的应力集中也会叠加在此平面上，这个危险截面很快就会疲劳断裂。应该将键槽设计到距离轴的阶梯处约 3~5mm 处，如图 2-10b 所示。

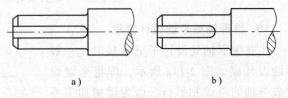

图 2-10 键槽位置设计

10. 盲孔内键槽设计禁忌

在盲孔内加工键槽时，禁忌设计成如图 2-11a 所示的结构，因为这种设计没有留出退刀槽，无法加工键槽，正确的设计应该是如图 2-11b 所示的结构，留出退刀槽。

11. 同一根轴上键槽位置设计禁忌

在同一根轴上开两个以上键槽时（不是很长的轴），禁忌开在如图 2-12a 所示的不同的母线上，应该将键槽设

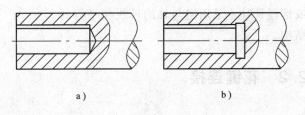

图 2-11 盲孔内的键槽

计在如图 2-12b 所示的同一条母线上，这样设计是为了铣制键槽时一次装夹工件，方便加工，减少装夹次数。

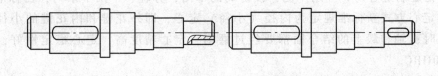

图 2-12 同一根轴上键槽位置

12. 平键被紧定螺钉固定禁忌

设计平键连接时，如果采用如图 2-13a 所示的结构，即平键连接的零件用紧定螺钉顶在平键上面进行轴向固定，这样做虽然也能固定零件的轴向位置，但是会使轴上零件产生偏心。正确的设计应该是再加一个轴向固定的装置，例如图 2-13b 所示的圆螺母。

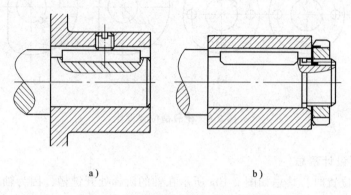

a)   b)

图 2-13　平键被紧定螺钉固定的结构

13. 锥形轴处平键设计禁忌

当在锥形轴处设计平键连接时，一般不能设计成如图 2-14a 所示，即将平键设计成与轴的母线相平行，因为键槽加工不方便。如果设计成键槽平行于轴线，如图 2-14b 所示的结构，则键槽的加工就方便多了，只有当轴的锥度很大（大于 1 : 10）或键很长时才采用键与轴的母线相平行的结构。

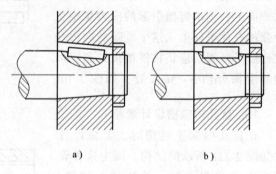

a)   b)

图 2-14　锥形轴处设计平键的结构

2.2　花键连接

2.2.1　花键连接的类型及选择概述

花键连接按齿形可分为三类：矩形花键（见图 2-15a）、渐开线花键（见图 2-15b）和三角形花键（见图 2-15c）。花键连接的定心方式有三种：外径定心（见图 2-16a）、内径（小径）定心（见图 2-16b）和侧面定心（见图 2-16c）。

矩形花键制造容易，应用广泛，按齿高的不同，分轻、中两个系列，已标准化。矩形花键的定心方式新标准规定为内径（小径）定心，即外花键和内花键的小径为配合面。制造时，轴和毂上的结合面都要经过磨削，定心精度高，定心稳定性好，表面硬度高于 40HRC。

渐开线花键齿廓为渐开线，分度圆压力角有 $\alpha = 30°$ 和 $\alpha = 45°$ 两种，后者也称细齿渐开线花键或三角形花键，齿顶高分别为 $0.5m$ 和 $0.4m$（m 为模数），可用齿轮机床进行加工，工艺性较好，制造精度高，齿根圆角大，应力集中小，易于对心。但加工花键孔用的渐开线

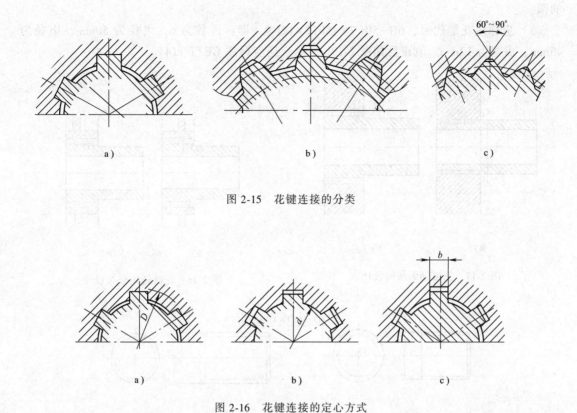

图 2-15　花键连接的分类

图 2-16　花键连接的定心方式

拉刀制造复杂，成本高。因此渐开线花键适宜于传递大转矩、大直径的轴。渐开线花键为齿形定心，当齿受力时，齿上的径向力能起到自动定心的作用。

2.2.2　花键连接设计禁忌

1. 花键轴小径设计禁忌

设计花键连接时，禁忌设计成如图 2-17a 所示的结构，因为花键连接的轴上零件由 B 至 A 时，轴所受的转矩逐渐加大，因此在 $A—A$ 截面不仅受很大转矩，还受花键根部的弯曲应力，所以该截面强度必须加强。正确的设计应该把花键小径加大，一般取轴径的 1.15~1.2 倍，如图 2-17b 所示的结构。

2. 花键轮毂刚度分布禁忌

当轮毂刚度分布不同时，花键各部分受力也不同，如图 2-18a 所示的结构，因为轮毂右部的刚度比较小，所以转矩主要由左部的花键进行传递，即转矩只由部分花键传递，因此沿整个长度受力不均，此结构不合理。如果改为图 2-18b 所示的结构，轮辐向右移，即增大了轮毂右部的刚度，则使花键齿面沿整个长度均匀受力，结构比较合理。

3. 花键表达禁忌

如图 2-19a 所示的花键（矩形）有如下错误：

1）花键尾部应该有两条细实线，即工作长度和尾部长度，不能与螺纹的表达相同。

2）图 2-19a 中右图的细实线不应该为 3/4 的圆，那是螺纹的表示方法，应改为完整的圆。

3）应标注花键代号，6D-50f 7×45h12×12f 9，即：齿数为 6，大径为 50mm，小径为 45mm，齿宽为 12mm。改正后如图 2-19b 所示，还应标注 GB/T 1144。

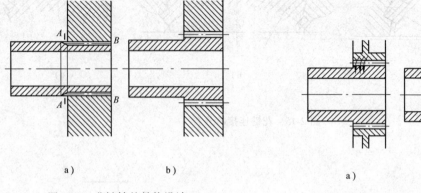

图 2-17　花键轴的结构设计　　　　　图 2-18　花键转矩分布设计

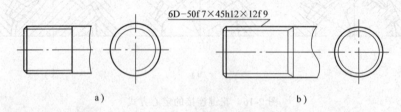

图 2-19　花键的表达错误

4. 花键长度标注禁忌

如图 2-20a 所示的花键（矩形）工作长度不应包括尾部，如果要包括尾部，需单独标出，或标出总长。在设计图样上应按如图 2-20b 所示进行标注，标出工作长度。

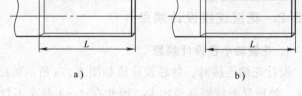

图 2-20　花键尺寸标注错误

5. 薄壁容器花键选择禁忌

薄壁容器禁忌选择矩形花键、渐开线花键连接，因为矩形花键和渐开线花键的齿比较深，对薄壁容器将有较大的削弱，因此应该选用三角形花键连接，三角形花键的齿比较浅，从而对于薄壁容器的削弱比较小。

6. 高速轴毂花键选择禁忌

高速高精度的轴毂连接禁忌选择矩形花键，因为矩形花键虽然制造容易，但是定心精度不高，尤其是侧面定心精度更不容易保证。应当选择渐开线花键，渐开线花键为齿形定心，当齿受力时，齿上的径向力能起到自动定心的作用。

7. 花键标记代号禁忌

设计图样上花键标记代号一定要标全，除公称尺寸外，还应标出公差、国标等。例如，矩形花键的规格为：6 个齿、小径 23mm、大径 26mm、齿宽为 12mm，如果标注为 6×23×

26×12是不对的，正确的标注为：

花键副：$6 \times 23 \dfrac{H7}{f7} \times 26 \dfrac{H10}{a11} \times 12 \dfrac{H11}{d10}$ GB/T 1144—2001

内花键：6×23H7×26H10×12H11 GB/T 1144—2001

外花键：6×23f7×26a11×12d10 GB/T 1144—2001

2.3 销连接

销主要用作装配定位，也可用来连接或销定零件，还可作为安全装置中的过载剪断元件。销的类型、尺寸、材料和热处理以及技术要求都有标准规定。

2.3.1 常用销的类型、特点和应用

按用途分，销可分为定位销、连接销和安全销，定位销主要用于固定零件间的位置，不受载荷或受很小载荷，其直径可按结构确定，数目不得少于两个，如图2-21所示。连接销用于连接，可传递不大的载荷，其直径可根据连接的结构特点按经验确定，必要时再验算强度，如图2-22所示。安全销可作安全保护装置中的剪断元件。

按形状分，销可分为圆柱销：不能多次装拆，否则定位精度下降；圆锥销：锥度为1：50，可自锁，定位精度较高，便于拆卸且允许多次装拆；特殊型式销——带螺纹锥销：如图2-23所示，可用于盲孔或拆卸困难的场合。图2-24所示的开尾圆锥销适用于有冲击和振动的场合。

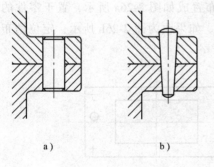

a)   b)

图 2-21　定位销

a）圆柱销　b）圆锥销

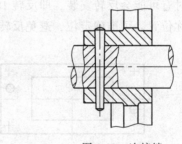

图 2-22　连接销

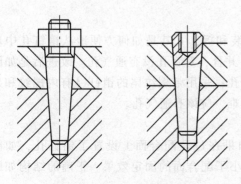

图 2-23　带螺纹的圆锥销

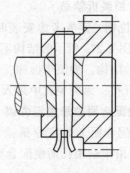

图 2-24　开尾圆锥销

销的材料：常用中碳钢，例如 35、45 钢。

销连接的选择：按连接的用途和定位零件（例如轴、钢板厚度等）及传递载荷大小而定，可查手册选择，或凭经验给出定位销的尺寸，一般不进行强度校核，必要时按剪切和挤压强度进行校核计算。安全销在机器过载时应被剪断，因此销的直径应按过载时被剪断的条件确定。

2.3.2 销连接设计禁忌

1. 定位销的距离禁忌

两个定位销在零件上的位置禁忌过于靠近。为了确定零件位置，经常用两个定位销，如图 2-25a 所示，两个定位销在零件上的位置太近，即距离太小，定位效果不好，应尽可能采取距离较大的布置方案，如图 2-25b 所示，这样可以获得较高的定位精度。

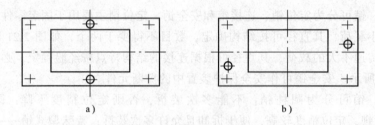

图 2-25　两定位销的距离

2. 定位销的布置禁忌

定位销在零件上禁忌对称布置。如果将定位销布置成如图 2-26a 所示，置于零件的对称位置，安装时有可能会反转安装，即反转 180°安装。如果改为图 2-26b 所示，定位销布置在零件的非对称位置，可准确定位，避免反转安装。

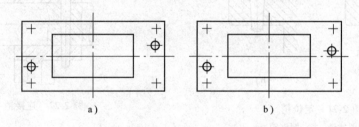

图 2-26　两定位销不可对称

3. 定位销装拆禁忌

设计定位销一定要考虑安装时如何能方便地装和拆，尤其是如何方便地从销钉孔中取出、拆下。图 2-27a 所示的结构不容易取出销钉，并且，对盲孔没有通气孔。改进后是如图 2-27b 所示的结构，为便于拆卸，把销钉孔做成通孔；采用带螺纹尾的销钉（有内螺纹和外螺纹）；对盲孔，为避免孔中封入气体引起装拆困难，应该有通气孔。

4. 过盈配合面禁忌放定位销

在过盈配合面上放定位销是错误的，因为如果在过盈配合面上设置了销钉孔，如图 2-28a 所示，由于钻销孔而使配合面张力减小，减小了配合面的固定效果。正确的结构如图

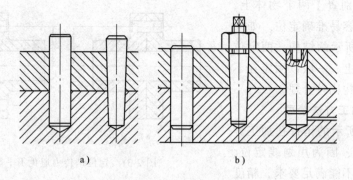

图 2-27　定位销应容易拔出

2-28b 所示，过盈配合面上不能放定位销。

5. 对不易观察的销钉装配禁忌

如图 2-29a 所示的结构，在底座上有两个销钉，上盖上面有两个销孔，装配时难以观察销孔的对中情况，装配困难，禁忌采用。如果改成如图 2-29b 所示的结构，把两个销钉设计成不同长度，装配时依次装入，比较容易。也可以将销钉加长，端部有锥度以便对准。

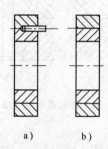

图 2-28　过盈配合面禁忌放定位销

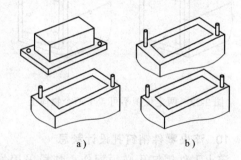

图 2-29　对不易观察销钉的装配

6. 安装定位销禁忌妨碍零件拆卸

图 2-30a 所示的结构安装定位销会妨碍零件拆卸。支持转子的滑动轴承轴瓦，只要把转子稍微吊起，转动轴瓦即可拆下，如果在轴瓦下部安装防止轴瓦转动的定位销，则上述装拆方法不能使用，必须把轴完全吊起，才能拆卸轴瓦。应采用 2-30b 所示的结构，不必安装定位销。

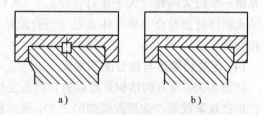

图 2-30　安装定位销禁忌妨碍零件拆卸

7. 禁忌销钉传力不平衡

如图 2-31a 所示的结构为销钉联轴器，用一个销钉传力时，销钉受力为 $F = T/r$，T 为所传转矩，此力对轴有弯曲作用。如果改成如图 2-31b 所示的结构用一对销钉，每个销钉受力为 $F' = T/2r$。而且二力组成一个力偶，对轴无弯曲作用。

8. 禁忌两个物体上置定位销

图 2-32a 所示的箱体由上下两半合成，用螺栓连接（图中没表示）。侧盖固定在箱体侧

面，两定位销分别置于两个物体上，此结构不好，不容易准确定位。如果改成如图 2-32b 所示的结构，两定位销置于同一物体上，一般以固定在下箱上比较好，结构比较合理。

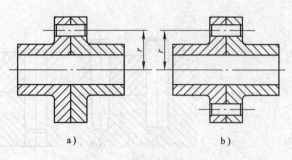

图 2-31　定位销传力避免不平衡力

9. 销钉孔加工方法禁忌

如图 2-33a 所示的销钉孔加工方法是错误的结构，因为用划线定位、分别加工的方法不能满足要求，精度不高。如果改成如图 2-33b 所示的结构，对相配零件的销钉孔，一般采用配钻、铰的加工方法，即能保证孔的精度和可靠的对中性。

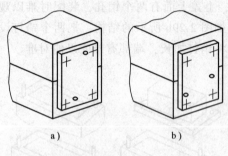

图 2-32　两定位销不可置于两个物体上

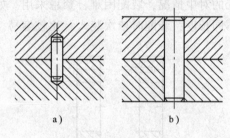

图 2-33　销钉孔的加工方法

10. 淬火零件销钉孔设计禁忌

淬火零件销钉孔必须配作，禁忌采用如图 2-34a 所示的结构，因为零件淬火后硬度太高，销钉孔不能配钻、铰，无法与铸铁件配作。如果改成如图 2-34b 所示的结构，在淬火件上先做一个较大的孔（大于销钉直径），淬火后，在孔中装入由软钢制造的环形件 A，此环与淬火钢件过盈配合。再在件 A 孔中进行配钻、铰（装配时，件 A 的孔小于销钉直径），就比较合理了。

11. 定位销禁忌与接合面不垂直

如图 2-35a 所示的结构是错误的，因为定位销与接合面不垂直，销钉的位置不易保持精确，定位效果较差。如果改成如图 2-35b 所示的结构，定位销垂直于接合面就比较合理。

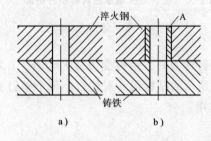

图 2-34　淬火零件的销钉孔必须配作

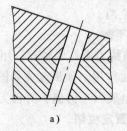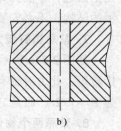

图 2-35　定位销应垂直于接合面

2.4　成形连接

　　成形连接是利用非圆截面为轴颈，与轮毂上相应的孔构成的连接，如图 2-36 所示。轴和轮毂孔可做成柱形，如图 2-36a 所示；轴和轮毂孔也可以做锥形，如图 2-36b 所示。前者只能传送转矩，但在没有载荷作用下连接件可做轴向移动（动连接）；后者只能作为静连接，能传递转矩和轴向力。成形连接在连接面上没有键槽及尖角等应力集中源，对中性好，承载能力大，装拆方便，缺点是加工困难，特别是为了保证配合精度，最后一道工序需要在专用机床上进行磨削加工，因而限制了这种连接的推广，应用不普遍。

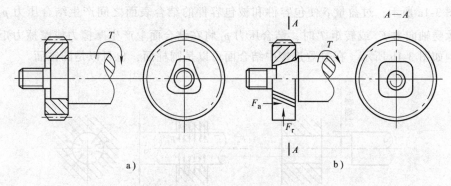

图 2-36　成形连接（螺母没画出）

　　成形连接禁忌将轴和轮毂孔加工成尖角，如图 2-37b 所示，这样会增加应力集中。应采用图 2-37a 所示的结构。

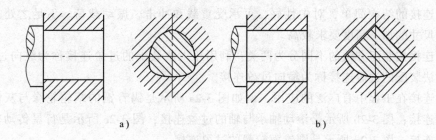

图 2-37　成形连接禁忌

第3章 过盈连接

过盈连接是利用过盈量 δ 使包容件（一般是轮毂）和被包容件（一般是轴）形成一体的一种固定连接的方式。

3.1 过盈连接的原理及应用

如图 3-1a 所示，过盈量 δ 使包容件和被包容件的结合表面之间产生结合压力 p_t。当过盈连接承受轴向力 F_a 或转矩 T 时，结合压力 p_t 将在结合面上产生摩擦力或摩擦力矩与外载荷平衡，如图 3-1b 所示。在过盈连接中结合面可以是圆柱面，也可以是圆锥面。

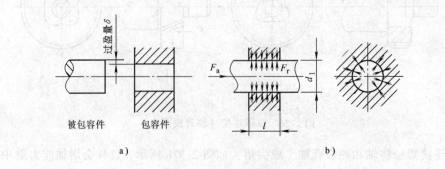

图 3-1　过盈连接原理图

过盈连接的结构简单，对中性好，可承受重载和冲击、振动载荷。不足之处是装拆不便，配合尺寸的加工精度要求较高。

过盈连接按装配方法的不同分为两类：利用压入法装配的过盈连接称为纵向过盈连接；利用胀缩法装配的过盈连接称为横向过盈连接。

过盈连接在工程中有广泛的应用，例如图 3-2a 所示是锡青铜的蜗轮轮缘与灰铸铁的轮芯的过盈连接；图 3-2b 所示是滚动轴承与轴的过盈连接；图 3-2c 所示是行星传动转臂与销轴的过盈连接；图 3-2d 所示是圆锥面轮毂的过盈连接。

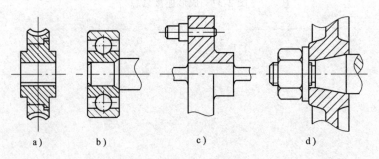

图 3-2　过盈连接的应用实例

3.2　过盈连接的结构设计禁忌

过盈连接的承载能力与被连接件的材料、结构、尺寸、过盈量、制造、装配以及工作条件有关。结构设计应有利于连接承载能力的提高和易于制造及装配。

1. 过盈连接被连接件长度设计禁忌

过盈连接进入端的结合长度 l_t 禁忌过长，如图 3-3a 所示，这样使过盈装配时容易产生挠曲，以至于使零件产生歪斜。改正后的结构如图 3-3b 所示，以 $l_t < 1.6d$ 为宜，这样有利于加工时减小挠曲，压装时减小歪斜，热装时均匀散热。

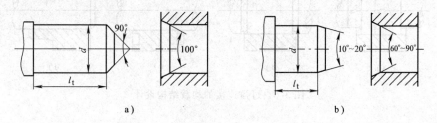

图 3-3　过盈连接进入端的长度、角度

2. 过盈连接入口端角度设计禁忌

过盈连接被连接件配合面的入口端应制成倒角，使装配方便、对中良好和接触均匀，提高紧固性。但是倒角的大小会影响装配性能，进入端与被进入端的倒角禁忌相差太少，如图 3-3a 所示的过盈连接进入端的倒角如为 90°，被进入端的倒角如为 100°，对装配性能不会有太大提高。正确的倒角大小应如图 3-3b 所示。

3. 过盈连接入口端公差配合设计禁忌

过盈连接入口端也可设计成公差配合的形式，但是禁忌设计成过盈配合或间隙配合，因为过盈配合不容易拆装；间隙配合不容易保证精度。只有设计成过渡配合中的间隙配合比较合适，如图 3-4 所示。但要设计成倒锥以便装入。倒锥或间隙配合段的尺寸为：$e \geqslant 0.01d + 2\mathrm{mm}$，包容件的倒角尺寸为 $e_1 = 1 \sim 4\mathrm{mm}$。

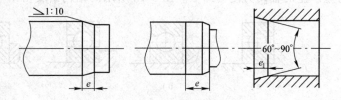

图 3-4　过盈连接进入端的配合尺寸

4. 过盈连接均载设计禁忌

过盈连接结合压力沿结合面长度的分布是不均匀的，两端会出现应力集中，如图 3-5a 所示。此外，由于轴的扭转刚度低于轮毂，轴的扭转变形大于轮毂，会在端部产生扭转滑动，如图 3-5b 所示，图中的 aa' 为相对滑动量。当转矩变化时，扭转滑动会导致局部磨损而使连接

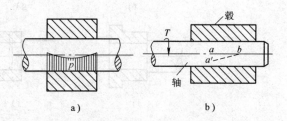

图 3-5　过盈连接压力分布和端部滑动

松动，因此禁忌采用这样的结构。

为了减轻或避免上述情况，从而保证连接的承载能力，可采取下列均载结构设计：

1）如图 3-6a 所示，减小配合部分两端处的轴径，并在剖面过渡处取较大的圆角半径，可取 $d' \leqslant 0.95d$，$r \geqslant (0.1 \sim 0.2)d$。

2）在轴的配合部分两端切制卸载槽，如图 3-6b 所示。

3）在轮毂端面切制卸载环形槽，如图 3-6c 所示。

4）减小轮毂端部的厚度，如图 3-6d 所示。

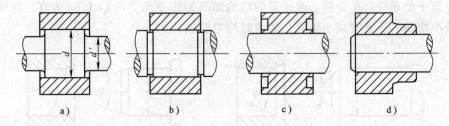

图 3-6　过盈连接的均载结构设计

5. 过盈连接拆卸设计禁忌

过盈连接要考虑拆卸问题，禁忌选择难以进行拆卸的结构。如图 3-7a、b 所示的两个滚动轴承，轴肩和套筒都超过滚动轴承的内圈或与滚动轴承的内圈同高，因此轴承拆卸器无法抓住滚动轴承的内圈，无法拆卸滚动轴承。如改成图 3-7c～e 所示的结构，就会顺利地卸下滚动轴承。

如图 3-7f 所示的轴与套的过盈连接也是无法拆卸的，如改成图 3-7g、h 所示的结构，就会顺利地卸下滚动轴承。图 3-7g 所示的结构是在套上加工成内螺纹，拆卸时利用螺纹连接力矩产生的轴向力使套卸下。图 3-7h 所示的结构给套留出一个拆卸的空间，原理同图 3-7c、

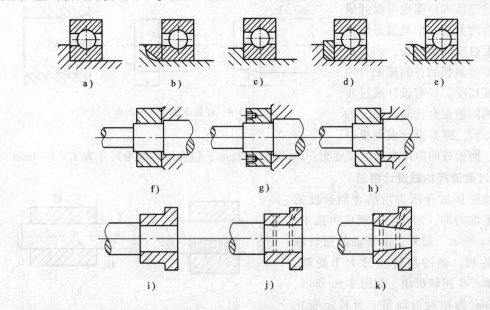

图 3-7　过盈连接的拆卸结构设计

d、e 所示，因此可以拆下。

并且图 3-7i 所示的结构为热压配合，拆卸是非常困难的，可采用施加油压的拔出方式，如图 3-7j 所示，或采用圆锥配合，如图 3-7k 所示。

6. 过盈深度设计禁忌

过盈连接的深度禁忌太深，如图 3-8a 所示的结构，过盈量的嵌入深度太深，很难嵌装和拔出，如改成图 3-8b、c 所示的结构，使过盈量的嵌入深度最小，装拆都方便。

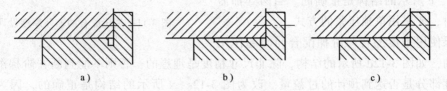

a)　　　　　　　　　　b)　　　　　　　　　　c)

图 3-8　过盈深度的设计

7. 同一零件多处过盈配合设计禁忌

如图 3-9a、b 所示，同一轴上有两处或多处过盈配合时，禁忌设计成等直径，因为不好安装、拆卸，同时也难以保证精度。应该设计成如图 3-9c 所示的结构，将具有相同直径过盈量的安装部位给予少许的阶梯差，安装部位以外最好不要给过盈量。

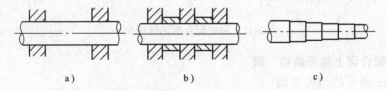

a)　　　　　　　　　b)　　　　　　　　　c)

图 3-9　同一零件有多处过盈配合的设计

8. 同一轴有多个滚动轴承安装禁忌

图 3-10a 所示，同一轴上安装有多个滚动轴承时，禁忌把轴设计成多个阶梯，因为滚动轴承是标准件，内孔的尺寸是固定的。可以改成图 3-10b 所示的结构，即用斜紧固套进行安装。

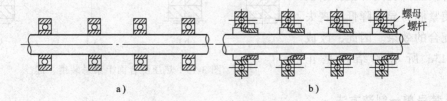

a)　　　　　　　　　　　　　　　b)

图 3-10　同一轴有多个滚动轴承的安装

9. 热压配合的轴环厚度设计禁忌

图 3-11a 所示的结构，轴环热压配合到阶梯轴上，禁忌把轴环设计得过薄，因为轴环左边的直径比右边的直径大很多的话，对于相同的过盈量轴的反抗力不同，轴环会形成如图虚线所示的翻伞状。为防止出现这种情况，可将轴环加厚，如图 3-11b 所示。如果因为结构受限实在不能加厚轴环，也可以从轴粗的一侧到细的一侧调整其过盈量。

10. 同时多个配合面的设计禁忌

如图 3-12a 所示的结构，同时使多个面的相关尺寸正确地配合非常困难。即使在制造时能正确地加工，但由于使用中温度变化等原因，也会使配合脱开。因此，一般禁忌设计成多个面同时配合的结构。一般只使一个面接触，如图 3-12b、c 所示的结构是正确的。当两处都需要接触时，要采用单独压紧的方式。

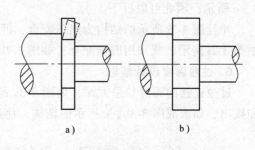

图 3-11　热压配合的轴环厚度设计

如果使用锥度配合与阶梯配合同时起作用是困难的，如图 3-12d 所示的结构，除非尺寸精度是理想的，否则不能判断在阶梯配合的位置上锥度部分是否达到预计的过盈量。改为图 3-12e、f 所示的结构是正确的，因为圆柱轴端的阶梯配合是确实可靠的。

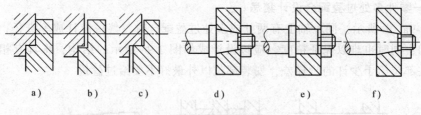

a)　　　　b)　　　　c)　　　　d)　　　　e)　　　　f)

图 3-12　同时配合面的结构设计

11. 热压配合面上禁忌装销、键

如图 3-13a 所示的结构是齿轮的齿环热装在轮芯上的情况，禁忌如图 3-13b、c 所示在热压配合面上装键或销，因为热装齿环的紧固力是由齿环和轮芯的环箍张紧而得以保持，所以如果在热压配合面上开孔则环箍张紧被切断而使紧固力异常降低，丧失了热压配合的效果。因此，改成如图 3-13d 所示的结构是正确的。

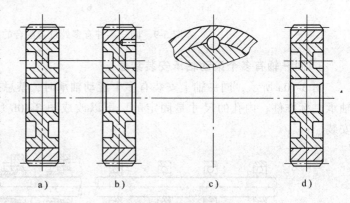

a)　　　　b)　　　　c)　　　　d)

图 3-13　热压配合面上禁忌装销、键

12. 禁忌单一制造方法

为保证过盈配合的制造质量，可采用减小被连接件的形状偏差和表面粗糙度来提高连接的紧固性。但是禁忌采用单一的制造方法，可以采用滚压硬化、表面淬火、渗碳淬火和氮化等强化方法，来提高配合区段内轴的疲劳强度。

13. 过盈配合装配禁忌

过盈配合当用压入法装配时，被连接件的配合表面应无污物，禁忌划伤和拉毛；表面应无损伤，以减小应力集中；配合表面可适当涂抹润滑油，以减少磨损。

14. 过盈配合两被连接件硬度设计禁忌

过盈配合的两被连接件禁忌硬度相同。若都采用钢时，两者的表面硬度应有差异，以免压装时发生粘着现象。

15. 过盈连接的压入速度设计禁忌

过盈连接的压入速度禁忌超过 5mm/s，试验表明，压入速度从 2mm/s 提高到 20mm/s，连接的强度降低了 11% 左右。

16. 过盈连接面摩擦因数禁忌过小

过盈连接面摩擦因数如果过小，摩擦力则小，连接的结合能力则小。增加过盈连接的摩擦因数可以提高连接面的结合能力。工程上可采用如下方法：将过盈连接的配合表面进行氧化、镀铬、镀镍或在温差法装配中使用金刚砂，可使静摩擦因数增大 2~3 倍，大大提高连接的结合能力。

17. 用压入法装配的过盈连接禁忌

为了消除压入过程中产生的内应力以保证连接的质量，用压入法装配的过盈连接应置放 24h 后再承受载荷，禁忌直接压入后立即承受载荷。

18. 选择过盈配合公差禁忌

根据实际需要选择合理的过盈配合公差，提出过于严格的尺寸限制未必符合实际情况，禁忌选择过大的过盈量，这样给加工带来很大难度，并且加工费用也相当昂贵。

第4章 焊接、粘接和铆接

焊接、粘接和铆接属于不可拆连接，已广泛地应用于生产，如果想使零件拆开，至少要破坏连接中的一个零件。

4.1 焊接

利用局部加热或加压，或两者并用，使工件产生原子间结合的连接方式，称为焊接，焊接是一种最常用的不可拆连接方式。

4.1.1 焊接概述

1. 焊接的类型、特点及应用

焊接的方法很多，根据接头的状态，焊接的方法可归纳为三个基本类型，即熔焊、压焊和钎焊，其中熔焊中的电弧焊应用最广。电弧焊是在焊接时将焊条与被焊接金属件的结合部位加热至融化状态，待冷却后凝成一体。

焊接的应用非常广泛，可用于钢、铸钢、铜合金和铝合金等材料的焊接。尤其对于单件生产的零件，用焊接代替铸件，不仅重量轻、制造周期短，而且无需木模和铸造设备，大大降低了成本。对于箱体、容器等结构零件，用焊接的方法代替铆接，使工艺简单，金属用量少，并且焊后强度高。

2. 焊接件的工艺及设计注意要点

焊缝的长度应按实际结构的情况尽可能取得短些或分段进行焊接，并应避免焊缝交叉；还应在焊接工艺上采取措施，使构件在冷却时能有微小自由移动的可能；焊后应经热处理（如退火），以消除残余应力。在焊接厚度不同的对接板件时，应将较厚的板件沿对接部位平滑辗薄，以利焊缝金属匀称熔化和承载时的力流得以平滑过渡。

4.1.2 焊接设计禁忌

1. 禁忌焊缝开在加工表面

如图 4-1a 所示的结构，焊缝距离加工表面太近，因此焊缝的热影响区或热变形会对加工面有影响，结构不合理。正确的设计应该是采用焊接后加工，或采用如图 4-1b 所示的结构，使焊缝避开加工表面比较合理。

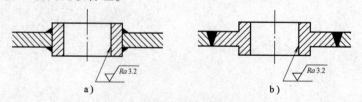

图 4-1 焊缝应该避开加工表面

2．禁忌焊缝过多

禁忌焊缝过多，以减少工时及成本，尽量采用板料弯曲以达到减少焊缝的目的，如图 4-2a 所示的用钢板焊接的零件，具有 4 条焊缝，且外形不美观。如果改成图 4-2b 所示的结构，先将钢板弯曲成一定形状后再进行焊接，不但可以减少焊缝，还可使焊缝对称和外形美观。

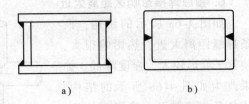

图 4-2　采用板料弯曲以减少焊缝

3．禁忌焊缝受力过大

焊缝应安排在受力较小的部位，如图 4-3a 所示的轮毂与轮圈之间的焊缝距回转中心太近；如果将图 4-3a 改为图 4-3b 所示的结构，则焊缝距回转中心比较远，结构合理；如图 4-3c 所示的套管与板的连接结构，焊缝的受力太大。将图 4-3c 改为图 4-3d 所示的结构，先将套管插入板孔，再进行角焊，可以减小焊缝的受力。

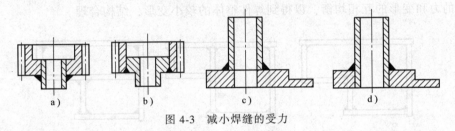

图 4-3　减小焊缝的受力

4．禁忌热变形过大

如图 4-4a 所示的结构中两零件为刚性接头，焊接时产生的热应力较大，零件的热变形也较大。弹性较大的结构，应采用如图 4-4b 所示的结构，即在环上开一个槽以增加零件的柔性，成为弹性接头，可以减小热应力，或使热变形显著减小。

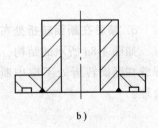

图 4-4　减少热变形

5．禁忌焊缝受剪力或集中力

如图 4-5a 所示的法兰直接焊在管子上的结构，焊缝受剪力和弯矩。如果改为如图 4-5b 所示的结构，可以避免焊缝受剪力。图 4-5c 所示的结构，焊缝直接受集中力作用，同时受最大弯曲应力。如果改为如图 4-5d 所示的结构，焊缝就避开了受弯曲应力最大的部位，结构合理。

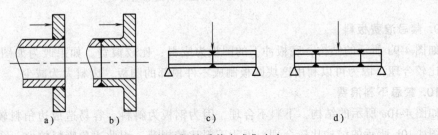

图 4-5　禁忌焊缝受剪力或集中力

6. 禁忌焊接影响区距离太近

如图 4-6a 所示的结构，两条焊缝距离太近，热影响很大，使管子变形较大，强度降低。如果改为如图 4-6b 所示的结构，使各条焊缝错开，热影响较小，管子变形小，强度提高。

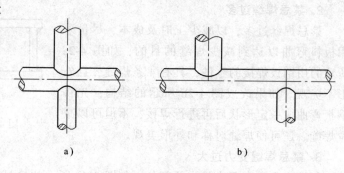

图 4-6 禁忌焊接影响区距离太近

7. 禁忌焊接件不对称

如图 4-7a 所示的结构，焊接件不对称布置，所以各焊缝冷却时力与变形不能均衡，使焊件整体有较大的变形，结构不合理。如果改为如图 4-7b、c 所示的结构，焊接件具有对称性，焊缝布置与焊接顺序也应对称，这样，就可以利用各条焊缝冷却时的力和变形的互相均衡，以得到焊件整体的较小变形，结构合理。

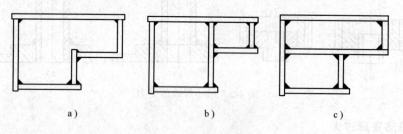

图 4-7 禁忌焊接件不对称

8. 禁忌在断面转折处布置焊缝

如图 4-8a 所示的结构，在断面转折处布置了焊缝，这样容易断裂。如果确实需要，则焊缝在断面转折处不应中断，否则容易产生裂纹。如果改为如图 4-8b 所示的结构，比较合理。

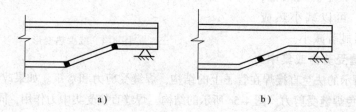

图 4-8 禁忌在断面转折处布置焊缝

9. 禁忌浪费板料

如图 4-9a 所示的结构，底板冲下的圆板为废料，比较浪费。如果改为如图 4-9b 所示的结构比较合理，因为可以利用这块圆板制成零件顶部的圆板，废料大为减少。

10. 禁忌下料浪费

如图 4-10a 所示的结构，下料不合理，因为钢板为斜料，容易造成边角料较多。如果改为如图 4-10b 所示的结构比较合理，因为下料比较规范，因此边角废料较少，结构合理。

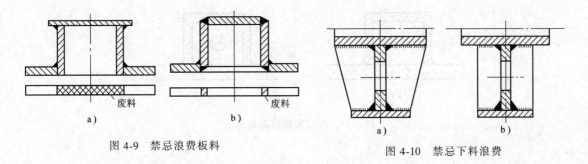

图 4-9　禁忌浪费板料

图 4-10　禁忌下料浪费

11. 铸件改为焊件的禁忌

如图 4-11a 所示的结构为铸件，改为焊件时，禁忌等结构直接改动，应考虑焊接件的刚度。图 4-11a 所示的机座的地脚部分改为焊件时，由于钢板较铸件壁薄，无法保证焊件的刚度，可将凸台设计成双层结构，并增设加强肋，如图 4-11b 所示。

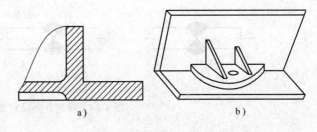

图 4-11　铸件改为焊件的禁忌

12. 选择焊缝的位置禁忌

如图 4-12a 所示的焊接零件中，底座顶板的内侧刚度大，如果在刚度小的外侧开坡口进行焊接，则顶板的变形角度为 α，如图 4-12b 所示。如果在刚度大的内侧开坡口进行焊接，则顶板的变形角度为 β，如图 4-12c 所示。可以明显地看出：$\alpha>\beta$，因此，在刚度小的外侧进行焊接顶板变形量大，禁忌这样做。焊缝的位置应选择在刚度大的位置以减小变形量，图 4-12c 所示的结构比较合理。

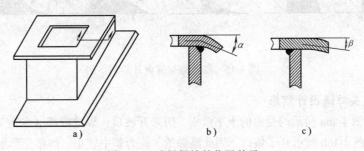

图 4-12　选择焊缝的位置禁忌

13. 焊接密封容器禁忌

如图 4-13a 所示，焊接密闭容器时，禁忌预先没设计放气孔，因为气体可能释放出来而导致不易焊牢。如果改为如图 4-13b 所示的结构，即预先设计放气孔，使气体能够释放，则有利于焊接，结构合理。

14. 焊缝外形设计禁忌

如图 4-14a 所示的焊缝与母材交界处禁忌为尖角，因为尖角处应力集中比较大。如果改为如图 4-14b 所示的结构，即焊缝与母材交界处用砂轮打磨，能够增大过渡区半径，从而可减小应力集中。对承受冲击载荷的结构，应采用图 4-14c 所示的结构，将焊缝高出的部分打

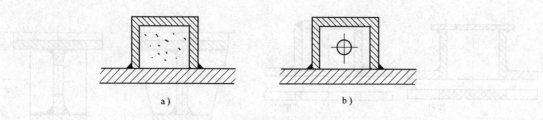

图 4-13　焊接密封容器禁忌

磨光。

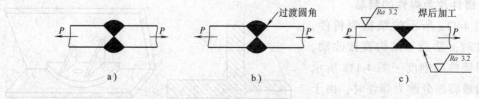

图 4-14　焊缝外形设计禁忌

15. 端面角焊缝设计禁忌

端面角焊缝的焊缝截面形状对应力分布有较大影响，禁忌出现较大应力集中。如图 4-15a所示，A、B 两处应力集中最大，A 点的应力集中随 θ 角增大而增加，因此，图 4-15a、b 所示的端面角焊缝应力集中最大。图 4-15c、d 所示的焊缝应力集中较小，图 4-15e 中的 A 点的应力集中最小，但需要加工，焊条消耗较大，经济性差。

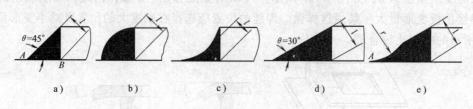

图 4-15　端面角焊缝设计禁忌

16. 十字接头焊缝设计禁忌

禁忌出现如图 4-16a 所示的受力的十字接头，因未开坡口，焊缝根部 A 和趾部 B 两处都有较高的应力集中。图 4-16b 所示开了坡口，因此能焊透，应力集中较小，焊接变形小，结构合理。

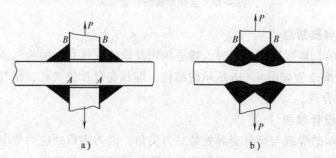

图 4-16　十字接头焊缝设计禁忌

17. 不同厚度对接焊缝设计禁忌

对不同厚度的构件的对接接头，应尽可能采用圆弧过渡，并使两板对称焊接，以减少应力集中，并使两板中心线偏差 e 尽量减小。禁忌如图 4-17a 所示的不同厚度对接焊缝结构，因为应力集中最大，结构不合理。如改成图 4-17b 所示的结构，应力集中较小；如改成图 4-17c 所示的结构，应力集中最小。如果一定要采用图 4-17a 所示的结构，应按照图中尺寸设计接头，同样图 4-17b 也要符合图中尺寸。一般 h 应有一段水平距离，过渡处不应在焊缝处。

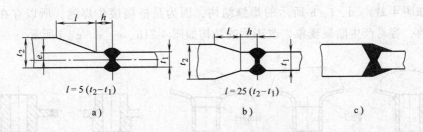

$$l = 5(t_2 - t_1)$$
a)

$$l = 25(t_2 - t_1)$$
b)

c)

图 4-17　不同厚度对接焊缝设计禁忌

18. 受变应力焊缝设计禁忌

受变应力的焊缝禁忌如图 4-18a、b 所示的那样凸出，可采用如图 4-18c、d 所示的结构，即焊缝平缓，并且应在背面补焊，最好将焊缝表面切平，避免用搭接。如果必须要使用时，可用长底边的填角焊缝，以减少应力集中。

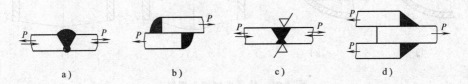

a)　　　　　　　b)　　　　　　　c)　　　　　　　d)

图 4-18　受变应力焊缝设计禁忌

19. 不等厚度焊接件设计禁忌

不等厚度的坯料进行焊接时，禁忌采用如图 4-19a、b 所示的结构，因为这样会有很大的应力集中。应该采用如图 4-19c、d 所示的结构，使被焊接的坯料厚度缓和过渡后再进行焊接，以减少应力集中。

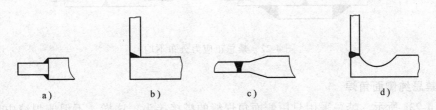

a)　　　　　　　b)　　　　　　　c)　　　　　　　d)

图 4-19　不等厚焊接件设计

20. 焊接构件截面改变处设计禁忌

禁忌如图 4-20a、b、c 所示的焊接结构，因为构件截面改变处有尖角，因此有应力集中，必须设计成平缓过渡以减小应力集中，如图 4-20d、e、f 所示。

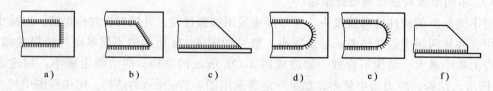

图 4-20　焊接构件截面改变处禁忌

21. 禁忌搭接接头焊缝

禁忌如图 4-21a、d、f、h 所示的焊缝结构，因为是搭接接头焊缝，所以存在很大的应力集中系数，容易产生断裂现象，改正后的结构如图 4-21b、c、e、g、i 所示。

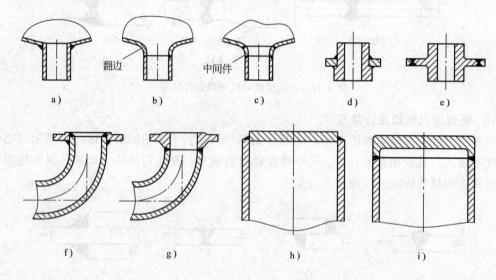

图 4-21　禁忌搭接接头焊缝

22. 禁忌正应力分布不均

如图 4-22a 所示，禁忌采用"加强板"的对接接头，因为原来疲劳强度较高的对接接头被大大地削弱了。试验表明，此种"加强"方法，其疲劳强度只达到基本金属的 49%。

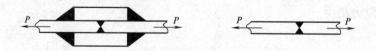

图 4-22　禁忌正应力分布不均

23. 禁忌纯侧面角焊

如图 4-23a 所示，禁忌采用只用侧面角焊缝的搭接接头，这样，不但侧焊缝中切应力分布极不均匀，而且搭接板中的正应力分布也不均匀。如果改为图 4-23b 所示的结构，即增加正面角焊缝，则搭接板中正应力分布较均匀，侧焊缝中的最大切应力也降低了，还可减少搭接长度，结构合理。

再如图 4-23c 所示的结构，在加盖板的搭接接头中，仅用侧面角焊缝的接头，在盖板范围内各横截面正应力分布非常不均匀。如果改为图 4-23d 所示的结构，即增加正面角焊缝，则正应力分布得到明显改善，应力集中大大降低，还能减少搭接长度。

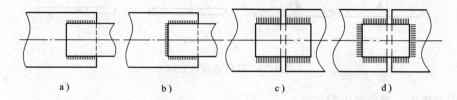

a)　　　　　b)　　　　　c)　　　　　d)

图 4-23　禁忌纯侧面角焊

24. 禁忌在截面突变处焊接

如图 4-24a～e 所示，是几种在截面突变处进行焊接的焊接结构形式，这些结构，在焊接处存在有很大的应力集中现象，降低了构件的疲劳强度，是不合理的焊接方式。

如果改为如图 4-24f～j 所示的结构，即避免在截面突然变化处进行焊接的结构，不仅可以减少应力集中，还可以提高结构的疲劳强度，是比较合理的设计。

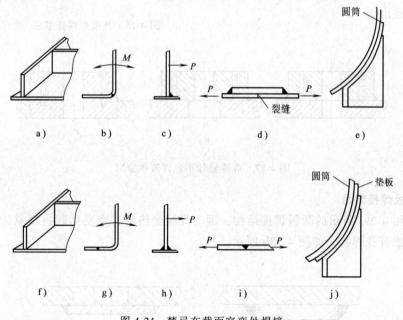

图 4-24　禁忌在截面突变处焊接

25. 焊缝方向禁忌

如图 4-25a 所示，禁忌焊缝方向在右侧，因为这种受力情况使焊缝的根部处于受拉应力状态。若如图 4-25b 所示改变焊缝方向在左侧，可改善受力状况，提高连接强度。同理，如图 4-25c 所示的焊缝方向使焊缝的根部处于受拉应力状态，应改为图 4-25d 所示的焊缝方向。

26. 补强板焊接禁忌

如图 4-26a 所示，虽然在化工容器（例如塔体）上开人孔处进行了补强，但是禁忌如图 4-26a 所示的四角为尖角的焊缝，因为有应力集中，在交变载荷作用下仍然易产生疲劳裂纹。如改为图 4-26b 所示的结构，将四角为尖角的焊缝改为如图 4-26b 所示的圆角，可大大

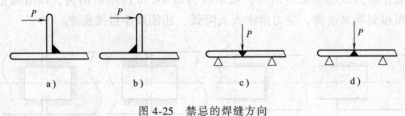

图 4-25　禁忌的焊缝方向

地减小应力集中，避免产生裂纹。

27. 焊缝设计不允许液体溢出

禁忌如图 4-27a 所示的焊缝结构，因为液体可能从螺孔或其他地方泄出。应在强度允许的情况下，加强内部密封焊接，改为图 4-27b 所示的结构就不会发生液体溢出。也可以设计成图 4-27c 所示的结构以防止液体溢出。

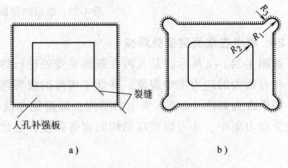

图 4-26　补强板焊接禁忌

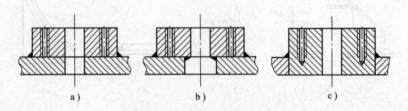

图 4-27　焊缝设计不允许液体溢出

28. 薄板焊接禁忌

禁忌如图 4-28a 所示的薄板焊接结构，因为焊接受热后，会发生起拱现象。为避免起拱现象，应考虑开孔焊接，如图 4-28b 所示。

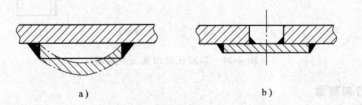

图 4-28　薄板焊接禁忌

4.2　粘接

粘接是利用粘接剂在一定条件下把预制的元件连接在一起，并具有一定的连接强度的不可拆连接。

4.2.1 粘接概述

1. 胶接的特点和应用

与铆接和焊接比较，粘接有许多显著优点：

1）适用范围广，能连接同类或不同类的、软的或硬的、脆性的或韧性的、有机的或无机的各种材料，特别是异种材料连接，如金属与玻璃、陶瓷、橡胶、塑料、泥凝土和木材等的连接。

2）粘接能够减轻重量。有资料报道，一架重型轰炸机用粘接代替铆接，重量可下降34%。

3）粘接要求的工艺和设备简单，操作方便。

4）粘接件表面光滑，密封性好，且防腐蚀。

5）粘接可获得某些特殊性能，如绝缘、绝热、导热、导磁、抗震和填充发泡等。

6）粘接层有缓冲减振作用。

7）可起到密封作用。

由于粘接具有许多优点，所以在许多领域，粘接已逐渐替代焊接、铆接及螺栓连接。但由于粘接存在一些不足，例如：

1）粘接强度与高强度被连接件材料强度相比，强度还不够高；有的粘接剂粘接工艺较为复杂。

2）粘接件的缺陷无完善可靠的无损检验方法。

3）粘接剂的抗高、低温能力有限，在光、热和空气作用下会老化。因此可靠程度和稳定性受环境因素的影响较大。

由于以上缺点，所以粘接应用受到一定的限制。但实践证明，机械连接与金属胶粘剂组合使用，如粘—铆、粘—焊和粘—螺纹等的连接，能显著提高抗疲劳性能。

2. 粘接接头的主要形式

按被粘接构件间的相对位置，粘接接头可分为对接（见图4-29a）、搭接（见图4-29b）和T形（见图4-29c）三种形式。对接粘接缝一般承受拉应力；搭接粘接缝主要承受剪应力；T形接头粘接缝一般承受弯曲应力及拉应力为多，三种粘接接头形式如图4-29所示。

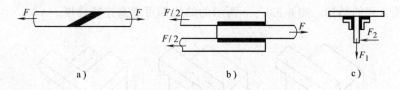

图 4-29 粘接接头的三种形式

4.2.2 粘接禁忌

1. 禁忌粘接面受纯剪

禁忌如图4-30a所示的两个物体进行粘接，因为粘接面受剪力，容易松开。如果改善接头结构，改成如图4-30b所示的结构，使载荷由钢板承受，则可以减小粘接接头的受力，结构合理。

2. 禁忌粘接面积太小

如图 4-31a 所示的粘接面面积太小，因此连接强度不高。如果改成如图 4-31b 所示的结构，即在连接处的两圆柱体外面附加增强的粘接套管；或如图 4-31c 所示的结构，在圆柱体内部钻孔，置入附加连接柱与圆柱体粘接，能够达到增大接触面积的作用，从而增大连接强度。

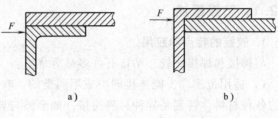

图 4-30　禁忌粘接面受纯剪

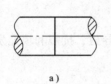 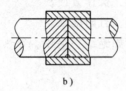 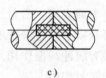

图 4-31　禁忌粘接面积太小

3. 焊接件和铸件改为粘接件禁忌

如图 4-32a 所示的焊接件结构，由两个零件组成。图 4-32b 所示的结构为同样形状的铸造件结构，整体为一个件。如果改用粘接件，禁忌还用相同的结构，需要进行改进，因为粘接件强度比焊接低，所以设计时应该有较大的粘接面积，因此与铸件和焊接件的结构有明显的不同。同时，粘接的变形较小，可以简化零件结构，设计成如图 4-32c 所示的结构是合理的。

 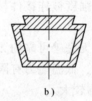 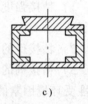

图 4-32　粘接件与焊接件和铸件的区别

4. 受力大的粘接件应增强

禁忌如图 4-33a 所示的粘接件，因为端部受力较大，容易损坏。如果改为图 4-33b 所示的结构，在端部增加固定螺钉，结构很合理。或者设计成如图 4-33c 所示的结构，将端部尺寸加大，也是合理的结构。图 4-33b、c 所示的结构都可提高连接强度。

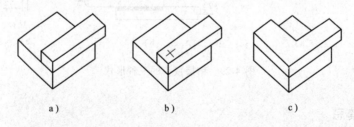

图 4-33　受力大的粘接件应增强

5. 粘接修复应加大粘接面积

对于产生裂纹甚至断裂的零件，可以采用粘接工艺修复。如图 4-34a 所示的断裂的零件，禁忌采用简单涂粘接剂的方法，因为粘接面积太小，不能达到强度要求。如果采用图 4-34b 所示的结构，即在轴外加一个补充的套筒，再粘接起来，就增加了粘接面积达到强度要求。或者设计成如图 4-34c 所示的结构，将断口处加工成相配的轴与孔，再粘接起来，也是较好的方法。如果设计成如图 4-34d 所示的结构，即把轴的断口加工得细一点，外面加一层套连接，是更好的方法。

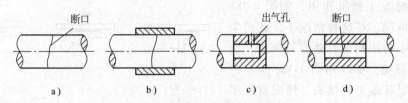

图 4-34 粘接修复应加大粘接面积

6. 重型零件粘接修复设计

如图 4-35a 所示的重型零件——大型轴承座断裂后，禁忌只采用粘的方法进行断口的修复连接，因为粘接后的强度不能满足重型零件的要求，应该采用如图 4-35b 所示的结构，即除用粘接断口外，还应该采用波形链连接，以增加连接的强度。

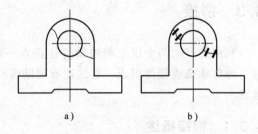

图 4-35 重型零件粘接修复设计

7. 对接粘接接头禁忌

禁忌采用图 4-36a 所示的对接粘接接头形式，因为粘接接头的面积太小，满足不了强度的要求。如改用图 4-36b 所示的结构形式，即将粘接接头部分加工成一定的

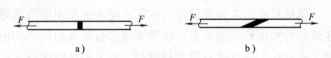

图 4-36 对接胶粘接头禁忌

斜度再粘接，该对接粘接接头是常用的对接粘接形式，称为嵌接，在拉力载荷作用下，接合面同时承受拉伸和剪切作用，这种结构的应力集中影响也很小。

8. 搭接粘接接头禁忌

禁忌采用图 4-37a 所示的搭接粘接接头结构形式，因为粘接接头的末端应力集中比较严

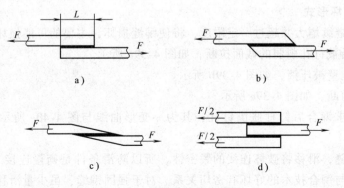

图 4-37 搭接粘接接头禁忌

重，满足不了强度的要求。但是，如改用图 4-37b、c 所示的结构形式，即将端部加工成一定的斜度，使其刚性减小，试验证明能够缓和应力集中现象。为了避免搭接接缝中载荷的偏心作用，也可采用如图 4-37d 所示的双搭接形式的粘接接头。

9. T 形粘接接头禁忌

禁忌采用图 4-38a 所示的单面 T 形粘接接头，因为这种接头在受到拉伸和弯曲载荷时，容易使粘接缝发生撕扯作用，如图 4-38b 所示的撕扯情况。在这种情况下，载荷集中作用在很小的面积上，最容易失效，设计时应尽量避免。如改用图 4-38c 所示的结构形式，即双面 T 形接头，情况就好多了，应该采用这种结构形式。

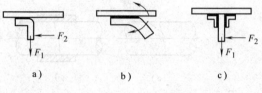

图 4-38　T 形粘接接头禁忌

4.3　铆接

利用铆钉把两个以上的被铆件连接在一起的不可拆连接，称为铆钉连接。主要由连接件、铆钉和被连接件组成，有的还有辅助盖板等。这些基本元件所形成的连接部分统称为铆接缝。

4.3.1　铆接概述

1. 铆接的特点及应用

铆接具有工艺设备简单、抗振、耐冲击和牢固可靠等优点，得到了一定的应用，尤其在建筑结构和锅炉制造方面，应用铆接已有长久的历史。但是，铆接结构比较笨重，被连接件由于有钉孔，强度受到很大的削弱，加之铆接时噪声大，影响工人的健康，其应用受到了一定的限制，除了在建筑、桥梁、造船、飞机及重型机械等部门应用外，已经逐渐被焊接和胶接所代替。

近年来，由于焊接和高强度螺栓摩擦连接的发展，铆接的应用已逐渐减少。但由于焊接技术的限制，目前少数受严重冲击或振动载荷的金属结构中还离不开铆接，如某些起重机的构架等。在轻金属结构（如飞机结构）中，铆接至今还是连接的主要形式。此外，非金属元件的连接（如制动闸中的摩擦片与闸靴或闸带的连接）有时也需要采用铆接。

2. 铆缝的破坏形式

如果外载荷继续增大并超过一定限度，将使铆缝损坏，主要的可能损坏是：

1）被铆件沿被钉孔削弱的截面拉断，如图 4-39a 所示。

2）被铆件孔壁被压溃，如图 4-39b 所示。

3）铆钉被剪断，如图 4-39c 所示。

冷铆铆接要求铆合后钉杆胀满钉孔，其力—变形曲线与图 4-40c 所示相似，但无滑移台阶。

对于强密铆缝，滑移将破坏连接的紧密性，所以防滑条件是衡量连接工作能力的准则。防滑能力的大小与铆合技术的好坏有密切关系。对于强固铆缝，虽少量滑移不致影响连接质量，但也要在工艺上采取措施，力图避免滑移，或使滑移减至最小。

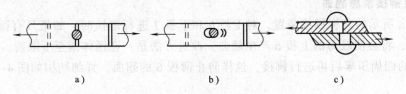

图 4-39 铆接的失效图

4.3.2 铆接设计禁忌

1. 禁忌铆钉数量过多

在进行铆钉连接设计时，排在力的作用方向的铆钉排数不能太多，一般以不超过 6 排为宜，如图 4-40b 所示。如果如图 4-40a 所示在力的作用方向设置 8 个铆钉，则因为钉孔制作不可避免地存在着误差，许多铆钉不可能同时受力，因此受力不均。但也不能太少，以免铆钉打转，如果确实需要 6 个以上的铆钉，可以设计成两排或多排铆钉连接。

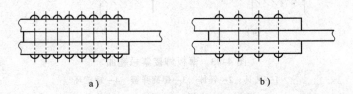

图 4-40 禁忌铆钉数量过多

2. 多层板铆接禁忌

多层板进行铆接时，禁忌如图 4-41a 所示的结构，因为将各层板的接头放在一个断面内，将使结构整体产生一个薄弱截面，这是不合理的。应该改成如图 4-41b 所示的结构，将各层板的接头相互错开。

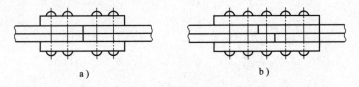

图 4-41 多层板铆接禁忌

3. 铆接后禁忌再进行焊接

进行铆接设计时，禁忌将铆接结构再进行焊接，如 4-42a 所示。因焊接产生的应力和变形将会破坏铆钉的连接状态，甚至使铆钉失效，因此起不到双重保险的作用，反而增加了发生事故的隐患。应该采用如图 4-42b 所示的结构，即铆接后禁止再焊接。

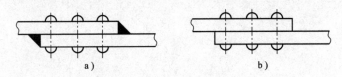

图 4-42 铆接后禁忌焊

4. 薄板铆接禁忌翘曲

如 4-43a 所示的薄板铆接装置，对上板 6 和下板 7 进行铆接时，如果只有锤体 2，在锤体下行程时，将会使较薄的上板 6 产生翘曲。改进方法是：在锤体落至下限前，先由矫正环 4 将上板 6 的四周压牢后再进行铆接，这样防止薄板 6 的翘曲，详细结构如图 4-43b 所示。

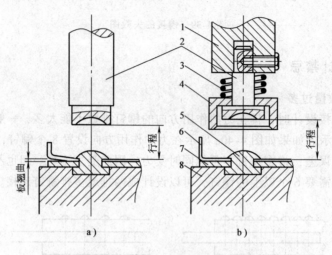

图 4-43　薄板铆接禁忌翘曲
1—夹具　2—锤体　3—螺旋弹簧　4—矫正环
5—铆钉　6—上板　7—下板　8—工作台

第5章 带传动

5.1 概述

带传动按工作原理可分为摩擦传动和啮合传动两大类，最常见的是摩擦带传动。摩擦带传动根据带的截面形状，分为平带传动、V带传动、多楔带传动和圆形带传动等，其中V带传动应用最广。

摩擦带传动的优点是：

1）因带是弹性体，能缓和载荷冲击，运行平稳无噪声。

2）过载时将引起带在带轮上打滑，因而可防止其他零件损坏。

3）制造和安装精度不像啮合传动那样严格。

4）可增加带的长度以适应中心距较大的工作条件(可达15m)。

摩擦带传动的缺点是：

1）带与带轮的弹性滑动使传动比不准确，效率较低，寿命较短。

2）传递同样大的圆周力时，外廓尺寸和轴上的压力都比啮合传动大。

3）不宜用于高温和易燃等场合。

按带轮轴的相对位置和转动方向，带传动分为开口、交叉和半交叉3种传动形式，如图5-1所示。交叉和半交叉一般只适用于平带和圆形带传动。

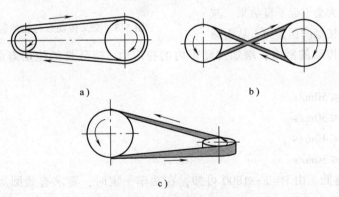

图 5-1　带传动形式
a）开口传动　b）交叉传动　c）半交叉传动

5.2 带传动禁忌

1. 开口传动

开口传动禁忌两轴不平行或两轮中心平面不共面误差较大。对平带传动，传动带很容易从带轮上脱落；对于 V 带传动，易造成带两边的磨损，甚至脱落。因此设计时应提出要求并保证其安装精度，或设计必要的调节机构。一般要求误差 θ 在 20′ 以内，如图 5-2 所示。

对于同步齿形带传动，两轮轴线不平行和中心平面偏斜对带的寿命将有更大的影响，因此安装精度要求更高。据实验及分析得知，若 $\theta=0$ 时同步带的寿命为 L_0，则在 $\theta\leqslant60'$ 时，带的寿命为 $L=L_0(1-\theta'/75')$，因此要求 $\theta\leqslant20'\times(25/b)$，$b$ 为带宽(mm)。

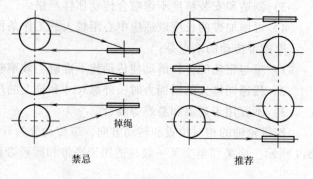

图 5-2　带传动两轮轴不平行和
中心面不共面示意图

2. 交叉传动

交叉传动用于平行轴、双向、反旋向传动。交叉处有摩擦，仅适用于中心距 $a>20b$(b 为带宽)的平带和圆形带传动，通常 $i_{12}\leqslant6$。其他情况禁忌使用。

3. 半交叉传动

用于交错轴、单向传动。对于平带：$i_{12}\leqslant3$；对于 V 带、多楔带和齿形带：$i_{12}\leqslant2.5$。

为使带传动正常工作，必须保证带从带轮上脱下进入另一带轮时，带的中心线在要进入的带轮的中心平面内(见图 5-3)。这种传动禁忌反转，必须反转时，一定要加装一个张紧轮。

禁忌　　掉绳　　推荐

图 5-3　交叉传动带与轮的装挂方法

4. 带速

带传动工作时，绕过带轮的一段带做圆周运动，会产生离心力。带速禁忌过高，因为离心力过大会引起不良后果：减小传动带与带轮相接触的压紧力，从而减小摩擦力，降低带传动的能力；增加传动带内的拉应力，降低带的使用寿命。带速的推荐值如下：

同步带	$v\leqslant50\text{m/s}$
普通 V 带	$v\leqslant30\text{m/s}$
窄 V 带	$v\leqslant40\text{m/s}$
普通平带	$v\leqslant30\text{m/s}$

但是，带速越低，由 $P=Fv/1000$ 可知，在功率一定时，要求有效圆周力就越大。对于普通 V 带，通常要求 $v\geqslant5\text{m/s}$。

5. 带轮加工制造的要求

因为带与轮之间有弹性滑动，在正常工作时，不可避免地有磨损产生，因此带轮工作表面要仔细加工，一般带轮表面粗糙度要求 $Ra=3.2\mu\text{m}$。禁忌为增加带与轮间的摩擦，故意把带轮表面加工得很粗糙。另外，对于高速带轮还要进行动平衡。

6. 平带传动的小带轮结构要求

(1) 小带轮的微凸结构　为使平带在工作时能稳定地处于带轮宽度中间而不滑落，禁忌将小带轮做成如图 5-4a、b 所示。应将小带轮做成中凸，如图 5-4c 所示。中凸的小带轮有使平带自动居中的作用。若小带轮直径 $d_1 = 40 \sim 112mm$，取中间凸起高度 $h = 0.3mm$；当 $d_1 > 112mm$ 时，取 $h/d_1 = 0.003 \sim 0.001$，d_1/b 值大的 h/d_1 取小值，其中 b 为带轮宽度，一般 $d_1/b = 3 \sim 8$。

（2）小带轮的开槽结构　带速 $v > 30m/s$ 为高速带，一般采用特殊的轻而强度大的纤维编制而成。为防止带与带轮之间形成气垫，应在小带轮轮缘表面开设环槽，如图 5-5 所示。

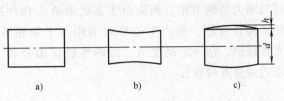

图 5-4　带轮的外柱面结构
a)、b) 禁忌　c) 推荐

7. 同步带轮的结构要求

（1）挡圈结构

同步带轮分为无挡圈、单边挡圈和双挡圈 3 种结构形式（见图 5-6）。同步带在运转时有轻度的侧向推力。为了避免带的滑落，应按具体条件考虑在带轮侧面安装挡圈，如图 5-7 所示。挡圈的安装建议如下：

图 5-5　高速带轮开槽结构

图 5-6　同步带轮结构形式

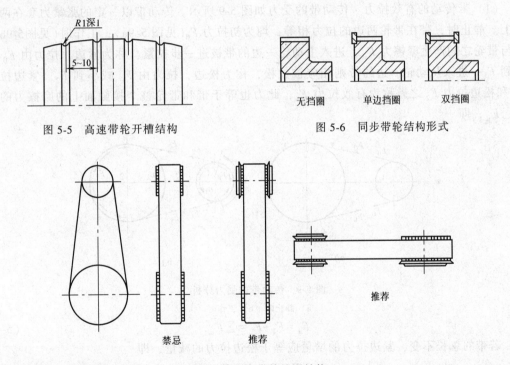

图 5-7　同步带轮挡圈结构

1）在两轴传动中，两个带轮中必须有一个带轮两侧装有挡圈，或两轮的不同侧边各装有一个挡圈。

2）当中心距超过小带轮直径的 8 倍以上时，由于带不易张紧，两个带轮的两侧均应装有挡圈。

3）在垂直轴传动中，由于同步带的自重作用，应使其中一个带轮的两侧装有挡圈，而其他带轮均在下侧装有挡圈。

（2）同步带齿顶和轮齿顶部的圆角半径　同步带的齿和带轮的齿属于非共轭齿廓啮合，所以在啮合过程中两者的顶部都会发生干涉和撞击，因而引起带齿顶部产生磨损。

适当加大带齿顶部和轮齿顶部的圆角半径(见图5-8)，可以减少干涉和磨损，延长带的寿命。

（3）同步带轮外径的偏差　同步带轮外径为正偏差，可以增大带轮节距，消除由于多边形效应和在拉力作用下使带伸长变形，所产生的带的节距大于带轮节距的影响。实践证明，在一定范围内，带轮外径正偏差较大时，同步带的疲劳寿命较长。

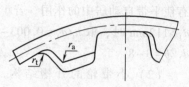

图 5-8　带齿顶部和轮
齿顶部的圆角半径

5.3　V带传动

5.3.1　V带传动的受力分析及禁忌

1. V带受力分析

（1）带传动的有效拉力　传动带的受力如图5-9所示。传动带以一定的张紧力套在两带轮上。静止时，带在带轮两边的拉力相等，均为初拉力 F_0（见图5-9a）；工作时（见图5-9b），带与带轮之间产生摩擦力 F_μ，进入主动轮一边的带被进一步拉紧，称为紧边，拉力由 F_0 增大到 F_1；进入从动轮一边的带则相应被放松，称为松边，拉力由 F_0 减小到 F_2。紧边拉力 F_1 和松边拉力 F_2 之差称为有效拉力 F_e，此力也等于带和带轮整个接触面上的摩擦力的总和 $\sum F_\mu$，即

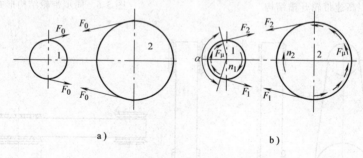

a)　　　　　　　　　　　　b)

图 5-9　传动带的受力分析

a）静止时　b）工作时

$$F_e = F_1 - F_2 = \sum F_\mu \tag{5-1}$$

若带的总长不变，紧边拉力的增量应等于松边拉力的减量，即

$$F_1 - F_0 = F_0 - F_2$$

所以

$$F_1 + F_2 = 2F_0 \tag{5-2}$$

带传动传递的功率(kW)表示为

$$P = \frac{F_e v}{1000} \tag{5-3}$$

式中　F_e——有效拉力（N）；

v——带速（m/s）。

（2）最大有效圆周力　由式(5-3)可知，当传递的功率增大时，有效拉力 F_e 也相应增大，即要求带和带轮接触面上有更大的摩擦力来维持传动。但是，当其他条件不变且张紧力

F_0 一定时，带传动的摩擦力存在一极限值，就是带所能传递的最大有效圆周力 F_{max}。当带传动的有效拉力超过这个极限值时，带就在带轮上打滑。打滑会使传动失效，也会加剧带的磨损，故应该避免。

在带处于即将打滑的临界状态时，如忽略离心力，F_1 和 F_2 满足柔韧体摩擦的欧拉公式：

$$\frac{F_1}{F_2} = e^{\mu\alpha} \tag{5-4}$$

式中　e——自然对数的底，e = 2.718；

　　　α——带与带轮接触弧所对的中心角，称为包角(rad)；

　　　μ——带和带轮间的摩擦系数。

联解式(5-1)与式(5-4)，得出带所能传递的最大有效拉力 F_{max} 为

$$F_{max} = F_1 - F_2 = F_1\left(1 - \frac{1}{e^{\mu\alpha}}\right) = F_2(e^{\mu\alpha} - 1) \tag{5-5}$$

将式(5-5)代入式(5-2)，可得

$$F_{max} = 2F_0\frac{e^{\mu\alpha} - 1}{e^{\mu\alpha} + 1} = 2F_0\left(1 - \frac{2}{e^{\mu\alpha} + 1}\right) \tag{5-6}$$

由此可见，带传动的最大有效拉力与初拉力、包角以及摩擦系数有关，且与 F_0 成正比。若 F_0 过大，将使带的工作寿命缩短。

（3）离心拉力　当带在带轮上作圆周运动时，将产生离心力。虽然离心力只产生在带做圆周运动的部分，但由此产生的离心拉力 F_c 却作用在带的全长上，离心拉力使带压在带轮上的力减少，降低带传动的工作能力。离心拉力 $F_c(N)$ 的大小为

$$F_c = qv^2$$

式中　q——传动带每米长的质量(kg/m)；

　　　v——带速(m/s)。

2. 带的弹性滑动和传动比

（1）带的弹性滑动　由于带是弹性体，受力不同时，带的变形量也不相同。如图 5-10 所示，在主动轮上，当带从紧边 a 点转到松边 b 点时，拉力由 F_1 逐渐降至 F_2，带因弹性变形渐小而回缩，带的运动滞后于带轮。也就是说，带与带轮之间产生了相对滑动。同样发生在从动轮上，但带的运动超前于带轮。这种由于带的弹性变形而引起的带与带轮之间的相对滑动，称为弹性滑动，又称丢转。

弹性滑动将引起下列后果：

1）从动轮的圆周速度低于主动轮的圆周速度。

2）降低传动效率。

3）引起带的磨损。

4）使带的温度升高。

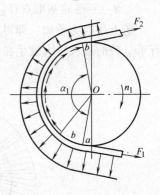

图 5-10　带的弹性滑动

（2）带传动的传动比　由弹性滑动引起从动轮轮缘圆周速度相对于主动轮轮缘圆周速度的减小率称为滑动率(或滑动系数)，用 ε 表示，可以表示为

$$\varepsilon = \frac{v_1 - v_2}{v_1} = 1 - \frac{n_2 d_2}{n_1 d_1}$$

72

传动比 $\qquad i = \dfrac{n_1}{n_2} = \dfrac{d_2}{d_1(1-\varepsilon)}$

从动轮转速 $\qquad n_2 = (1-\varepsilon)n_1\dfrac{d_1}{d_2}$

带传动的滑动率 ε 通常为 0.01~0.02，在一般计算中可忽略不计，即

$$i \approx d_2/d_1 \qquad (5-7)$$

3. 带传动的应力分析

带传动工作时，带中应力由三部分组成。

（1）由紧边和松边的拉力产生的拉应力

紧边拉应力 $\qquad \sigma_1 = F_1/A$

松边拉应力 $\qquad \sigma_2 = F_2/A$

式中 A——带的横截面积（mm^2）。

（2）由离心拉力产生的拉应力

$$\sigma_c = F_c/A = qv^2/A$$

（3）弯曲应力 带绕过带轮时产生弯曲应力，弯曲应力只产生在带绕过带轮的部分。假设带是弹性体，由材料力学可求得弯曲应力。

绕过小轮处的弯曲应力 $\qquad \sigma_{b1} = \dfrac{2Ey}{d_1} \qquad (5-8)$

绕过大轮处的弯曲应力 $\qquad \sigma_{b2} = \dfrac{2Ey}{d_2} \qquad (5-9)$

式中 E——带材料的弹性模量（MPa）；

y——带的最外层到节面（中性层）的距离（mm）；

d——带轮基准直径（mm）。

把上述应力叠加，即得到带在传动过程中，处于各个位置时所受的应力情况，如图 5-11 所示。带的最大应力发生在紧边开始绕上小带轮处的横截面上，其应力值为：

$$\sigma_{max} = \sigma_1 + \sigma_c + \sigma_{b1} \qquad (5-10)$$

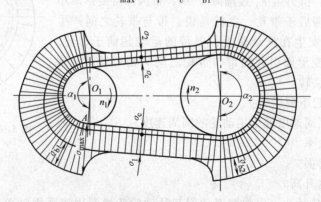

图 5-11 带的应力分布

由于交变应力的作用，将引起带的疲劳破坏而失效，表现为脱层、撕裂和拉断，限制带的使用寿命。

4．注意问题与禁忌

（1）柔韧体摩擦的欧拉公式　式(5-4)为忽略了离心力等条件下柔韧体摩擦的欧拉公式。若考虑离心力，则公式为

$$\frac{F_1 - qv^2}{F_2 - qv^2} = e^{\mu\alpha} \tag{5-11}$$

（2）增大包角 α，最大有效拉力 F_{max} 值增大

1）计算时，式(5-4)和式(5-11)要用小带轮上的包角 α_1，且打滑一定发生在小带轮上。

2）对于平带、V 带等挠性件传动，应紧边在下，松边在上，如图 5-9 所示，这样有利于增大 α_1；对于两轴平行上下配置时，应使松边处于当带产生垂度时，有利于增大 α_1 的位置，通常小带轮在上，大带轮在下，否则应采用安装压紧轮等装置，如图 5-12 所示。

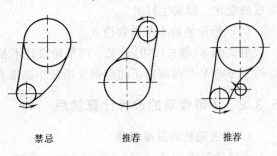

禁忌　　　推荐　　　推荐

图 5-12　V 带与平带的带轮上下配置的装挂方法

3）$\alpha_1 \geqslant 120°$，最小为 $90°$。由式(5-7)可见，增大传动比，两轮直径差值增大。在中心距一定的情况下，小轮上包角减小，限制了传动比的大小。

（3）增大摩擦因数 μ，最大有效拉力 F_{max} 值增大

1）对于 V 带传动，计算时式(5-4)和式(5-11)要用当量摩擦因数 μ_v。

2）因为 $\mu_v > \mu$，因此 V 带比平带所传递的功率大。

3）μ 禁忌无限增加，μ 过大会导致磨损加剧，带过早松弛，工作寿命降低。因此，禁忌靠将带轮制造得粗糙，以增加摩擦因数的方法来提高带所能传递的最大有效拉力 F_{max} 值。

（4）增大初拉力 F_0 值，最大有效拉力 F_{max} 值增大

1）适当选取 F_0 值。F_0 值过小，传动能力无法充分发挥；F_0 值过大，磨损加剧，带过早松弛，工作寿命降低。禁忌靠无限增加 F_0 值方法来提高带所能传递的最大有效拉力 F_{max} 值。

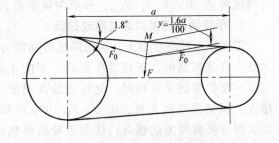

图 5-13　初拉力的控制

初拉力 F_0 可用图 5-13 所示的方法确定：在 V 带与两轮切点的跨度中心 M，施加一规定的垂直于带边的力 F（其值参考机械设计手册），使带沿跨距每 100mm 所产生的挠度 $y = 1.6$mm（即挠角为 $1.8°$），此时的初拉力即符合要求。

2）如果 F_0 值为一定值，会限制带传动的传动能力。

（5）在多级传动中，带传动禁忌放在低速级　依靠摩擦传动的带，传动能力较低，适用于放在转矩较小的高速级；摩擦带具有过载打滑的特性，可保护低速级的零件免遭破坏。

（6）弹性滑动与打滑的区别

弹性滑动：由于带的弹性变形，及带轮两边的拉力差引起带与轮的相对滑动，这种带传

74

动正常工作时所固有的特性，称为弹性滑动。

打滑：过载造成带与轮的全面滑动。

区别：弹性滑动是正常工作时发生的现象，是固有特性，不可避免；打滑是过载造成的一种失效形式，是可以避免的，也是应该避免的。

在正常工作情况下，弹性滑动只发生在包角的一部分范围内（见图 5-17），对应的弧 cb 称滑动弧，中心角称滑动角，而有一部分不滑动的弧 ac 称为静弧，中心角称静角。随着有效圆周力的增加，滑动角增大，静角减小，当 $F_e = F_{max}$ 时，滑动角等于 α_1，静角为 0，而引发质的变化，即发生打滑。

（7）带轮的最小基准直径 d_{min}

由式（5-8）和式（5-9）可见，两带轮直径不相等时，带在小轮上的弯曲应力较大，所以对每种型号的 V 带都限定了相应带轮的最小基准直径 d_{min}，其值可查机械设计手册。

5.3.2 V带传动的设计计算禁忌

1. 适选带轮的基准直径

小带轮基准直径 d_1 小，当传动比一定时，可使大带轮直径减小，则带传动外廓空间减小；当大带轮直径一定时，可增大传动比，但小带轮上的包角减小，使传递功率一定时，要求有效拉力加大。另外除带与带轮的接触长度与直径成正比地缩短外，V 带是一面按带轮半径反复弯曲，一面快速移动，因而对于 V 带的断面，弯曲半径越小越难弯曲，容易打滑。而且 d_1 过小，弯曲应力 σ_{b1} 过大，带的寿命降低。所以应

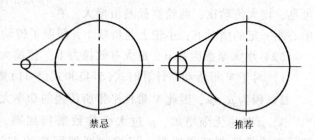

图 5-14 小带轮直径的合理选择

适当选取 d_1 值，使 $d_1 > d_{min}$，并取为标准值，如图 5-14 所示。

2. 带传动的速度禁忌过高或过低

带速过高则离心力大，从而降低传动能力，并且当带速很高时，带将发生振动，不能正常工作，通常带的重量越轻，允许的最高速度就越大；但如果带速太低，由 $P = Fv/1000$ 可知，要求的有效圆周力就越大，就会使带的根数过多或带的截面加大。对于普通 V 带，一般要求带速在 $5 \sim 25 m/s$ 之内选取，否则应调整小带轮的直径或转速。挠性传动的最佳圆周速度如图 5-15 所示。

3. 验算小带轮包角 $\alpha_1 \geqslant 120°$（至少 90°）

小带轮包角禁忌过小，否则传动能力降低，易产生打滑。一般要求 $\alpha_1 \geqslant 120°$，若不满足，应适当增大中心距或减小传动比来增加小带轮

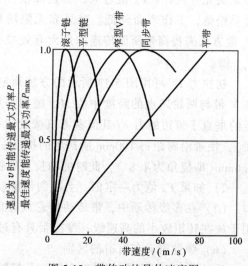

图 5-15 带传动的最佳速度图

包角 α_1。

4. 保证中心距处于 $0.7(d_1+d_2) \sim 2(d_1+d_2)$ 范围

带传动的中心距禁忌过大，否则将由于载荷变化引起带的抖动，使工作不稳定，而且结构不紧凑。但中心距过小，则小带轮的包角过小，易打滑，而且在一定带速下，单位时间内带绕过带轮的次数增多，带的应力循环次数增加，会加速带的疲劳损坏。

5. 中心距禁忌直接固定

由于 V 带无接头，为保证安装，必须使两轮中心距比使用的中心距小，在装挂完了以后，再调整到正常的中心距，因此必须设计成可调，如图 5-16 所示。

另外，由于长时间的使用，V 带周长会因疲劳而伸长。为了保持

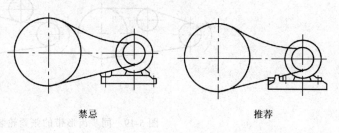

禁忌   推荐

图 5-16　中心距的调整

必要的张紧力，应根据需要调整中心距。通常中心距变动范围为 $(a-0.015L_d) \sim (a+0.03L_d)$。

5.3.3　V 带传动的张紧与维护禁忌

1. 压紧轮和张紧轮的位置

以增加小轮包角为目的的压紧轮，应安装在松边、靠近小带轮的外侧，如图 5-17 所示。V 带、平带的张紧轮一般应安装在松边内侧，使带只受单向弯曲，以减少寿命的损失；同时张紧轮还应尽量靠近大带轮，以减少对包角的影响，如图 5-18 所示。压紧轮和张紧轮的位置禁忌弄混。

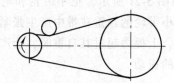

图 5-17　压紧轮

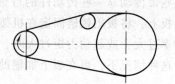

图 5-18　张紧轮

2. 同步齿形带的张紧轮装置

同步齿形带使用张紧轮，会使带心材料的弯曲疲劳强度降低，因此，原则上禁忌使用张紧轮，但是在中心距不可调整，且小带轮齿数小于规定齿数时可以使用。使用时要注意避免深角使用，采用浅角使用，并安装在松边内侧，如图 5-19a 所示。但是，在小带轮啮合齿数小于规定齿数时，为防止跳齿，应将张紧轮安装在松边、靠近小带轮的外侧，如图 5-19b 所示。

3. 定期张紧装置

定期张紧时，要注意在保持两轴平行的状态下进行移动；在利用滑座或其他方法调整时，要能在施加张紧力的状态下平行移动。例如，在带轮较宽、外伸轴较长时，需要安装外侧轴承，并将该轴承装在共有的底座上，调整时使底座滑动，如图 5-20 所示。

4. 自动张紧装置

（1）自动张紧的辅助装置

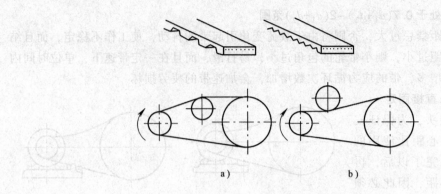

图 5-19　同步齿形带的张紧轮装置

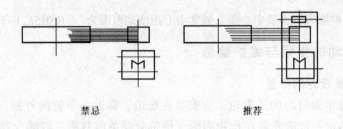

禁忌　　　　　　　　　　　　　　　　推荐

图 5-20　长外伸轴中心距的支承及张紧结构

　　有些带传动靠一些传动件的自重产生张紧力。如图 5-21 所示，把小带轮和电动机固定在一块板上，将板用铰链固定在机架上，靠电动机和小带轮的自重在带中产生张紧力。但当传动功率过大，或起动力矩过大时，传动带将板上提，上提力超过其自重时，会产生振动或冲击。这种情况下，可在板上加辅助装置，以消除板的振动。

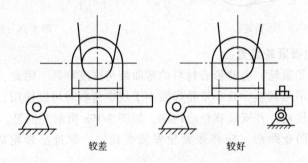

较差　　　　　　　　　　　　　　　　较好

图 5-21　自动张紧的辅助装置

（2）高速带传动禁忌使用自动张紧装置

　　在高速带传动中，禁忌使用自动张紧装置，否则运转中将出现振动现象。高速带传动的禁忌及推荐张紧装置如图 5-22 所示。

5. 带要容易更换

　　传动带的寿命通常较低，有时几个月就要更换。在 V 带传动中，同时有几条带一起工

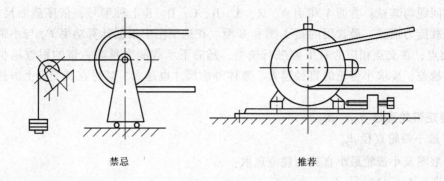

图 5-22 高速带传动的张紧装置

作时，如果有一条带损坏，就要全部更换。对于无接头的传动带最好设计成悬臂安装，且暴露在外，如图 5-23 所示。此时可加防护罩，拆下防护罩即可更换传动带。

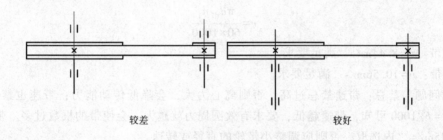

图 5-23 带传动支承装置要便于更换带

5.4 带传动设计实例与禁忌

设计一带式输送机中的高速级普通 V 带传动。已知该传动系统由 Y 系列三相异步电动机驱动，输出功率 $P = 5.5 \text{kW}$，满载转速 $n_1 = 1440 \text{r/min}$，从动轮转速 $n_2 = 550 \text{r/min}$，单班制工作，传动水平布置。

解：1. 确定计算功率 P_d

带式输送机载荷变动小，可查得工况系数 $K_A = 1.1$，则

$$P_d = K_A P = 1.1 \times 5.5 \text{kW} = 6.05 \text{kW}$$

注意问题与禁忌：单班制工作按小于等于 10h 查取；双班制工作按 10~16h 查取；三班制工作按大于 16h 查取。

2. 选取 V 带型号

根据 P_d、n_1 参考选型图及小带轮最小直径的规范选带型及小带轮直径，初选 A 型 V 带，$d_{d1} = 112 \text{mm}$；当然 B 型也满足要求。为了比较带的型号及小带轮直径大小对传动的影

响，该案例对 B 型 V 带 $d_{d1} = 140$mm 也进行相应的计算。

注意问题与禁忌：普通 V 带有 Y、Z、A、B、C、D、E 七种型号，依序截面尺寸增大，单根带承载能力增强；最常用的是 A 型和 B 型。在选型图中根据计算功率 P_d 与小带轮转速 $n1$ 值的交点，在交点相应的右下侧进行选型，越靠下承载能力越高，带的根数越少，但带的柔韧性越差，要求小带轮的直径越大，整体外廓尺寸也越大。禁忌在其交点上方选择带的型号。

3. 确定带轮直径 d_{d1}、d_{d2}

（1）选小带轮直径 d_{d1}

参考型图及小带轮最小直径的规范选取：

A 型带：$d_{d1} = 112$mm。

B 型带：$d_{d1} = 140$mm。

注意问题与禁忌：d_{d1} 小，则带传动外廓空间小，但 d_{d1} 禁忌过小，否则弯曲应力过大，影响带的疲劳强度。所以应使 $d_{d1} > d_{dmin}$，并在其可取值范围内取为标准值。从动轮基准直径 d_{d2} 可由式 $d_{d2} = id_{d1}$ 计算，并相近圆整成标准值。

（2）验算带速 v

$$v = \frac{\pi d_{d1} n_1}{60 \times 1000}$$

A 型带：$v = 8.44$m/s 满足要求。

B 型带：$v = 10.56$m/s 满足要求。

注意问题与禁忌：带速禁忌过高，否则离心力大，会降低传动能力；带速也禁忌太低，因为由 $P = F/1000$ 可知，带速越低，要求有效圆周力就越大，会使带的根数过多。带速一般应在 $5 \sim 25$m/s 之内选取，否则应调整小带轮的直径或转速。

（3）确定从动轮基准直径 d_{d2}

$$d_{d2} = \frac{n_1}{n_2} d_{d1}$$

A 型带：$d_{d2} = 293.24$mm，按带轮标准直径表取标准值 $d_{d2} = 280$mm。

B 型带：$d_{d2} = 366.55$mm，按带轮标准直径表取标准值 $d_{d2} = 355$mm。

（4）计算实际传动比 i

当忽略滑动率时：$i = d_{d2}/d_{d1}$。

A 型带：$i = 2.5$。

B 型带：$i = 2.54$。

（5）验算传动比相对误差

题目的理论传动比：$i_0 = n_1/n_2 = 2.62$。

传动比相对误差：$\varepsilon = \left| \frac{i_0 - i}{i_0} \right|$。

A 型带：$\varepsilon = 4.5\% < 5\%$，合格。

B 型带：$\varepsilon = 3.1\% < 5\%$，合格。

注意问题与禁忌：如果项目中对传动比相对误差有要求，应按要求验算。无特殊要求传动比相对误差禁忌超过 5%。

4. 定中心距 a 和基准带长 L_d

（1）初定中心距 a_0

$$0.7(d_{d1}+d_{d2}) \leq a_0 \leq 2(d_{d1}+d_{d2})$$

A 型带：$274.4 \leq a_0 \leq 784$，取 $a_0 = 500mm$。

B 型带：$346.5 \leq a_0 \leq 990$，取 $a_0 = 650mm$。

注意问题与禁忌：中心距不宜过大，否则将由于载荷变化引起带的抖动，使工作不稳定而且结构不紧凑；中心距过小，在一定带速下，单位时间内带绕过带轮的次数增多，带的应力循环次数增加，会加速带的疲劳损坏。

（2）计算带的计算基准长度 L_{d0}

$$L_{d0} \approx 2a_0 + \frac{\pi}{2}(d_{d1}+d_{d2}) + \frac{(d_{d2}-d_{d1})^2}{4a_0}$$

A 型带：$L_{d0} = 1630mm$，查 V 带的基准长度表取标准值 $L_d = 1600mm$。

B 型带：$L_{d0} = 2095mm$，查 V 带的基准长度表取标准值 $L_d = 2000mm$。

（3）计算实际中心距 a

$$a \approx a_0 + \frac{L_d - L_{d0}}{2}$$

A 型带：$a = 485mm$。

B 型带：$a = 602.5mm$。

（4）确定中心距调整范围

$$a_{max} = a + 0.03L_d$$
$$a_{min} = a - 0.015L_d$$

A 型带：$a_{max} = 533mm$，$a_{min} = 461mm$。

B 型带：$a_{max} = 662.5mm$，取 $a_{max} = 663mm$；$a_{min} = 572.5mm$，取 $a_{min} = 572mm$。

5. 验算包角 α_1

$$\alpha_1 = 180° - \frac{d_{d2}-d_{d1}}{a} \times 57.3°$$

A 型带：$\alpha_1 = 160° > 120°$，合格。

B 型带：$\alpha_1 = 159° > 120°$，合格。

注意问题与禁忌：禁忌 α_1 过小，α_1 过小传动能力降低，易打滑。一般要求 $\alpha_1 \geq 120°$，若不满足，应适当增大中心距或减小传动比来增加小轮包角。

6. 确定 V 带根数 z

（1）确定额定功率 P_0

由 d_{d1} 及 n_1 查特定条件下单根普通 V 带的额定功率 P_0 表，并用线性内插值法求得 P_0：

A 型带：$P_0 = 1.60kW$。

B 型带：$P_0 = 2.80kW$。

（2）确定各修正系数

查单根普通 V 带的额定功率增量 ΔP_0 表得功率增量 ΔP_0 为

A 型带：$\Delta P_0 = 0.17\text{kW}$。

B 型带：$\Delta P_0 = 0.46\text{kW}$。

包角系数 K_α：查包角系数 K_α 表得

A 型带：$K_\alpha = 0.95$。

B 型带：$K_\alpha \approx 0.95$。

长度系数 K_L：查长度系数 K_L 表得

A 型带：$K_L = 0.99$。

B 型带：$K_L = 0.98$。

（3）确定 V 带根数 z

$$z \geqslant \frac{P_d}{(P_0 + \Delta P_0) K_\alpha K_L}$$

A 型带：$z \geqslant 3.63$ 根，取 $z = 4$ 根。

B 型带：$z \geqslant 1.99$ 根，取 $z = 2$ 根。

7. 确定单根 V 带初拉力 F_0

$$F_0 = 500 \frac{P_d}{vz} \left(\frac{2.5}{K_\alpha} - 1 \right) + qv^2$$

A 型带：查表得单位长度质量 $q = 0.10\text{kg/m}$，$F_0 = 153\text{N}$。

B 型带：查表得单位长度质量 $q = 0.17\text{kg/m}$，$F_0 = 253\text{N}$。

注意问题与禁忌：P_0 为特定试验条件下 [$\alpha_1 = \alpha_2 = 180°$（$i = 1$）、特定带长、载荷平稳]，对不同型号的带进行测试得到的单根 V 带所能传递的额定功率（kW）；当工作条件与试验条件不同时需进行修正。带的根数禁忌过多，通常 $z \leqslant 10$，否则应增大带的型号或小带轮直径，然后重新计算。

8. 计算压轴力

$$F_Q = 2zF_0 \sin \frac{\alpha_1}{2}$$

A 型带：$F_Q = 1205\text{N}$。

B 型带：$F_Q = 995\text{N}$。

9. 带轮结构设计 （以 A 型带的计算结果为例）

（1）小带轮

$d_{d1} = 112\text{mm}$，采用实心式结构，其工作图设计从略。

（2）大带轮

$d_{d2} = 280\text{mm}$，采用孔板式结构，假设与之配合的轴头直径为 40mm，参考 V 带轮结构图及普通 V 带带轮轮槽尺寸表进行其他几何尺寸计算（从略），其工作图如图 5-24 所示。

注意问题与禁忌：A 型带与 B 型带设计结果相比，采用 A 型 V 带，总体结构较紧凑，但带根数较多，传力均匀性不如 B 型带，另外前者对轴的压力稍大。

大带轮零件工作图如图 5-24 所示。

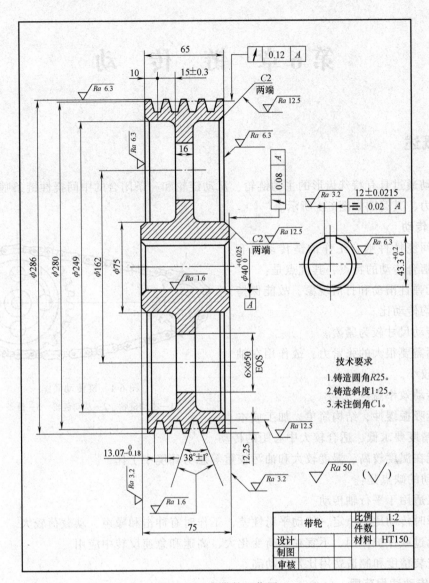

图 5-24 大带轮工作图

第6章 链 传 动

6.1 概述

链传动通过具有特殊齿形的主动链轮、从动链轮和一条闭合的中间挠性链条啮合来传递运动和动力，其简图如图 6-1 所示。

1. 链传动

靠中间挠性件啮合工作的链传动兼有带传动与啮合传动的特点，其优点是：

1）无弹性滑动和打滑现象，故能保持准确的平均传动比。

2）传动尺寸较为紧凑。

3）不需要很大的张紧力，故作用在轴上的压力较小。

4）传动效率高。

5）能吸振缓冲，结构简单，加工成本低，安装精度要求低，适合较大中心距的传动。

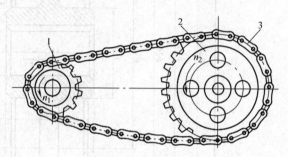

图 6-1 链传动简图
1—主动链轮 2—从动链轮 3—链条

6）能在温度较高、湿度较大和油污较重等恶劣环境中工作。

链传动的缺点是：

1）仅适用于平行轴传动。

2）瞬时传动比不恒定，传动平稳性差，工作时有冲击和噪声，动载荷较大。

3）无过载保护作用，不宜在载荷变化大、高速和急速反转中应用。

4）安装精度和制造费用比带传动高。

2. 链传动适用范围

（1）传动比

通常 $i \leqslant 6$，推荐 $i = 2 \sim 3.5$。

（2）链速

通常 $v \leqslant 15\text{m/s}$，最高可达 40m/s。

（3）传动传递功率

通常 $P \leqslant 100\text{kW}$，最高可达 4000kW。

（4）最大中心距

$a_{\max} = 8\text{m}$。

（5）传动效率

开始传动 $\eta = 0.90 \sim 0.93$，闭式传动 $\eta = 0.97 \sim 0.98$。

链传动常用于工作条件恶劣的场合，广泛应用于农业、矿山、冶金、建筑、运输、起重机和石油等各种机械中。

3. 链传动的种类

按用途不同，链传动可分为传动链、起重链和曳引链 3 种。传动链在各种机械传动装置中用于传递运动和动力，通常在中等速度（$v \leqslant 20\text{m/s}$）以下工作；起重链主要用在起重机械中提升重物，其工作速度不大于 0.25m/s；曳引链在运输机械中用于移动重物，其工作速度一般不超过 4m/s。

4. 传动链的类型

传动链分为短节距精密滚子链（简称滚子链）、短节距精密套筒链（简称套筒链）、齿形链和成形链等，如图 6-2 所示。

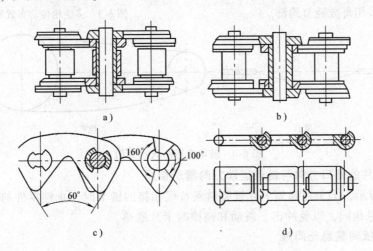

图 6-2 传动链的类型

a）滚子链 b）套筒链 c）齿形链 d）成形链

套筒链的结构与滚子链基本相同，但少一个滚子，故易磨损，只用于低速（$v<2\text{m/s}$）传动。

齿形链由一组带有两个齿的链板左右交错并列铰接而成（见图 6-2c）。齿形链板的两外侧为直边，其夹角为 60°或 70°。齿楔角为 60°的齿形链较易制造，应用较广。齿形链工作时链齿外侧边与链轮轮齿相啮合来实现传动。齿形链传动平稳，承受冲击载荷的能力强，允许速度可高达 40m/s，且噪声小，故又称无声链，但其结构复杂、质量大、价格高，多用于高速或精度要求高的场合。

成形链结构简单、拆装方便，常用于 $v<3\text{m/s}$ 的一般传动及农业机械中。

6.2 链传动禁忌

1. 禁忌用一根链条带动一条线上的多个链轮

在一条直线上有多个链轮时，考虑每个链轮啮合齿数，禁忌用一根链条将一个主动链轮的功率依次传给其他链轮。在这种情况下，只能采用一对对链轮进行逐个轴的传动，如图 6-3 所示。

2. 链轮禁忌水平布置

因为在重力作用下，链条产生垂度，特别是两链轮中心距较大时，垂度更大，为防止链轮与链条的啮合产生干涉、卡链甚至掉链的现象，禁忌将链轮水平布置，如图 6-4 所示。

3. 链节数

滚子链有 3 种接头形式，如图 6-5 所示。当链节数为偶数，且节距较大时，接头处可用开口销固定（见图 6-5a），节距较小时，接头处可用弹簧锁片固定（见图 6-5b）；当链节数为奇数时，接头处必须采用过渡链节连接（见图 6-5c），由于过渡链节的链板要承受弯曲应力，强度仅为正常链节的 80% 左右，所以一般禁忌采用奇数链节的链。

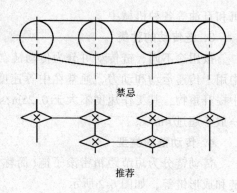

图 6-3 多链轮传动布置形式示意图

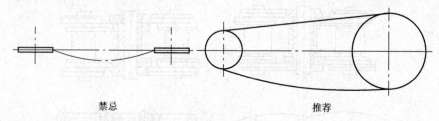

图 6-4 链轮布置形式示意图

4. 弹簧卡片的开口方向与链条运动方向禁忌相同

如图 6-6 所示，当采用弹簧卡片锁紧链条首尾相接的链节时，止锁零件的开口方向与链条运动方向禁忌相同，以免冲击、跳动和碰撞时卡片脱落。

5. 内外链板间禁忌无间隙

内外链板间由于销轴与套筒的接触而易于磨损，因此，内外链板间应留少许间隙，以便润滑油渗入销轴和套筒的摩擦面间，以延长链传动的寿命。

6. 小链轮和大链轮的材料禁忌相同

传动中因小链轮的啮合次数多于大链轮，其磨损较严重，所选用的材料应优于大链轮。

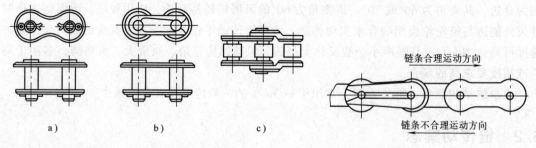

图 6-5 滚子链的接头形式

图 6-6 弹簧卡片的开口方向与
链条运动方向的确定

6.3 链传动的布置、张紧和润滑禁忌

1. 链传动禁忌松边在上

与带传动相反，链传动应紧边在上，松边在下（见图 6-7）。当松边在上时，由于松边下

垂度较大，链与链轮不宜脱开，有卷入的倾向。尤其在链离开小链轮时，这种情况更加突出和明显。如果链条在应该脱离时未脱离而继续卷入，则将有链条卡住或拉断的危险。因此，要避免使小链轮出口侧为渐进下垂侧。另外，中心距大、松边在上时，会因为下垂量的增大而造成松边与紧边的相碰，故应避免。

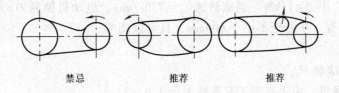

禁忌　　　　　推荐　　　　　推荐

图 6-7　链传动的布置

2. 两链轮轴线铅垂布置的合理措施

两链轮轴线在同一铅垂面内，链条下垂量的增大会减少下链轮的有效啮合齿数，降低传动能力，如图 6-8 所示。为此可采取如下措施：

1）中心距设计为可调的。

2）设计张紧装置。

3）上、下两链轮偏置，使两轮的轴线不在同一铅垂面内。

4）小链轮布置在上，大链轮布置在下。

3. 链传动应用少量的润滑油润滑

链条磨损率及传动寿命与润滑方式有直接关系，由图 6-9 可见，不加油磨损明显加大，润滑脂只能短期有效限制磨损，润滑油可以起到冷却、减少噪声、减缓啮合冲击和避免胶合的效果。应该注意，在加油润滑链条时，以尽量在局部润滑为好，如图 6-10 所示。同时禁忌使链传动浸入大量润滑油中，以免搅油损失过大。

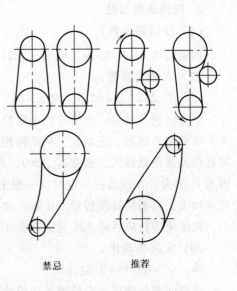

禁忌　　　　　推荐

图 6-8　链传动的垂直布置

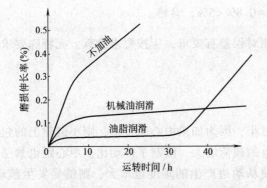

图 6-9　润滑方式与链条磨损率及运转时间的关系

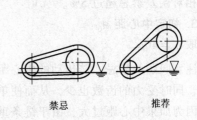

禁忌　　　　　推荐

图 6-10　链条的润滑

6.4 链传动设计实例与禁忌

设计一用于某均匀载荷输送机中的滚子链传动。已知该传动系统由 Y 系列三相异步电动机驱动，输出功率 $P = 11\text{kW}$，满载转速 $n_1 = 730\text{r/min}$，电动机轴径 $D = 48\text{mm}$，传动比 $i = 2.5$，传动水平布置，中心距不小于 600mm，且可以调节。

【解】

1. 确定计算功率 P_{ca}

均匀载荷输送机，由表查得工况系数 $K_A = 1.0$。

$P_{ca} = K_A P = 1.0 \times 11\text{kW} = 11\text{kW}$。

2. 选择链轮齿数

（1）小链轮齿数 z_1

假定链速 $v = 3 \sim 8\text{m/s}$，可知 $z_1 \geqslant 21$，取 $z_1 = 25$。

（2）大链轮齿数 z_2

$z_2 = z_1 i = 25 \times 2.5 = 62.5$，取 $z_2 = 63$。

注意问题及禁忌：小链轮的齿数禁忌过少，因为当节圆直径一定时，齿数越少，节距越大，承载能力越高，主动轮、从动轮相位角的变化范围就越大，传动的平稳性越差，引起的动载荷及磨损就越大，通常 $z_{1\min} \geqslant 9$，并参照国家推荐范围值选取。小链轮齿数也禁忌过大，因为 z_1 增大，在传动比一定时（一般工程上为减速，即 $i>1$），会使 z_2 增大，导致整个传动尺寸增大，因磨损易使传动发生跳齿和掉链现象。通常 $z_2 \leqslant 120$。另外，为使链传动磨损均匀，两链轮齿数应尽量选取与链节数互为质数的奇数。

（3）实际传动比 i

$i = z_2/z_1 = 63/25 = 2.52$。

注意问题及禁忌：套筒滚子链传动的传动比一般不宜大于 6，通常取 $i = 2 \sim 3.5$。因为传动比增大，则链条在小链轮上的包角减小，使同时啮合的齿数减少，这样单个齿上的载荷就增大，从而加速磨损。

（4）验算传动比相对误差

传动比相对误差：$\left| \dfrac{2.5-i}{2.5} \right| = \left| \dfrac{2.5-2.52}{2.5} \right| = 0.8\% < 5\%$，合格。

注意问题及禁忌：如果项目中对传动比相对误差有要求，应按要求验算。无特殊要求传动比相对误差禁忌超过 5%。

3. 初定中心距 a_0

取 $a_0 = 40p$。

注意问题及禁忌：链传动的中心距禁忌过小，因为如果中心距过小，则小链轮上的包角也小，同时受力的齿数也少，从而使单个齿上的载荷增大，限制了传动比。中心距也禁忌过大，因为如果中心距过大，由于链条重量而使从动边产生的垂度也增大，则链易发生颤动，且结构不紧凑。一般可取 $a_0 = (30 \sim 50)p$。另外链条长度禁忌减小，因为当链轮转速不变时，如果链条长度减小，单位时间内同一链节循环工作次数将增多，从而加速链条的失效。

4. 确定链节数 L_p

$$L_p' = \frac{2a_0}{p} + \frac{z_1 + z_2}{2} + \left(\frac{z_2 - z_1}{2\pi}\right)^2 \frac{p}{a_0} = \frac{2 \times 40p}{p} + \frac{25 + 63}{2} + \left(\frac{63 - 25}{2\pi}\right)^2 \frac{p}{40p} \approx 124.9$$

取 $L_p = 124$（偶数）。

5. 计算额定功率 P_0

（1）多排链系数 K_m

查多排链系数 K_m 表，采用单排链，$K_m = 1$。

（2）小链轮齿数系数 K_z

查小链轮齿数系数 K_2（K_2'）表，假设工作点落在滚子链额定功率曲线图曲线顶点左侧，$K_z = 1.34$。

（3）链长系数 K_L

查链长系数 K_L（K_L'）表，假设工作点落在滚子链额定功率曲线图曲线顶点左侧，并经线性插值 $K_L = 1.061$。

（4）计算额定功率 P_0

$$P_0 = \frac{P_{ca}}{K_z K_L K_m} = \frac{11}{1.34 \times 1.061 \times 1} \text{kW} = 7.74 \text{ kW}$$

6. 确定链条的节距

根据 n_1、P_0 查滚子链额定功率曲线图，选单排 12A 滚子链，$p = 19.05$mm。

因点（n_1, P_0）在曲线高峰值的左侧，和假设相符，故不需重新计算 P_0 值。

注意问题及禁忌：链的节距 p 是链传动的主要参数之一。节距越大，承载能力越高，但传动尺寸越大，引起的速度不均匀性及动载荷越严重，冲击、振动、噪声也就越大。参考节距选取原则选取链节距。在滚子链额定功率曲线图中根据单排额定功率 P_0 与小链轮转速 n_1 值的交点，在交点相应的上方进行选择链号，越靠上的链号承载能力越高，链的根数越少。禁忌在其交点下方选择链号。

7. 验算链速

$$v = \frac{z_1 n_1 p}{60 \times 1000} = \frac{730 \times 25 \times 19.05}{60 \times 1000} \text{m/s} = 5.794 \text{m/s}$$

合格。

8. 确定中心距

（1）计算理论中心距 a

$$a = \frac{p}{4}\left[\left(L_p - \frac{z_1 + z_2}{2}\right) + \sqrt{\left(L_p - \frac{z_1 + z_2}{2}\right)^2 - 8\left(\frac{z_2 - z_1}{2\pi}\right)^2}\right]$$

$$= \frac{19.05}{4}\left[\left(124 - \frac{25 + 63}{2}\right) + \sqrt{\left(124 - \frac{25 + 63}{2}\right)^2 - 8\left(\frac{63 - 25}{2\pi}\right)^2}\right] \text{mm} = 753.19 \text{mm}$$

（2）确定中心距减小量

$$\Delta a = (0.02 \sim 0.04)a = (0.02 \sim 0.04) \times 753.19 \text{mm} = 15 \sim 30 \text{mm}$$

因中心距可以调节，故取大值，$\Delta a = 30$mm。

注意问题及禁忌：为保证链条松边有合理的安装垂度 $f = (0.01 \sim 0.02)a$，实际中心距 a'

应较理论中心距 a 小 $\Delta a = (0.02\sim0.04)a$，当中心距可调整时，$\Delta a$ 宜取大值；对于中心距不可调整和没有张紧装置的链传动，则应取较小的值。

（3）确定实际中心距 a'

$a' = a - \Delta a = 753.19\text{mm} - 30\text{mm} = 723.19\text{mm}$。

取 $a' = 723\text{ mm} > 600\text{ mm}$，合格。

9. 确定链条长度 L

$L = L_p p/1000 = 124 \times 19.05\text{mm}/1000 = 2.36\text{m}$。

10. 验算小链轮毂孔直径 d_K

根据链条的节距 $p = 19.05\text{mm}$ 和齿数 $z_1 = 25$，查机械设计手册可得链轮毂孔最大许用直径 $d_{K\max} = 88\text{mm}$，大于电动机轴径 $D = 48\text{mm}$，故合格。

11. 计算压轴力 F_Q

$$F_Q \approx 1.2K_A F_e = 1.2 \times 1 \times 1000P/v = \frac{1.2 \times 1000 \times 11}{5.794}\text{N} = 2278.2\text{N}$$

12. 润滑方式选择

根据链速 v 和节距 p，由链传动润滑方式的选用图，可选择油浴或飞溅润滑。

13. 结构设计

小链轮直径 $d = p/\sin(180°/z) = 151.99\text{mm}$，实心式结构，其工作图如图 6-11 所示。

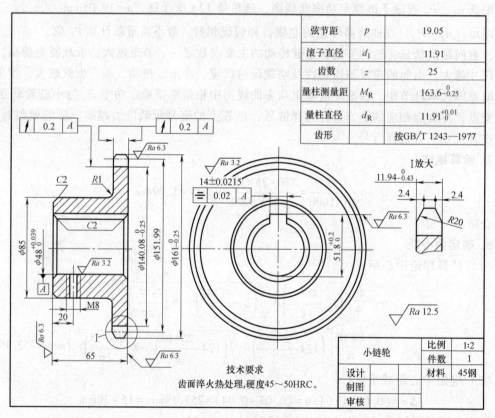

图 6-11　小链轮工作图

第7章 齿轮传动

7.1 概述

齿轮机构是一种啮合传动，它是机械传动中最主要的一类传动之一，不仅用来传递运动，而且还要传递动力。齿轮传动应具有运转平稳、准确，无冲击、振动和噪声的特点，这就需要设计合理的齿廓和适选加工精度，同时，还必须具有足够的承载能力。本章着重介绍最常见的标准渐开线齿轮传动的设计禁忌。

7.1.1 齿轮机构的类型

齿轮类型较多，按两传动轴相对位置和齿向的不同，齿轮机构可分类如下（见图7-1）：

```
                                                        ┌─ 外啮合（见图7-1a）
                                               ┌─ 直齿 ─┼─ 内啮合（见图7-1b）
                                               │        └─ 齿轮与齿条啮合（见图7-1c）
                    ┌─ 两轴平行的齿轮机构 ──圆柱齿轮机构─┤        ┌─ 外啮合（见图7-1d）
                    │   （平面齿轮机构）              ├─ 斜齿 ─┼─ 内啮合
                    │                               │        └─ 齿轮与齿条啮合
         齿轮        │                               └─ 人字齿（见图7-1e）
         机构 ──────┤
                    │                               ┌─ 两轴相交的齿轮机构 ──┬─ 直齿（见图7-1f）
                    │                               │   （圆锥齿轮机构）     └─ 曲齿（见图7-1g）
                    └─ 两轴不平行的齿轮机构 ──────────┤
                        （空间齿轮机构）              └─ 两轴交错的齿轮机构 ──┬─ 交错轴斜齿轮（见图7-1h）
                                                                          └─ 蜗杆蜗轮（见图7-1i）
```

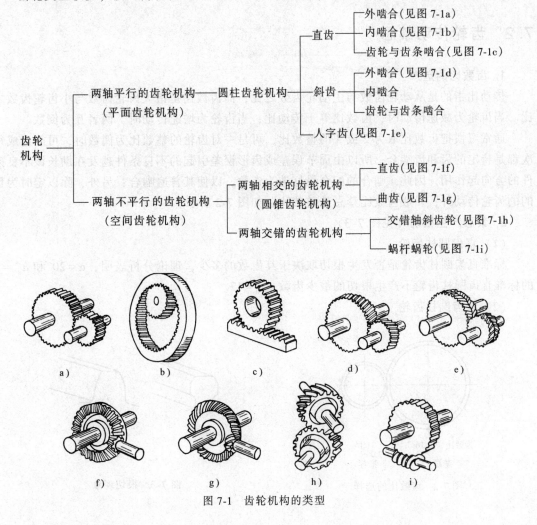

图 7-1 齿轮机构的类型

7.1.2 齿轮传动的优缺点

齿轮机构可用于传递任意两轴之间的运动和动力，它是应用最广泛的传动机构之一。

齿轮机构的主要优点：

1）适用的圆周速度和功率范围广。

2）效率高。

3）传动平稳。

4）寿命较长。

5）工作可靠。

6）可以实现平行轴、任意角相交轴和任意角交错轴之间的传动。

齿轮机构的缺点：

1）要求较高的制造和安装精度，成本较高。

2）不适于远距离两轴间的传动。

尽管齿轮传动有上述缺点，但丝毫不影响它的使用，因此它的形式很多，应用也最为广泛。

7.2 齿轮传动禁忌

1. 齿数比的选择

传动比指的是从动轮齿数与主动轮齿数之比；而齿数比是指大齿轮齿数与小齿轮齿数之比。当齿轮为减速传动时，齿数比等于传动比；当齿轮为增速传动时，两者互为倒数。

通常习惯把齿数比取为 2 或 3 的整数比，可是一对齿轮的整数比为偶数时，可能造成每次都是特定的齿和齿啮合，所以由周节误差或齿形误差引起的不良条件越发在助长该不良条件的方向起作用。因此，啮合的配合最好选为奇数，以使其普遍啮合；另外，除以定时为目的的齿轮传动外，一般齿数比禁忌选整数比，如图 7-2 所示。

2. 禁忌产生根切（见图 7-3）

（1）直齿圆柱齿轮

标准直齿圆柱齿轮是否发生根切取决于其齿数的多少，理论分析表明，$\alpha = 20°$ 和 $h_a^* = 1$ 的标准直齿圆柱齿轮不产生根切的最少齿数 $z_{\min} = 17$。

（2）斜齿圆柱齿轮

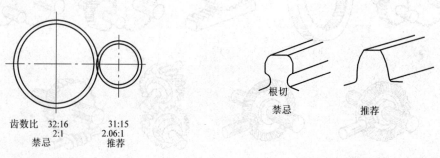

齿数比　32:16　　　31:15
　　　　　2:1　　　2.06:1
　　　　　禁忌　　　推荐

根切
禁忌　　　推荐

图 7-2　齿数比的选择　　　　　　　图 7-3　根切现象

标准斜齿圆柱齿轮不产生根切最少齿数 z_{min} 可由其当量直齿轮最少齿数 z_{vmin}（$=17$）计算出来，即 $z_{min} = z_{vmin}\cos^3\beta$。

（3）直齿圆锥齿轮

标准直齿圆锥齿轮不产生根切最少齿数 z_{min} 可由其当量直齿轮最少齿数 z_{vmin}（$=17$）计算出来，即 $z_{min} = z_{vmin}\cos\delta$。

3. 齿轮常用材料禁忌

（1）闭式软齿面齿轮传动常用材料

闭式软齿面齿轮传动常用的材料有 35、45、40Cr 和 35SiMn 经调质或正火处理。此类材料的特点是制造方便，多用于对强度、速度和精度要求不高的一般机械传动中。

由于小齿轮轮齿工作次数较多，禁忌使大、小齿轮硬度相同，应使其齿面硬度比大齿轮的齿面硬度高出 25~50HBW。

（2）闭式硬齿面齿轮传动常用的材料

闭式硬齿面齿轮传动常用的材料有 20、20Cr、20GrMnTi 表面渗碳淬火和 45、40Cr 表面淬火或整体淬火，一般齿面硬度为 45~65HRC。通常两齿轮轮齿采用相同的齿面硬度。此类材料的特点是制造较复杂，精度要求高，多用于高速、重载及精密机械中。

（3）大尺寸齿轮及开式低速齿轮传动常用材料

当齿轮尺寸较大（如直径大于 400~600mm）而轮坯不易锻造时，可采用铸钢；开式低速传动可采用灰口铸铁；球墨铸铁有时可代替铸钢。

4. 斜齿轮的支承轴要有合理的结构

在斜齿轮传动中，由于螺旋角在两个相啮合的齿轮上会产生一对方向相反的轴向力，对于单斜齿轮啮合传动，只要旋转方向不变，则轴向力的方向各自一定，因此，将单斜齿轮固定在轴上时，原则是轴向力指向轴肩，禁忌相反，如图 7-4 所示。同时，斜齿轮的轴向力方向应指向径向力较小的那个轴承。

5. 中间轴上的两个斜齿轮应有合理螺旋线方向

要想使中间轴两端的轴承受力合理，两齿轮的轴向力方向禁忌相同。由于中间轴上的两个斜齿轮旋转方向相同，但一个为主动轮，另一个为从动轮，因此两斜齿轮的螺旋线方向应相同，如图 7-5 所示。

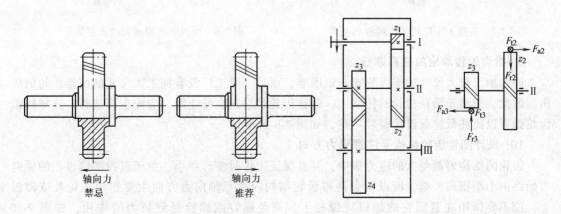

图 7-4　斜齿轮在轴上的安装　　　　　图 7-5　中间轴上的斜齿轮螺旋方向的确定

6. 人字齿轮应合理地选择齿向

当一根轴上只有单个齿轮时,为了消除斜齿轮的轴向力对轴承产生的不良影响,可采用人字齿轮传动。

在采用人字齿轮传动时,为了避免在啮合时润滑油挤在人字齿的转角处,在选择人字齿轮轮齿方向时,应使轮齿啮合时,人字齿转角处的齿部首先开始接触,这样就能使润滑油从中间部分向两端流出,保证齿轮的润滑,如图7-6所示。

7. 人字齿轮应合理地选择支承形式

对于一对人字齿轮轴,由于人字齿轮本身的相互轴向限位作用,为了自动补偿轮齿两侧螺旋角制造误差,使轮齿受力均匀,可采用允许轴系左右少量轴向移动的结构,如图7-7所示。

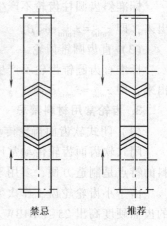

图7-6 人字齿轮齿向的选择

通常低速轴(大齿轮轴)必须采用两端固定,以保证其相对机座有固定的轴向位置,而高速轴(小齿轮轴)的两端禁忌固定,应该游动,以防止齿轮卡死或人字齿两侧受力不均。

8. 两个齿圈镶套的人字齿轮

用两个齿圈镶嵌的人字齿轮(见图7-8)只能用于扭矩方向固定的场合,禁忌应用在带正反转的传动中,这样会使镶套的两齿圈松动。在选择轮齿倾斜方向时,应使轴向力方向朝向齿圈中部。

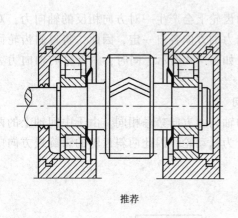

推荐

图7-7 高速人字齿轮轴两端游动支承

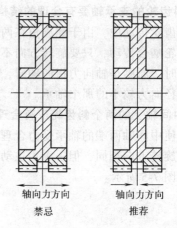

图7-8 用两个齿圈镶套的人字齿轮

9. 锥齿轮传动应放在高速级

因为加工较大尺寸的锥齿轮有一定困难,而且一般工厂没有加工大尺寸的圆锥齿轮的机床。因此,在圆锥圆柱齿轮的传动中,圆锥齿轮禁忌配在低速级,应配在高速级,这样圆锥齿轮副可以比在低速级设计得轻巧些,如图7-9所示。

10. 设计圆锥齿轮结构要注意受力方向

齿轮的结构要避免大的应力集中,并且保证工作时变形要小。由于直齿圆锥齿轮的轴向力始终由小端指向大端,所以组合的锥齿轮结构应注意轴向力方向主要作用在轮毂或辐板上,而不要作用在紧固它的螺钉或螺栓上,避免螺钉或螺栓受到拉力的作用,如图7-10所示。

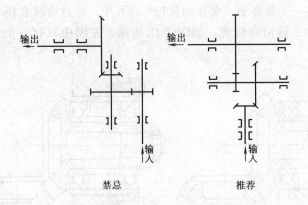

图 7-9　在圆锥圆柱齿轮传动中圆锥齿轮应配在高速级

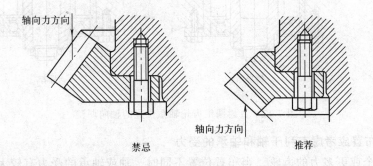

图 7-10　组合式直齿圆锥齿轮结构

11. 锥齿轮轴必须双向固定

直齿圆锥齿轮不论转动方向如何，其轴向力始终向一个方向，但其轴系的轴向位置仍应双向固定，如图 7-11 所示。否则运转时将有较大的振动和噪声。

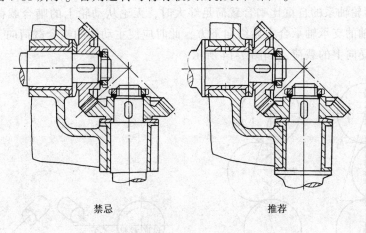

图 7-11　直齿圆锥齿轮轴的双向固定结构

12. 大小锥齿轮轴系位置都应能做双向调整

圆锥齿轮的正确啮合条件要求大小圆锥齿轮的锥顶在安装时重合，其啮合面居中而靠近小端，承载后由于轴和轴承的变形使啮合部分移近大端。为了调整锥齿轮的啮合，通常将其双向固定的轴系装在一个套杯中，套杯则装在外壳孔中，通过增减套杯端面与外壳之间垫片的厚度，即可调整轴系的轴向位置，如图 7-12 所示，左图中只有一个齿轮能做轴向调整，不能满足要求。

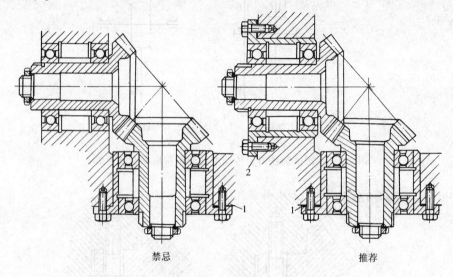

禁忌　　　　　　　　　　　推荐

图 7-12　直齿圆锥齿轮轴系位置的轴向调整

13. 齿轮布置应考虑有利于轴和轴承的受力

对于受两个或更多力的齿轮，当布置位置不同时，轴或轴承的受力有较大的不同，设计时必须仔细分析。如图 7-13 所示，中间齿轮位置不同时，其轴或轴承的受力有很大差别，它决定于齿轮位置和 φ 角的大小。左图中间齿轮所受的力正好叠加起来，受力最大，禁忌采用；右图则大大减小。图中 $\varphi = 180° - \alpha$，α 为压力角。

14. 支承齿轮的径向力方向最好一定

1）从动齿轮轴系的自重比啮合载荷足够大时，无论从动轮上的啮合载荷方向如何，都可以保证从动轴的支承轴承合力始终向下方，此时应使主动轮的啮合载荷向下，避免主动轴的支承轴承承受向上的载荷，如图 7-14 所示。

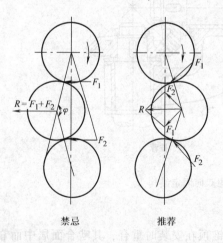

禁忌　　　　　　　　　推荐

图 7-13　多齿轮的位置布置

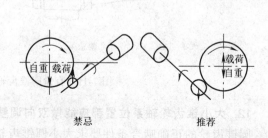

禁忌　　　　　　　　推荐

图 7-14　保证主动轮的支承轴承承受向下的载荷

2）对于小齿轮轴承独立设置在混凝土基础上的装置，如果小齿轮载荷向上或是横向的，则基础的连接螺栓有因松动而被拔除的危险，因此，要保证小齿轮的啮合载荷向下，如图 7-15 所示。

3）在啮合载荷接近从动轮轴系自重的情况下，如果为了使主动轴的支承轴承载荷向下，当啮合载荷有少许变化时，会造成从动轴上的合力上下不稳定变化，这种现象要绝对避免。因此，在这种情况下，即便主动轴为向上载荷，也要把载荷方向稳定作为优先条件，如图 7-16 所示。特别是针对上一种情况，要选择即使是向上的载荷，基础的连接螺栓也不会发生松动的防松措施。

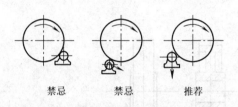

图 7-15　保证小齿轮的支承轴承承受向下的载荷

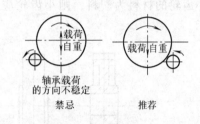

图 7-16　保证支承轴承承受恒定方向的载荷

15. 保证齿轮轴与其连接轴的轴心高度相同

当齿轮的啮合载荷向上，而且比自重小时，无论是旋转工作，还是停止不动，都会保持轴与轴承下侧接触。可是一般情况下啮合载荷较大，所以轴被举起并和轴承的上侧接触进行旋转。在这种情况下，这个轴和联轴器之间产生轴心高度差。因此，为了使在被举起的状态下轴心一致，在安装时要预先调整联轴器的轴心高度，保证工作时两连接轴的中心高度相同，如图 7-17 所示。

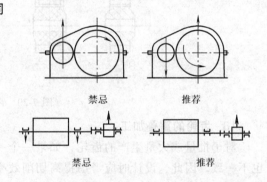

图 7-17　保证支承轴承承受恒定向下的载荷

16. 减小齿向载荷分布系数 K_β 的禁忌

1）对称配置轴承，禁忌悬臂布置。

2）高速级的齿轮要远离转矩输入端，禁忌靠近。在多级齿轮传动中，如果高速级齿轮相对支承轴承无法对称布置，则应使高速级的齿轮远离转矩输入端，如图 7-18 所示。

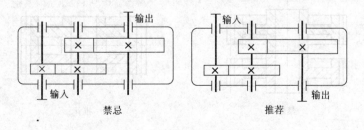

图 7-18　高速级的齿轮要远离转矩输入端

3）注意保持沿齿宽齿轮刚度一致。当轴的刚度非常高，齿轮的宽度比较大，而且受力比较大时，在有腹板支撑的部分轮齿刚度较大，而其他部分刚度较小。这种情况下，宜加大轮缘厚度，并采用双腹板或双层辐条，以保证沿齿宽有足够的刚度，使啮合受力均匀，如图 7-19 所示。

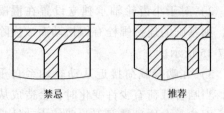

禁忌　　　推荐

图 7-19　保证沿齿宽有足够的刚度

17. 避免齿轮发生阶梯磨损

相同齿宽的齿轮在啮合时，如果装配位置有偏差，则在齿宽的端部出现没有啮合的部分。在这种状态下使用会导致阶梯磨损。为了安装方便和避免齿轮在运转过程中发生阶梯磨损，通常使小齿轮的宽度比大齿轮的宽度大 5~10mm。但如果小齿轮的材料为塑料，则小齿轮应比大齿轮小些，以免在小齿轮上磨出凹痕。如图 7-20 所示。

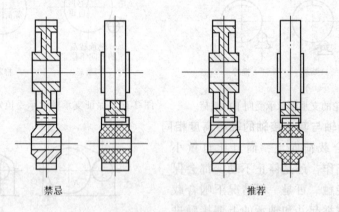

禁忌　　　　　　　　　推荐

图 7-20　齿轮传动简图

18. 齿轮的重叠加工

对于批量或大量生产的齿轮，如果一个一个地切齿加工，不仅生产率低，而且尺寸精度也不一致。因此，设计时应考虑提高切削效率的重叠加工法。为了进行重叠加工，原则上要设计便于重叠加工的几何形状，如图 7-21 中的左图，齿轮毛坯重叠后有较大的间隙，加工过程中易产生振动，影响齿面的加工质量，禁忌采用。右图所示比较合理。

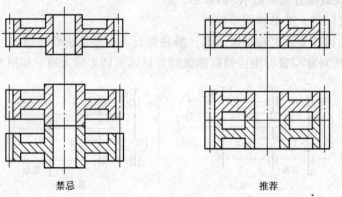

禁忌　　　　　　　　　推荐

图 7-21　齿轮的重叠加工

19. 剖分式大齿轮应在无轮辐处分开

当齿轮尺寸太大时，铸造较为困难，常分为两半制造。因为在轮辐处分开，被分开的轮辐结构不合理，禁忌采用。分开部位应该在两齿之间，并且在无轮辐处分开，如图 7-22 所示。连接两半齿轮的螺钉或双头螺柱，应分别靠近轮辐和轮毂。

20. 轮齿表面硬化层要连续不断

渗碳淬火和表面淬火的齿轮，轮齿表面硬化层禁忌断开。否则齿面的软硬相接的过渡部分强度将降低，如图 7-23 所示。

21. 齿轮块要考虑加工时刀具切出的距离

在设计二联或三联齿轮时，无论是插齿还是滚齿加工，要按所采取刀具的尺寸、刀具运动的需要等，定出足够的尺寸 a。当结构要求 a 值很小时，可采用过盈配合结构。如图 7-24 所示。

22. 齿轮轴的不平行度和啮合的不平行度

齿轮两端支承轴承间的跨度越大，轴的刚度就越小。因此，通常要求其跨度尽可能小些。但由于轴承都具有间隙，而轴承间跨

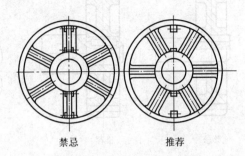

图 7-22 剖分式大齿轮结构

度越小，在相同轴承间隙的情况下，轴的不平行度误差就越大。所以在必须限制轴的不平行度时，要在保证轴的刚度的前提下，适当增加支承跨度，如图 7-25 所示。

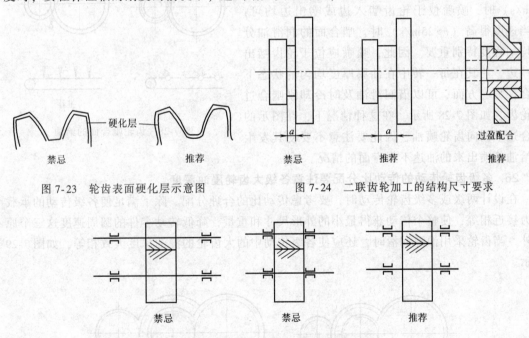

图 7-23 轮齿表面硬化层示意图　　图 7-24 二联齿轮加工的结构尺寸要求

图 7-25 齿轮对轴支承跨度的要求

23. 轮齿和轴的连接禁忌用楔键

在选择齿轮与轴的连接时，为了避免或减小轴与齿轮的不同轴度，防止齿轮相对轴产生歪斜，而导致载荷集中系数增大，降低齿轮传动寿命。因此，齿轮与轴的连接禁忌使用楔键，通常采用平键或花键连接，如图 7-26 所示。

24. 轮齿与轴的连接要减少装配时的加工

为了将齿轮进行轴向和周向的固定，可采用径向圆锥销和键加紧定螺钉的固定方法。但

这两种方法都要求配作，在安装时进行这些加工效率较低，应尽量避免。较为理想的方法是：用键做周向固定，加用轴用弹簧卡环或圆螺母等做轴向固定，避免配作，如图 7-27 所示。

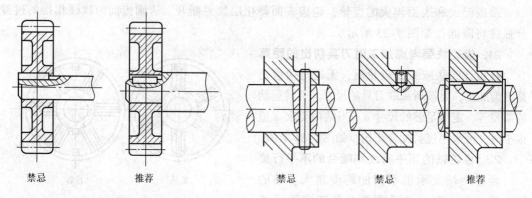

图 7-26　齿轮与轴的周向固定　　　　图 7-27　齿轮与轴的周向与轴向固定

25. 高速齿轮传动啮合面的给油

对于高速齿轮传动，当速度较低（$12\text{m/s}<v\leqslant25\text{m/s}$）时，喷嘴位于轮齿啮入边或啮出边均可；但当速度很高（$v>25\text{m/s}$）时，啮合面的润滑油分布均匀程度特别重要。因此，喷嘴应位于轮齿啮出的一边，使其在每一转中在油膜厚度均匀的状态下啮合，另一方面，可以借润滑油及时冷却刚啮合过的轮齿，如图 7-28 所示。在这种情况下，在图示的啮合边下侧向齿轮喷油，因此要注意不要使其发生从给油管喷出来的油达不到齿面的情况。

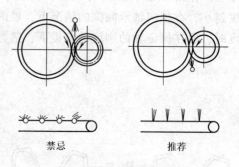

图 7-28　齿轮啮合面的给油

26. 多级齿轮传动的传动比分配要注意各级大齿轮浸油深度

在设计两级或多级齿轮传动时，要考虑传动比的合理分配。除了满足使各级传动的承载能力接近相等，使整个传动获得最小的外形尺寸和重量，降低转动零件的圆周速度这三个原则外，当齿轮采用油池润滑时，还应使各级传动中的大齿轮的浸油深度大致相等，如图 7-29 所示。

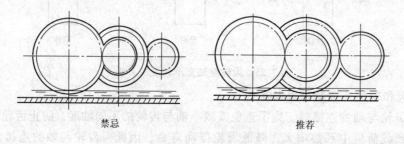

图 7-29　齿轮啮合面的给油

27. 齿轮箱内的排气

在闭式齿轮传动中，如果密封室内部有较大温升，则会产生压力。这种状况下，会造成箱内具有一定压力的润滑油从箱体接缝处漏出，使润滑油飞散。为此箱体要有排气装置，做到充分排气，如图7-30所示。但在结构上要注意，一方面，不要使外界灰尘进入；另一方面，不要使油从排气孔处和气体一起排出。

28.齿轮箱的结合面结构要合理

在齿轮润滑时，由于齿轮速度，将使润滑油飞溅致箱体内壁，流至箱体结合面，进而易从结合面渗出。为了防止出现这种情况，首要条件是不使结合面积油。因此，箱体结合面必须采用合理结构，如图7-31所示。

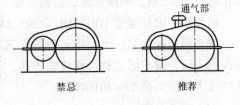

图7-30 齿轮箱的排气装置

29.齿轮箱内部的零件连接表面应便于加工

箱体类零件的外表面比内表面易加工。因此，尽可能用外表面代替内部连接表面，如图7-32所示。同时注意尽量使箱体内部结构简单、圆滑，避免过大的搅油功耗。

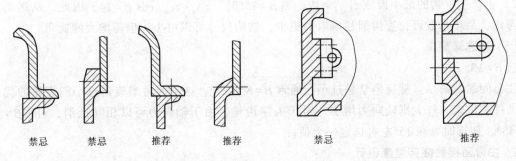

图7-31 齿轮箱的结合面结构　　　图7-32 齿轮箱体内部的零件连接表面

7.3 齿轮传动设计实例与禁忌

带式输送机的传动简图如图7-33所示，试设计其减速器的高速级齿轮传动。已知该传动系统由Y系列三相异步电动机驱动，高速级输入功率 $P=10kW$，小齿轮转速 $n_1=960r/min$，齿数比 $u=3.2$，工作寿命15年（每年工作300天），两班制，带式输送机工作平稳，转向不变。

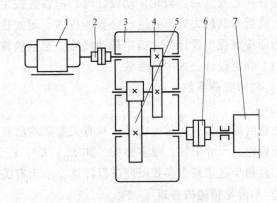

图7-33 带式输送机传动简图

1—电动机 2、6—联轴器 3—减速器 4—高速级齿轮传动
5—低速级齿轮传动 7—输送机滚筒

【解】

1.选定齿轮类型、精度等级、材料及齿数

（1）类型选择

根据传动参数选用斜齿圆柱齿轮传动。

（2）精度选择

输送机为一般工作机，速度不高，故选用 7 级精度。

（3）材料选择

由常用的齿轮材料表选择小齿轮材料为 40Cr，调质处理，齿面硬度 $HB_1 = 280HBW$；大齿轮材料为 45 钢，调质处理，齿面硬度 $HB_2 = 240HBW$。

两齿轮齿面硬度差 $HB_1 - HB_2 = 280 - 240 = 40HBW$，在 $25 \sim 50HBW$ 范围内，合适。

注意问题及禁忌：大、小齿轮的齿面硬度禁忌一致，因为小齿轮轮齿工作次数是大齿轮轮齿的 u 倍，对于闭式软齿面齿轮传动，为了使大小两个齿轮寿命接近，要求小齿轮的齿面硬度比大齿轮的高 $25 \sim 50HBW$。

（4）初选齿数

小齿轮齿数 $z_1 = 25$；大齿轮齿数 $z_2 = uz_1 = 3.2 \times 25 = 80$，取 $z_2 = 80$。

注意问题及禁忌：1）对于闭式软齿传动，主要失效形式是点蚀，这时，在传动尺寸不变并满足弯曲强度的前提下，可适当增加齿数，减小模数，一般取 $z_1 = 20 \sim 40$。

2）不产生根切的最小齿数 $z_{Vmin} = 17$，当 $\beta = 15°$ 时，$z_{min} = z_{Vmin} \cos^3\beta = 14$，因此，从运动要求考虑，最小齿数可比直齿圆柱齿取的更少，结构尺寸可以更小，但需增大螺旋角。

（5）初选螺旋角

选 $\beta = 13°$。

注意问题及禁忌：螺旋角禁忌过小，通常 $\beta = 8° \sim 25°$，这是因为螺旋角过小斜齿轮的优越性发挥不出来，过大则轴向力增加。对于人字齿轮，由于轴向力可以相互抵消，可取 $\beta = 20° \sim 45°$。初选时可在 15° 左右选定一个值。

2. 按齿面接触疲劳强度设计

齿面接触疲劳强度设计公式：$d_1 \geqslant \sqrt[3]{\dfrac{2KT_1}{\psi_d} \cdot \dfrac{u \pm 1}{u} \left(\dfrac{Z_E Z_H Z_\varepsilon Z_\beta}{[\sigma_H]} \right)^2}$

注意问题及禁忌：齿轮传动设计时，应首先按主要失效形式进行强度计算，确定其主要尺寸，然后对其他失效形式进行必要的校核。闭式软齿面传动常因齿面点蚀而失效，故通常先按齿面接触强度设计公式确定传动尺寸，然后验算轮齿弯曲强度。

（1）确定设计公式中各参数

1）初选载荷系数

$K_t = 1.3$。

注意问题及禁忌：若传动尺寸和有关参数均已知，可利用验算公式直接进行验算。若设计一个齿轮，尺寸未知，很多参数，如 K_β、K_v、Y_ε 无法确定，不能直接利用设计公式来计算，必须初步选定某个参数以便进行计算，求出有关尺寸和主要参数后，再做精确计算。

2）小齿轮传递的转矩

$$T_1 = 9.55 \times 10^6 P/n_1 = 9.55 \times 10^6 \times 10N \cdot mm/960 = 9.948 \times 10^4 N \cdot mm$$

3）选取齿宽系数 ψ_d

由齿宽系数表，取 $\psi_d = 1$。

注意问题及禁忌：通常轮齿越宽，承载能力也越高，但轮齿禁忌过宽，因为增大齿宽又会使齿面上的载荷分布更趋不均匀，故应适当选取齿宽系数。一般情况下，齿轮相对轴承的位置对称布置，可取大值，悬臂布置取小值；软齿面取大值，硬齿面取小值；直齿圆柱齿轮宜取较小值，斜齿轮可取较大值；载荷稳定，轴刚性大时取较大值；变载荷，轴刚性较小时宜取较小值。

4）弹性系数 Z_E 查弹性系数 Z_E 表，$Z_E = 189.8\sqrt{\text{MPa}}$。

5）小、大齿轮的接触疲劳极限 σ_{Hlim1}、σ_{Hlim2}

查试验齿轮的接触疲劳极限 σ_{Hlim} 图，$\sigma_{Hlim1} = 650\text{MPa}$，$\sigma_{Hlim2} = 580\text{MPa}$。

注意问题及禁忌：对于一个初学的设计者，接触疲劳极限应按试验齿轮的接触疲劳极限 σ_{Hlim} 图中对应的范围取中偏下值，以保证此设计安全可靠。

6）应力循环次数

$$N_{L1} = 60\gamma n_1 t_h = 60 \times 1 \times 960 \times (2 \times 8 \times 300 \times 15) = 4.147 \times 10^9$$

$$N_{L2} = N_1 / u = 4.147 \times 10^9 / 3.2 = 1.296 \times 10^9$$

注意问题及禁忌：通常每年按 300 个工作日计算，单班制按每天 8h 计算，双班制按每天 16h 计算。

7）接触寿命系数 Z_{N1}、Z_{N2}

查接触寿命系数图，$Z_{N1} = 0.90$，$Z_{N2} = 0.95$。

8）计算许用接触应力 $[\sigma_H]$

取失效率为 1%，查最小安全系数参考值表，取 $S_{Hmin} = 1$。

$$[\sigma_{H1}] = \frac{\sigma_{Hlim1} Z_{N1}}{S_{Hmin}} = \frac{650 \times 0.9}{1}\text{MPa} = 585\text{MPa}$$

$$[\sigma_{H2}] = \frac{\sigma_{Hlim2} Z_{N2}}{S_{Hmin}} = \frac{580 \times 0.95}{1}MPa = 551\text{MPa}$$

齿轮设计计算时的许用接触应力 $[\sigma_H] = ([\sigma_{H1}] + [\sigma_{H2}])/2 = 568$ MPa。

注意问题及禁忌：对于一对相互啮合的齿轮，在接触线处的接触应力是相等的。因此接触强度条件取决于 $[\sigma_H]$，即取两齿轮中许用应力较小者进行计算。但由于斜齿轮传动接触线倾斜，齿面的接触疲劳强度应同时取决于大、小齿轮，实用中斜齿轮传动的许用接触应力约可取为 $[\sigma_H] = ([\sigma_{H1}] + [\sigma_{H2}])/2$，当 $[\sigma_H] > 1.23[\sigma_{H2}]$ 时，应取 $[\sigma_H] = 1.23[\sigma_{H2}]$。其中 $[\sigma_{H2}]$ 为较软齿面的许用接触应力。

9）节点区域系数 Z_H

查节点区域系数图，$Z_H = 2.43$。

注意问题及禁忌：对于法面压力角 $\alpha_n = 20°$ 的标准斜齿圆柱齿轮，节点区域系数取决于螺旋角的大小，只有标准直齿圆柱齿轮 $Z_H = 2.5$。

10）计算端面重合度 ε_α

$$\varepsilon_\alpha = \left[1.88 - 3.2\left(\frac{1}{z_1} + \frac{1}{z_2}\right)\right]\cos\beta = \left[1.88 - 3.2\left(\frac{1}{25} + \frac{1}{80}\right)\right]\cos 13° = 1.67$$

11）计算纵向重合度 ε_β

$$\varepsilon_\beta = \frac{b\sin\beta}{\pi m_n} \approx 0.318\psi_d z_1 \tan\beta = 1.84$$

12）计算重合度系数 Z_ε

因 $\varepsilon_\beta > 1$，取 $\varepsilon_\beta = 1$，故

$$Z_\varepsilon = \sqrt{\frac{4-\varepsilon_\alpha}{3}(1-\varepsilon_\beta)+\frac{\varepsilon_\beta}{\varepsilon_\alpha}} = \sqrt{\frac{1}{\varepsilon_\alpha}} = 0.77$$

注意问题及禁忌：由于斜齿圆柱齿轮存在纵向重合度，总的重合度大于直齿圆柱齿轮，重合度系数较小，故接触应力有所降低，承载能力有所提高。

13）螺旋角系数

$$Z_\beta = \sqrt{\cos\beta} = 0.987$$

注意问题及禁忌：由于斜齿圆柱齿轮存在螺旋角，螺旋角系数小于1，故接触应力有所降低，承载能力有所提高。

（2）设计计算

1）试算小齿轮分度圆直径 d_{1t}

$$d_{1t} \geqslant \sqrt[3]{\frac{2\times1.3\times9.948\times10^4}{1} \cdot \frac{3.2+1}{3.2} \cdot \left(\frac{189.8\times2.43\times0.77\times0.987}{568}\right)^2} \text{ mm}$$

$$= 50.56\text{mm}$$

2）计算圆周速度 v

$$v = \frac{\pi d_{1t} n_1}{60\times1000} = \frac{\pi\times50.56\times960}{60\times1000}\text{m/s} = 2.54\text{m/s}$$

按表 7-6 校核速度，因 $v<10\text{m/s}$，故合格。

3）计算载荷系数 K

查使用系数表，得 $K_A=1$；根据 $v=2.52\text{m/s}$，7 级精度查动载系数 K_v 图，得 $K_v=1.10$；假设为单齿对啮合，取齿间载荷分配系数 $K_\alpha=1.1$；查齿向载荷分布系数 K_β 曲线图，得齿向载荷分布系数 $K_\beta=1.08$，则

$$K = K_A K_v K_\alpha K_\beta = 1\times1.10\times1.1\times1.08 = 1.307$$

4）校正分度圆直径 d_1

$$d_1 = d_{1t}\sqrt[3]{K/K_t} = 50.56\text{mm}\times\sqrt[3]{1.307/1.3} = 50.65\text{mm}$$

3. 主要几何尺寸计算

1）计算模数 m_n

$m_n = d_1\cos\beta/z_1 = 1.97\text{mm}$，按标准取 $m_n=2\text{mm}$。

注意问题及禁忌：模数应圆整成标准值，对于传递动力的齿轮，其模数不宜小于 1.5mm。

2）中心距 a

$a = \dfrac{m_n}{2\cos\beta}(z_1+z_2) = \dfrac{2}{2\times\cos13°}\times(25+80)\text{mm} = 107.76\text{mm}$，圆整为 $a=110\text{mm}$。

注意问题及禁忌：直齿圆柱齿轮传动，除非采用变位齿轮，中心距不允许进行圆整。为了制造、安装、测量、检验方便，斜齿圆柱齿轮的中心距可以在不改变模数、齿数的前提下，调整螺旋角的大小进行圆整。

3）螺旋角 β

$$\beta = \arccos\frac{m_n(z_1+z_2)}{2a} = \arccos\frac{2\times(25+80)}{2\times110} = 17.34° = 17°20'29''$$

注意问题及禁忌：调整后的螺旋角应保证在 $\beta = 8° \sim 25°$ 的范围内。

4）计算分度圆直径 d_1、d_2

$$d_1 = \frac{m_n z_1}{\cos\beta} = \frac{2 \times 25\text{mm}}{\cos 17.34°} = 52.38\text{mm}$$

$$d_2 = \frac{m_n z_2}{\cos\beta} = \frac{2 \times 80\text{mm}}{\cos 17.34°} = 167.62\text{mm}$$

5）齿宽 b

$b = \psi_d d_1 = 1.0 \times 52.38\text{mm} = 52.38\text{mm}$，$b_1 = b_2 + (5 \sim 10)\text{mm}$，取 $b_1 = 60\text{mm}$，$b_2 = 55\text{mm}$。

注意问题及禁忌：为了安装方便和避免齿轮在运转过程中发生阶梯磨损，对于一对金属制造的圆柱齿轮，通常使小齿轮的齿宽比大齿轮的齿宽大 $5 \sim 10\text{mm}$。

6）齿高 h

$$h = 2.25 m_n = 2.25 \times 2\text{mm} = 4.5\text{mm}$$

4. 校核齿根弯曲疲劳强度

$$\sigma_F = \frac{2KT_1}{b m_n d_1} Y_{Fa} Y_{Sa} Y_\varepsilon Y_\beta \leqslant [\sigma_F]$$

（1）确定验算公式中各参数

1）小、大齿轮的弯曲疲劳极限 σ_{Flim1}、σ_{Flim2}

查试验齿轮的弯曲疲劳极限 σ_{Flim} 图，$\sigma_{Flim1} = 500\text{MPa}$，$\sigma_{Flim2} = 380\text{MPa}$。

注意问题及禁忌：对于一个初学的设计者，弯曲疲劳极限应按试验齿轮的弯曲疲劳极限 σ_{Flim} 图中对应的范围取中偏下值，以保证此设计安全可靠。另外试验齿轮的弯曲疲劳极限 σ_{Flim} 图为齿轮轮齿在单侧工作时测得的，对于长期双侧工作的齿轮传动，齿根弯曲应力为对称循环变应力，应将图中数据乘以 0.7。

2）弯曲寿命系数 Y_{N1}、Y_{N2}

查弯曲寿命系数图，$Y_{N1} = 0.86$，$Y_{N2} = 0.88$。

3）尺寸系数 Y_X

查弯曲强度计算的尺寸系数图，$Y_X = 1$。

4）计算许用弯曲应力 $[\sigma_{F1}]$、$[\sigma_{F2}]$

取失效率为 1%，查最小安全系数参考值表，最小安全系数 $S_{Fmin} = 1.25$，则

$$[\sigma_F] = \frac{\sigma_{Flim} Y_N Y_X}{S_{Fmin}}$$

$[\sigma_{F1}] = 344\text{MPa}$，$[\sigma_{F2}] = 267.52\text{MPa}$。

5）当量齿数 z_{v1}、z_{v2}

$$z_{v1} = \frac{z_1}{\cos^3\beta} = \frac{25}{\cos^3 17.34°} = 28.74$$

$$z_{v2} = \frac{z_2}{\cos^3\beta} = \frac{80}{\cos^3 17.34°} = 91.98$$

6）当量齿轮的端面重合度 $\varepsilon_{\alpha v}$

$$\varepsilon_{\alpha v} = \left[1.88 - 3.2 \left(\frac{1}{z_{v1}} + \frac{1}{z_{v2}} \right) \right] \cos\beta$$

$$= \left[1.88 - 3.2 \left(\frac{1}{28.74} - \frac{1}{91.98} \right) \right] \cos 17.34° = 1.66$$

7）重合度系数 Y_ε

$$Y_\varepsilon = 0.25 + \frac{0.75}{\varepsilon_{\alpha v}} = 0.25 + \frac{0.75}{1.66} = 0.70$$

8）螺旋角系数 Y_β

$$Y_{\beta min} = 1 - 0.25\varepsilon_\beta = 1 - 0.25 \times 1 = 0.75 \ （当 \varepsilon_\beta \geqslant 1 时，按 \varepsilon_\beta = 1 计算）$$

$$Y_\beta = 1 - \varepsilon_\beta \frac{\beta°}{120°} = 0.89 > Y_{\beta min}，取 Y_\beta = 0.89。$$

9）齿形系数 Y_{Fa1}、Y_{Fa2}

由当量齿数 z_{v1}、z_{v2} 查外齿轮齿形系数图，$Y_{Fa1} = 2.57$，$Y_{Fa2} = 2.21$。

10）应力修正系数 Y_{Sa1}、Y_{Sa2}

查外齿轮应力修正系数图，$Y_{Sa1} = 1.60$；$Y_{Sa2} = 1.78$。

（2）校核计算

$$\sigma_{F1} = \frac{2 \times 1.307 \times 9.948 \times 10^4}{55 \times 2 \times 52.38} \times 2.57 \times 1.60 \times 0.70 \times 0.89 \ \text{MPa} = 115.62 \ \text{MPa} \leqslant [\sigma_{F1}]$$

$$\sigma_{F2} = \sigma_{F1} \frac{Y_{Fa2} Y_{Sa2}}{Y_{Fa1} Y_{Sa1}} = 115.62 \times \frac{2.21 \times 1.78}{2.57 \times 1.60} \ \text{MPa} = 110.61 \ \text{MPa} \leqslant [\sigma_{F2}]$$

注意问题及禁忌：1）一对齿轮传动，大、小齿轮的齿形系数、应力校正系数和许用应力是不相同的，也可计算 $\frac{Y_{Fa1} Y_{Sa1}}{[\sigma_{F1}]}$ 和 $\frac{Y_{Fa2} Y_{Sa2}}{[\sigma_{F2}]}$ 两值，比较后按其中较大者进行计算。

2）斜齿圆柱齿轮用的是当量齿数，其值大于直齿圆柱齿轮，故斜齿轮的齿形系数与应力修正系数的乘积小于直齿轮，斜齿轮的工作应力较低，在同样许用弯曲应力的情况下，斜齿轮的弯曲强度较高。

结论：弯曲强度满足要求。

5. 静强度校核

传动平稳，无严重过载，故不需静强度校核。

6. 结构设计及绘制齿轮零件工作图

1）大齿轮

因齿顶圆直径大于 160mm，但小于 500mm，故选用腹板式结构，参照腹板式结构齿轮图中经验公式，大齿轮零件工作图如图 7-34 所示。

注意问题及禁忌：对于直径较小的钢制齿轮，当分度圆直径 d 与该轴头的轴径 d_s 相差很小时，一般按 $d \leqslant 1.8 d_s$ 计（当 d_s 设计出后进行比较），可将齿轮和轴做成一体的齿轮轴；如超出范围，当齿顶圆直径 $d_a \leqslant 160mm$ 时，齿轮也可做成实心结构；当 $d_a \leqslant 500mm$ 时，齿轮可以是锻造的，也可以是铸造的，通常采用腹板式结构；当顶圆直径 $400mm \leqslant d_a \leqslant 1000mm$ 时，齿轮常用铸铁或铸钢制成的轮辐式结构。

2）小齿轮

小齿轮结构设计及零件工作图略。

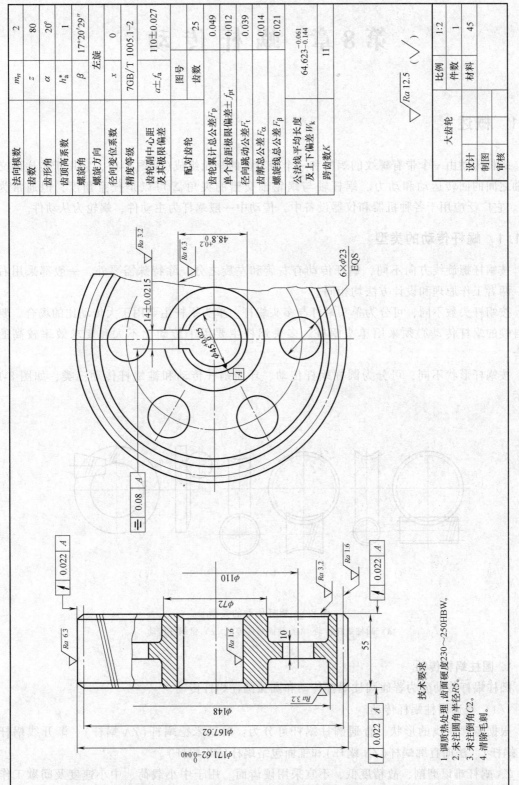

法向模数	m_n	2
齿数	z	80
齿形角	α	20°
齿顶高系数	h_a^*	1
螺旋角	β	$17°20'29''$
螺旋方向		左旋
径向变位系数	x	0
精度等级		7GB/T 1005.1-2
齿轮副中心距及其极限偏差	$a \pm f_a$	110 ± 0.027
配对齿轮	图号	
	齿数	25
齿轮累计总公差 F_p		0.049
单个齿距极限偏差 $\pm f_{pt}$		0.012
径向跳动公差 F_t		0.039
齿廓总公差 F_α		0.014
螺旋线总公差 F_β		0.021
公法线平均长度及上下偏差 W_k		$64.623^{-0.061}_{-0.144}$
跨齿数 K		11

$\sqrt{Ra\,12.5}$ ($\sqrt{}$)

大齿轮		比例	1:2
		件数	1
		材料	45
设计			
制图			
审核			

技术要求

1. 调质热处理 齿面硬度230～250HBW。
2. 未注圆角半径R5。
3. 未注倒角C2。
4. 清除毛刺。

图 7-34 大齿轮零件工作图

第8章 蜗杆传动

8.1 概述

蜗杆传动由一个带有螺纹的蜗杆和一个带有齿的蜗轮组成(见图8-1),它用于传递两交错轴之间的回转运动和动力。蜗杆轴与蜗轮轴交错的夹角 Σ 可以是任意角度,但通常为90°。它广泛应用于各种机器和仪器设备中,传动中一般蜗杆为主动件,蜗轮为从动件。

8.1.1 蜗杆传动的类型

按蜗杆螺旋线方向不同,蜗杆传动有右旋和左旋之分。除特殊需要外,一般都采用右旋。两者工作原理和设计方法均相同。

按蜗杆头数不同,可分为单头蜗杆与多头蜗杆。单头蜗杆主要用于大传动比的场合,要求自锁的蜗杆传动必须采用单头蜗杆。多头蜗杆主要用于传动比不大和要求效率较高的场合。

按蜗杆形状不同,可分为圆柱蜗杆传动、环面蜗杆传动和锥蜗杆传动三类,如图8-1所示。

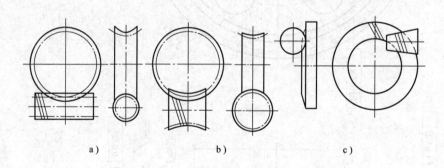

a)   b)   c)

图8-1 蜗杆传动的类型

a) 圆柱蜗杆传动 b) 环面蜗杆传动 c) 锥蜗杆传动

1. 圆柱蜗杆传动

圆柱蜗杆传动分为普通圆柱蜗杆传动和圆弧圆柱蜗杆传动。

(1) 普通圆柱蜗杆传动

根据齿廓曲线的形状,普通圆柱蜗杆可分为:阿基米德蜗杆(ZA蜗杆)、渐开线蜗杆(ZI蜗杆)、法向直廓蜗杆(ZN蜗杆)和锥面包络蜗杆(ZK蜗杆)。

ZA蜗杆难以磨削,故精度低,不宜采用硬齿面。用于中小载荷、中小速度及间歇工作场合。

ZI 蜗杆制造精度高，适于批量生产及大功率、高速和要求精密的多头蜗杆传动。但需用专用机床磨削，应用范围不如阿基米德蜗杆传动。

ZN 蜗杆加工简单，可用直母线砂轮磨齿，常用于机床的多头精密蜗杆传动。

ZK 蜗杆便于磨削，加工精度高，但齿形复杂，设计、测量困难。一般用于中速、中载的动力蜗杆传动，其应用范围在逐步扩大。

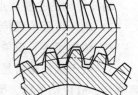

（2）圆弧圆柱蜗杆（ZC 型）传动

如图 8-2 所示，在中间平面内，蜗杆的齿形为凹弧形，而蜗轮的齿形为凸弧形，工作时有利于油膜的形成，因此在基本条件相同

图 8-2 圆弧圆柱蜗杆传动

时，圆弧圆柱蜗杆传动的承载能力比普通圆柱蜗杆传动高出 50%~150% 以上。当蜗杆主动时，效率可达 95% 以上。传递相同功率时，这种蜗杆传动体积小，结构紧凑。它的缺点是传动的中心距难于调整，对中心距的误差较敏感。这种传动广泛用于冶金、矿山、化工、建筑和起重等机械设备的减速机构中。

2. 环面蜗杆传动

环面蜗杆在轴向的形状是以蜗杆轴线为旋转中心、凹圆弧为母线的旋转体（见图 8-1b）。环面蜗杆传动蜗轮的节圆与蜗杆的节圆弧重合，同时啮合的齿对多，而且轮齿的接触线与蜗杆齿运动方向近似于垂直，使轮齿的受力得到改善，同时轮齿间具有良好的油膜形成条件，因此抗胶合能力强，所以环面蜗杆传动的承载能力大、效率高。一般环面蜗杆传动的承载能力是普通圆柱蜗杆传动的 2~4 倍，效率达 85%~90%。但是，为保证环面蜗杆良好的啮合，对环面蜗杆传动的制造和安装精度的要求较高。

3. 锥蜗杆传动

如图 8-1c 所示，锥蜗杆是由在节锥上导程角相同的螺旋所形成的，与蜗杆啮合的蜗轮外形类似于曲线齿锥齿轮，所以称为锥蜗杆传动。锥蜗杆传动的特点是：传动比范围大，一般为 10~60；同时，啮合的点数多，重合度大，承载能力高；润滑条件好，效率高；侧隙便于控制和调整，方便离合；结构紧凑，蜗轮可用淬火钢制成，可节约有色金属；制造安装简便，工艺性好。

在普通圆柱蜗杆传动中，阿基米德（ZA）蜗杆具有代表性，应用较为广泛，本章主要介绍 ZA 蜗杆传动的设计禁忌。

8.1.2 蜗杆传动适用范围

（1）传动比

对于传递动力的蜗杆传动，传动比 $i<8~100$，常用范围为 15~50；对于只传递运动的蜗杆传动，最大传动比可达 1000；对于增速传动，常用范围为 5~15。

（2）传动效率

对于一般传动，其效率 $\eta = 50\%~90\%$；具有自锁性要求时，$\eta<50\%$。

（3）传递功率

由于蜗杆传动效率较低，常用于传递的功率 $P<50kW$，最高可达 750kW。

（4）相对滑动速度

常用速度 $v_s < 15\text{m/s}$；最高可达 35m/s。

8.1.3 蜗杆传动优缺点

蜗杆传动的主要优点有：

1）蜗杆传动单级传动比大，因此，具有很好的减速和增大转矩的作用。

2）结构紧凑、简单。

3）由于蜗杆轮齿是连续不断的螺旋齿，它与蜗轮轮齿的啮合是逐渐进入啮合、逐渐脱离啮合，故传动平稳、噪声小。

4）当蜗杆的导程角小于当量摩擦角时，可实现反向自锁，即具有自锁性。

蜗杆传动的主要缺点有：

1）因为传动时啮合齿面间相对滑动速度大，故摩擦损失大，效率低。所以在传动设计时需要考虑散热问题；蜗杆传动不宜用于大功率传动（尤其在大传动比时）。

2）为了减轻齿面的磨损及防止胶合，蜗轮一般使用贵重的减摩材料制造，故成本高。

3）对制造和安装误差较为敏感，安装时对中心距的尺寸精度要求较高。

8.2 蜗杆传动禁忌

1. 蜗杆头数 z_1 与蜗轮齿数 z_2

蜗杆头数 z_1 可根据要求的传动比和效率来选定，z_1 小，导程角小，效率低，发热多，传动比大；z_1 大，蜗杆导程角大，传动效率高，但制造困难，所以禁忌过大。常用的蜗杆头数为1、2、4、6；要求蜗杆传动实现反行程自锁时，必须选取 $\gamma < 3.5°$ 和 $z_1 = 1$ 的单头蜗杆。

蜗轮齿数 z_2 可根据传动比和蜗杆头数确定，即 $z_2 = iz_1$。用滚刀切制蜗轮时，不产生根切的齿数为 $z_{2\min} = 17$，但对蜗杆传动而言，当 $z_2 < 26$ 时其啮合区急剧减小，这将影响传动的平稳性和承载能力；当 $z_2 > 30$ 时，蜗杆传动可实现两对齿以上的啮合。一般取 $z_2 = 32 \sim 80$。z_2 禁忌过大，否则蜗轮尺寸大，蜗杆轴支承间距离将增加，蜗杆的刚度差，影响蜗轮与蜗杆的啮合，所以一般 $z_2 < 80$。

z_1、z_2 的推荐值见表 8-1 所示。

表 8-1 蜗杆头数 z_1 与蜗轮齿数 z_2 的推荐用值

传动比 i	≈ 5	$7 \sim 15$	$14 \sim 30$	$29 \sim 82$
蜗杆头数 z_1	6	4	2	1
蜗轮齿数 z_2	$29 \sim 31$	$29 \sim 61$	$29 \sim 61$	$29 \sim 82$

2. 蜗杆传动的传动比公称值

蜗杆传动的传动比等于蜗轮、蜗杆的齿数比，禁忌等同于直径比。

蜗杆传动减速装置的传动比的公称值为：5，7.5，10，12.5，15，20，25，30，40，50，60，70，80。其中，10，20，40，80为基本传动比，应优先选用。

3. 蜗杆自锁的不可靠性

在一般情况下，可以利用蜗杆自锁固定某些零件的位置。但是对一些自锁失效会产生严重事故的情况，如起重机、电梯等装置，禁忌只靠蜗杆传动自锁的功能把重物停止在空中。要采用一些更可靠的止动方式，如棘轮等，如图 8-3 所示。

4. 蜗轮材料与失效形式

蜗轮的失效形式与其材料有关。当蜗轮材料为铸锡青铜（$R_m < 300\text{MPa}$）时，因其具有良好的抗胶合能力，故主要失效形式是蜗轮齿面的接触疲劳点蚀，蜗轮的许用应力与应力循环次数有关；当蜗轮材料为铸铝青铜或铸铁（$R_m > 300\text{MPa}$）时，因其具有良好的抗点蚀能力，故主要失效形式是蜗轮齿面的胶合失效，由于胶合失效的强度计算还不完善，故采用接触疲劳强

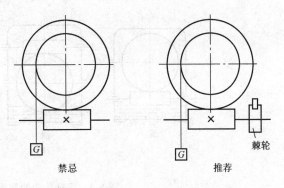

图 8-3　要求自锁的重要蜗杆传动装置

度进行条件性的计算，但禁忌认为胶合等同于疲劳失效，因而 $[\sigma_H]$ 与应力循环次数无关，而与相对滑动速度有关。这一点在强度计算时应该注意。

5. 蜗杆传动的润滑方法及布置形式

润滑对蜗杆传动尤其重要。充分润滑可以降低齿面的工作温度，减少磨损和避免胶合失效。蜗杆传动常采用黏度大的矿物油进行润滑，为了提高其抗胶合能力，必要时可加入油性添加剂以提高油膜的刚度。但青铜蜗轮禁忌采用活性大的油性添加剂，以免被腐蚀。通常可根据载荷的类型和相对滑动速度的大小选用润滑油的黏度和润滑方法，其推荐值如表 8-2 所示。

表 8-2　蜗杆传动的润滑油黏度及润滑方法

滑动速度 v_s /(m/s)	<1	<2.5	<5	>5~10	>10~15	>15~25	>25
工作条件	重载	重载	中载	—	—	—	—
运动黏度 $\nu_{40℃}$ /(mm²/s)	1000	680	320	220	150	100	68
润滑方法	浸油润滑			浸油或喷油润滑	喷油润滑油压 p/MPa		
					0.07	0.2	0.3

蜗杆的布置形式有下置蜗杆与上置蜗杆两种，如图 8-4 所示。如采用油池浸油润滑，当 $v_s \le 5\text{m/s}$ 时，可采用下置蜗杆（见图 8-4a），蜗杆的浸油深度至少为一个齿高，且油面禁忌超过滚动轴承最低滚动体的中心，油池容量宜适当加大些，以免蜗杆工作时泛起箱内沉淀物和加速油的老化；当 $v_s > 5\text{m/s}$ 时，为了避免搅油太甚、发热过多，或在结构上受到限制，可采用上置蜗杆（见图 8-4b），这时蜗轮的浸油深度允许达到蜗轮半径的 1/6 ~ 1/3。当 $v_s > 10\text{m/s}$ 时，则必须采用压力喷油润滑（见图 8-4c），由喷油嘴向传动的啮合区供油，为增强冷却效果，喷嘴宜放在啮出侧，双向转动的应布置在双侧。

6. 禁忌蜗杆传动的作用力影响传动的灵活性

如图 8-5 所示机构，由手转动蜗杆带动蜗轮 1，在机座 2 中转动。如果直径 d 较大（如为 100mm），蜗轮宽度 b 较小（如为 5mm），当蜗轮 1 与套 2 之间存在着较大的间隙，而转动蜗杆时，由于蜗轮除受切向力、径向力外，还受轴向力，造成蜗轮偏斜，以致手无法转动

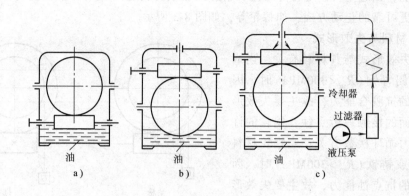

图 8-4　蜗杆传动的润滑方法及布置形式

蜗杆。但此时蜗杆可以反转,但反转一圈左右,又被卡住。这是因为大直径、小宽度的配合面,在轴向力作用下,造成偏斜而产生自锁的原因。采用直齿圆柱齿轮或加大宽度 b 减小直径 d,可得到改进。

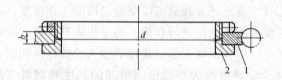

图 8-5　蜗杆传动机构简图
1—蜗轮　2—机座

7. 蜗杆传动受力复杂影响精密机械精度

如图 8-6 所示,为一万能工具显微镜立柱结构示意图。立柱 2 通过滑动轴承被支承,并可绕支承轴转动。立柱上装有显微镜 1,用手转动蜗杆 4,带动蜗轮 3,使立柱 2 转动(连接件未画出)。由于蜗轮受力复杂(三个分力),将导致显微镜晃动,影响仪器的精度。改用右图所示的螺旋传动时,件 1 为固定件,转动螺杆 3 时,由于螺母相对螺旋运动,使立柱 2 转动。这种结构受力比较简单,更容易达到精度要求。

8. 冷却用风扇的位置

当蜗杆传动仅靠自然通风冷却满足不了热平衡温度要求时,可采用风扇吹风冷却。由于蜗杆的转速较高,因此,吹风用的风扇

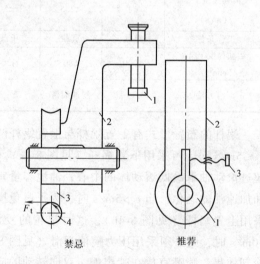

禁忌　　　　　　推荐

图 8-6　显微镜立柱调整机构示意图
1—显微镜　2—立柱　3—蜗轮　4—蜗杆

必须装在蜗杆轴上,而禁忌装在蜗轮轴上,如图 8-7 所示。冷却蜗杆传动所用的风扇与一般生活中的电风扇不同,电风扇向前吹风,而冷却蜗杆用的风扇向后吹风,风扇外有一个罩起

引导风向的作用。

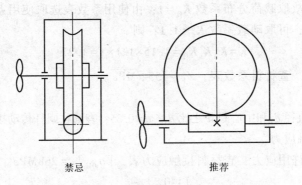

禁忌　　　　　　　　　　推荐

图 8-7　蜗杆传动冷却用风扇安装结构示意图

8.3　蜗杆传动设计实例与禁忌

试设计某运输机用的 ZA 型蜗杆减速器的蜗杆传动。已知该传动系统由 Y 系列三相异步电动机驱动，蜗杆轴输入功率 $P=9\mathrm{kW}$，蜗杆转速 $n_1=1440\mathrm{r/min}$，传动比 $i=20$，工作载荷较稳定，但有不大的冲击，单向转动，工作寿命 12000h。

【解】

1. 选定蜗杆类型、材料、精度等级

（1）类型选择

根据题目要求，选用 ZA 型蜗杆传动。

（2）材料选择

考虑传动的功率不大，速度中等，蜗杆材料选用 45 钢，整体调质，表面淬火，齿面硬度 45～50HRC。为了节省贵重的有色金属，蜗轮齿圈材料选用 ZCuSn10Pb1，金属模铸造，齿芯用灰铸铁 HT100 制造。

（3）精度选择

选用 8 级精度，侧隙种类为 c。

2. 按齿面接触疲劳强度设计

$$a \geqslant \sqrt[3]{KT_2 \left(\frac{Z_{\mathrm{E}} Z_{\rho}}{[\sigma_{\mathrm{H}}]}\right)^2}$$

（1）确定设计公式中各参数

1）初选齿数 z_1

查表 8-1，取 $z_1=2$。

2）传动效率 η

查蜗杆传动效率表，估取效率 $\eta=0.8$。

3）计算作用在蜗轮上的转矩 T_2

$$T_2 = 9.55 \times 10^6 P_2 / n_2 = 9.55 \times 10^6 \frac{P\eta}{n_1/i}$$

$$= 9.55 \times 10^6 \times \frac{9 \times 0.8}{1440/20} \mathrm{N \cdot mm} = 95.5 \times 10^4 \mathrm{N \cdot mm}$$

4）确定载荷系数 K

因载荷较稳定，故取载荷分布系数 $K_\beta = 1$；由使用系数表选取使用系数 $K_A = 1.15$；由于转速不高，冲击不大，可取动载系数 $K_v = 1.1$；则

$$K = K_A K_v K_\beta = 1.15 \times 1.1 \times 1 = 1.27$$

5）材料系数 Z_E　查材料系数表，$Z_E = 155\sqrt{MPa}$。

6）接触系数 Z_ρ

假设蜗杆分度圆直径 d_1 和中心距 a 之比 $d_1/a = 0.35$，查圆柱蜗杆传动接触系数图，$Z_\rho = 2.9$。

7）确定许用接触应力

蜗轮材料的基本许用应力：查材料接触应力表，$[\sigma_{0H}] = 268MPa$。

应力循环次数：$N = 60\gamma n_2 t_h = 60 \times 1 \times \dfrac{1440}{20} \times 12000 = 5.184 \times 10^7$

寿命系数：$Z_N = \sqrt[8]{10^7/N} = \sqrt[8]{10^7/(5.184 \times 10^7)} = 0.814$

许用接触应力：$[\sigma_H] = Z_N [\sigma_{0H}] = 218.2MPa$。

注意问题及禁忌：蜗轮材料的许用接触应力取决于蜗轮材料的强度和性能。当材料为锡青铜（$\sigma_B < 300MPa$）时，蜗轮主要为接触疲劳失效，其许用应力 $[\sigma_H]$ 与应力循环次数 N 有关。当蜗轮材料为铝青铜或铸铁（$\sigma_B \geqslant 300MPa$）时，蜗轮主要为胶合失效，其许用应力 $[\sigma_H]$ 与滑动系数有关而与应力循环次数 N 无关。

（2）设计计算

1）计算中心距 a

$$a \geqslant \sqrt[3]{1.27 \times 95.5 \times 10^4 \left(\dfrac{155 \times 2.9}{218.2}\right)^2} \ mm = 172.66mm，取\ a = 200mm$$

注意问题及禁忌：圆柱蜗杆传动装置的中心距 a（单位 mm）的推荐值为：40，50，63，80，100，125，160，（180），200，（225），250，（280），315，（355），400，（450），500。其中带括号的尽量不要选用。当中心距大于 500mm 时，可按 R20 优先数系选用（R20 为公比 $\sqrt[20]{10}$ 的级数）。

2）初选模数 m、蜗杆分度圆直径 d_1、分度圆导程角 γ

根据 $a = 200mm$，$i = 20$。

注意问题及禁忌：蜗杆传动减速装置的传动比的公称值为：5，7.5，10，12.5，15，20，25，30，40，50，60，70，80。其中，10，20，40，80 为基本传动比，应优先选用。

取 $m = 8mm$，$d_1 = 80mm$，$\gamma = 11°18'36''$。

3）确定接触系数 Z_ρ

根据 $d_1/a = 80/200 = 0.4$，查圆柱蜗杆传动接触系数图，$Z_\rho = 2.74$。

4）计算滑动速度 v_s

$$v_s = \dfrac{\pi d_1 n_1}{60 \times 1000 \cos\gamma} = \dfrac{\pi \times 80 \times 1440}{60 \times 1000 \times \cos 11°18'36''} m/s = 6.15m/s$$

5）当量摩擦角 ρ_v

查蜗杆传动的当量摩擦因子 f_v 和当量摩擦角 ρ_v 表，取 $\rho_v = 1°16'$（取大值）。

6）计算啮合效率 η_1

$$\eta_1 = \frac{\tan\gamma}{\tan(\gamma+\rho_v)} = \frac{\tan 11°18'36''}{\tan(11°18'36''+1°16')} = 0.90$$

7）传动效率 η

取轴承效率 $\eta_2 = 0.99$，搅油效率 $\eta_3 = 0.98$，则

$$\eta = \eta_1\eta_2\eta_3 = 0.9×0.99×0.98 = 0.87$$

8）验算齿面接触疲劳强度

$$T_2 = 9.55×10^6\frac{P\eta}{n_1/i} = 9.55×10^6×\frac{9×0.87}{1440/20}\text{N}\cdot\text{mm} = 103.86×10^4\text{N}\cdot\text{mm}$$

$$\sigma_H = Z_E Z_\rho\sqrt{KT_2/a^3} = 155×2.74×\sqrt{1.27×103.86×10^4/200^3}\text{ N}\cdot\text{mm} = 172.45 \leqslant [\sigma_H]$$

原选参数满足齿面接触疲劳强度的要求，合格。

3. 主要几何尺寸计算

已取 $m = 8\text{mm}$，$d_1 = 80\text{mm}$，$z_1 = 2$，$z_2 = 41$，$\gamma = 11°18'36''$，$x_2 = -0.5$。

（1）蜗杆

1）齿数 z_1　$z_1 = 2$。

注意问题及禁忌：蜗杆头数 z_1 可根据要求的传动比和效率来选定，不宜过大，也不宜过小。z_1 小，导程角小、效率低、发热多、传动比大；z_1 大，蜗杆导程角大、传动效率高，但制造困难。所以，常用的蜗杆头数为 1、2、4、6；要求蜗杆传动实现反行程自锁时，必须选取 $\gamma<3.5°$ 和 $z_1 = 1$ 的单头蜗杆。

2）分度圆直径 d_1　$d_1 = 80\text{mm}$。

注意问题及禁忌：齿厚与齿槽宽相等的圆柱直径 d_1 称为蜗杆分度圆直径。切制蜗轮的滚刀必须和与蜗轮啮合的蜗杆形状相当，因此，对每一模数有一种分度圆直径的蜗杆就需要一把切制蜗轮的滚刀，这样刀具品种的数量太多。为了减少刀具数量并便于标准化，对于每一标准模数规定一定的 d_1 值标准系列。

3）齿顶圆直径 d_{a1}　$d_{a1} = d_1+2h_{a1} = 80\text{mm}+2×8\text{mm} = 96\text{mm}$。

4）齿根圆直径 d_{f1}　$d_{f1} = (80-2×1.2×8)\text{mm} = 60.8\text{mm}$。

5）分度圆导程角 γ　$\gamma = 11°18'36''$。

6）轴向齿距 p_{x1}　$p_{x1} = \pi m = \pi×8 = 25.133\text{mm}$。

7）轮齿部分长度 b_1　$b_1 \geqslant m(11+0.06z_2) = 8×(11+0.06×41)\text{mm} = 107.68\text{mm}$，取 $b_1 = 120\text{mm}$。

（2）蜗轮

1）齿数 z_2　$z_2 = 41$。

注意问题及禁忌：蜗轮齿数 z_2 可根据传动比和蜗杆头数确定，即 $z_2 = iz_1$。当 $z_2>30$ 时，蜗杆传动可实现两对齿以上的啮合。一般取 $z_2 = 32\sim80$。z_2 不宜过大，否则蜗轮尺寸大，蜗杆轴支承间距离将增加，蜗杆的刚度差，影响蜗轮与蜗杆的啮合，$z_2<80$。z_1、z_2 的推荐值见表 8-1。

2）变位系数 x_2　$x_2 = -0.5$。

3）验算传动比相对误差

传动比 $i = \dfrac{z_2}{z_1} = \dfrac{41}{2} = 20.5$

传动比相对误差 $\left|\dfrac{20-20.5}{20}\right| = 2.5\%<5\%$，在允许范围内，满足要求。

4）蜗轮圆直径 d_2 $d_2 = mz_2 = 8×41\mathrm{mm} = 328\mathrm{mm}$。

5）蜗轮齿顶直径 d_{a2} $d_{a2} = d_2 + 2h_{a2} = 328\mathrm{mm} + 2×8(1-0.5)\mathrm{mm} = 336\mathrm{mm}$。

6）蜗轮齿根圆直径 d_{f2} $d_{f2} = d_2 - 2h_{f2} = 328\mathrm{mm} - 2×8(1.2+0.5)\mathrm{mm} = 300.8\mathrm{mm}$。

7）蜗轮咽喉母圆半径 r_{g2} $r_{g2} = a - \dfrac{1}{2}d_{a2} = 200\mathrm{mm} - \dfrac{1}{2}×336\mathrm{mm} = 32\mathrm{mm}$。

4. 校核齿根弯曲疲劳强度

$$\sigma_F = \frac{1.53KT_2}{d_1 d_2 m} Y_{Fa2} Y_\beta \leqslant [\sigma_F]$$

（1）确定验算公式中各参数

1）确定许用弯曲应力 $[\sigma_F]$

基本许用弯曲应力：查材料弯曲应力表，$[\sigma_{F0}] = 56\mathrm{MPa}$。

寿命系数：$Y_N = \sqrt[9]{10^6/N} = \sqrt[9]{10^6/(5.184×10^7)} = 0.645$。

许用弯曲应力：$[\sigma_F] = [\sigma_{0F}]Y_N = 56\mathrm{MPa}×0.645 = 36.12\mathrm{MPa}$。

注意问题及禁忌：蜗轮材料的许用弯曲应力取决于蜗轮材料的强度和性能，其许用应力 $[\sigma_F]$ 与应力循环次数 N 有关。

2）当量齿数 z_{v2}

$$z_{v2} = \frac{z_2}{\cos^3\gamma} = \frac{41}{\cos^3 11.31°} = 43.48$$

3）齿形系数 Y_{Fa2}

查蜗轮齿形系数图，$Y_{Fa2} = 2.87$。

4）螺旋角系数 Y_β

$$Y_\beta = 1 - \gamma/140° = 1 - 11.31°/140° = 0.9192$$

（2）校核计算

$$\sigma_F = \frac{1.53×1.27×95.5×10^4}{80×328×8} ×2.87×0.9192\mathrm{MPa} = 23.32\mathrm{MPa} \leqslant [\sigma_F]$$

弯曲强度满足要求。

5. 热平衡计算

（1）估算散热面积 A

$A = 9×10^{-5}a^{1.88} = 9×10^{-5}×200^{1.88}\mathrm{m}^2 = 1.91\mathrm{m}^2$。

（2）验算油的工作温度 t_i

取 $t_0 = 20℃$，$K_s = 14\mathrm{W}/(\mathrm{m}^2·℃)$

$$t_i = \frac{1000P(1-\eta)}{K_s A} + t_0 =$$

$$\frac{1000×9×(1-0.87)}{14×1.91}℃ + 20℃ = 63.8℃ < 70℃$$

满足热平衡要求。

6. 润滑方式

根据 $v_s = 6.15\mathrm{m/s}$，采用浸油润滑，蜗杆上置，查润滑油黏度表，油的运动黏度 $v_{40℃} = 220×10^{-6}\mathrm{m}^2/\mathrm{s}$。

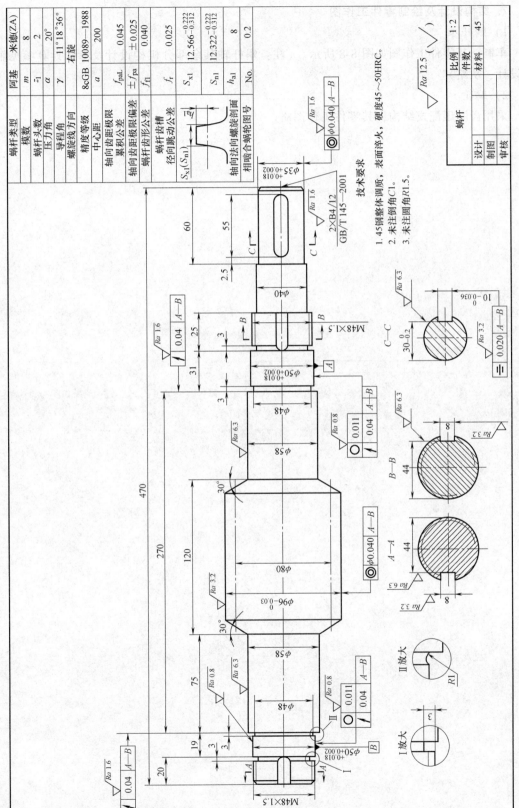

图 8-8 蜗杆零件工作图

7. 结构设计及绘制零件工作图

1）蜗杆

车制，其零件工作图如图 8-8 所示。（注：蜗杆轴其余部分机构设计及参数计算参见轴的设计，从略）

2）蜗轮

采用齿圈压配式结构，其零件工作图略。

第9章 减 速 器

9.1 常用减速器的型式、特点及应用

减速器的形式很多，可以满足各种机器的不同要求。按传动类型，可分为齿轮、蜗杆、蜗杆-齿轮等减速器；按传动的级数，可分为单级和多级减速器；按轴在空间的相互位置，可分为卧式和立式减速器；按传动的布置形式，可分为展开式、同轴式和分流式减速器。表9-1至表9-3列出了常用的减速器形式。

表 9-1 常用圆柱齿轮减速器形式、特点及应用

类 型		简 图	传动比 i	特点及应用
单级圆柱齿轮减速器			直齿圆柱齿轮 $i \leqslant 5$ 斜齿圆柱齿轮、 人字齿圆柱齿轮 $i \leqslant 10$	圆柱齿轮可做成直齿、斜齿或人字齿。直齿圆柱齿轮用于速度较低($v<8\mathrm{m/s}$)或负荷较轻的传动；斜齿或人字齿圆柱齿轮用于速度较高或负荷较重的传动。箱体通常采用铸铁件做成，很少用焊接件或铸钢件。轴承采用滚动轴承，只有在重型或特高速时，才采用滑动轴承。其他形式减速器与此类同
两级圆柱齿轮减速器	展开式		$i = 8 \sim 40$	两级减速器中最普通的一种，结构简单，但齿轮相对轴承的位置不对称，因此，轴应设计得具有较大的刚度，并使高速级齿轮布置在远离输入转矩端，这样，轴在转矩作用下产生的扭转变形将能减弱轴在弯矩作用下产生的弯曲变形所引起的载荷沿齿宽分布不均的现象。建议用于载荷比较平稳的场合。高速级可用斜齿圆柱齿轮，低速级可用直齿圆柱齿轮或斜齿圆柱齿轮
	分流式		$i = 8 \sim 40$	高速级是双斜齿轮传动,低速级可用人字齿或直齿圆柱齿轮。结构复杂，但低速级齿轮与轴承对称，载荷沿齿宽分布均匀，轴承受载亦平均分配。中间轴危险断面上的转矩是传动转矩的一半。建议用于变载荷的场合
	同轴式		$i = 8 \sim 40$	减速器长度较短，两对齿轮浸入油中深度大致相等。但减速器的轴向尺寸及重量较大；高速级齿轮的承载能力难于充分利用；中间轴较长，刚性差，载荷沿齿宽分布不均，仅能有一个输入轴端和一个输出轴端，限制了传动布置的灵活性

表 9-2　常用圆锥及圆锥-圆柱齿轮减速器形式、特点及应用

类　型	简　图	传动比 i	特点及应用
单级锥齿轮减速器		直齿锥齿轮 $i \leqslant 3$ 斜齿锥齿轮、曲线齿锥齿轮 $i \leqslant 6$	用于输入轴和输出轴的轴线垂直相交的传动，可做成卧式或立式。由于锥齿轮制造较复杂，故仅在传动布置需要时才采用
圆锥-圆柱齿轮减速器		$i = 8 \sim 15$	特点同单级锥齿轮减速器。锥齿轮应布置在高速级，以使锥齿轮的尺寸不致过大，否则加工困难，锥齿轮可做成直齿、斜齿或曲线齿，圆柱齿轮可做成直齿或斜齿

表 9-3　常用蜗杆及蜗杆-齿轮减速器形式、特点及应用

类　型		简　图	传动比 i	特点及应用
单级蜗杆减速器	蜗杆下置式		$i = 10 \sim 80$	蜗杆布置在蜗轮的下边，啮合处的冷却和润滑都较好，同时蜗杆轴承的润滑也较方便。但蜗杆圆周速度太大时，油的搅动损失太大，一般用于蜗杆圆周速度 $v < 4\text{m/s}$
	蜗杆上置式		$i = 10 \sim 80$	蜗杆布置在蜗轮的上边，装拆方便，蜗杆的圆周速度允许高一些，但蜗杆轴承润滑不太方便，需采用特殊的结构措施
齿轮-蜗杆减速器		 $a_h \approx a_1/2$	$i = 35 \sim 150$	齿轮在高速级，蜗杆在低速级，结构紧凑
蜗杆-齿轮减速器			$i = 50 \sim 250$	蜗杆在高速级，齿轮在低速级，效率较高

9.2　常用减速器的选择及禁忌

　　减速器的主要功能是降低转速和增大转矩。它是一个重要传力部件，因此其结构设计中应着重解决的问题是：在传递要求功率和实现一定传动比的前提下，使结构尽量紧凑，并具有较高的承载能力。

9.2.1 圆柱齿轮减速器的选择及禁忌

1. 两级展开式圆柱齿轮减速器的选择及禁忌

（1）采用斜齿轮时应注意的问题

斜齿轮传动由于重合度大、传动平稳等优点，适于高速，所以展开式圆柱齿轮减速器的高速级宜采用斜齿轮，低速级可采用直齿轮（见图9-1a）或斜齿轮（见图9-1b）。反之，禁忌高速级采用直齿轮，低速级采用斜齿轮（见图9-1c）。

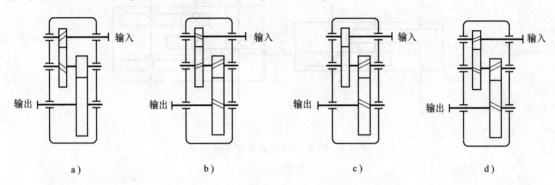

图 9-1　两级展开式圆柱齿轮减速器的不同形式

a)、b) 推荐　c)、d) 禁忌

若高速级与低速级均采用斜齿轮，应注意中间轴上两斜齿轮的轮齿旋向，应能使其轴向力互相抵消一部分（或全部抵消），如图9-1b所示，禁忌如图9-1d所示的轮齿旋向。

（2）应使高速级齿轮远离转矩输入端

两级展开式圆柱齿轮减速器的齿轮为非对称布置，齿轮受力后使轴弯曲变形，引起齿轮沿宽度方向的载荷分布不均，若将齿轮布置在远离转矩输入端（见图9-2b），这样轴和齿轮的扭转变形可以部分地改善因弯曲变形引起的齿轮沿宽度方向的载荷分布不均，图9-2a所示高速级齿轮靠近转矩输入端，载荷分布不均现象比图9-2b所示严重，禁忌采用。

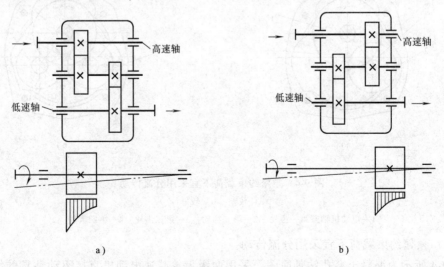

图 9-2　高速级齿轮应远离转矩输入端

a) 禁忌　b) 推荐

2. 分流式两级圆柱齿轮减速器的选择及禁忌

（1）传递大功率宜采用分流传动

大功率减速器采用分流传动可以减小传动件尺寸。如展开式二级齿轮减速器（见图9-3a）低速级采用分流传动（见图9-3b），轴受力是对称的，齿轮接触情况较好，轴承受载也平均分配。所以大功率传动宜选用分流式减速器。

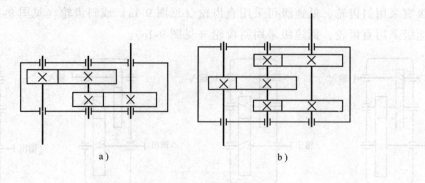

图 9-3　传递大功率宜采用分流传动

a）较差　b）较好

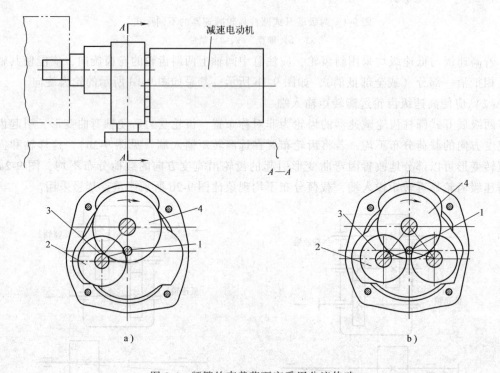

图 9-4　频繁约束载荷下宜采用分流传动

a）较差　b）较好

1—电动机轴兼第一齿轮　2—第二齿轮　3—第三齿轮　4—第四齿轮

（2）频繁约束载荷下宜采用分流传动

图9-4所示为混凝土穿孔钻具简图，采用两级齿轮减速电动机直接驱动钻具的结构。图9-4a所示为两级展开式，为减小齿轮减速机构体积，将电动机输出轴做成轴齿轮（齿轮1）。

正常作业时，一般不会有什么问题，但当过载时，如钻具碰到混凝土中的钢筋之类物件后，穿孔阻力矩将增加许多倍，这样大大增加了齿轮啮合面上的作用力，使悬臂安装的电动机轴齿轮发生挠曲变形，同齿轮2的正常啮合受到破坏，因此极易发生异常磨损而破坏。图9-4b所示在电动机出轴两侧对称配置了齿轮2和齿轮3，使电动机的轴齿轮由一侧啮合变成两侧啮合，使载荷得到分流，齿面上受力降低了一半，同时也防止了轴较大的挠曲变形，因而避免齿轮因异常磨损而损坏。

（3）分流式两级圆柱齿轮减速器选型分析

分流式两级圆柱齿轮减速器，由于齿轮两侧的轴承对称布置，载荷沿齿宽的分布情况比展开式好，常用于大功率及变载荷的场合。由于低速级齿轮受力较大，所以使低速级齿轮单位载荷分布均匀尤为重要，现列出四种传动形式进行分析，见表9-4，方案Ⅰ、Ⅱ为低速级分流式，方案Ⅲ、Ⅳ为高速级分流式，分流级的齿轮均做成斜齿，一边右旋（左旋），另一边左旋（右旋），以抵消轴向力，这时应使其中的一根轴能作小量轴向游动，以免卡死齿轮，另一级为人字齿或直齿。

表 9-4　分流式二级圆柱齿轮减速器选型分析

方　案		Ⅰ	Ⅱ	Ⅲ	Ⅳ
简　图					
高速级	齿轮布置	二轴承中间	二轴承中间	靠近轴承	靠近轴承
	齿轮转矩	$T_{输入}$	$T_{输入}$	$T_{输入}/2$	$T_{输入}/2$
低速级	齿轮布置	靠近轴承	靠近轴承	二轴承中间	二轴承中间
	齿轮转矩	$T_{输入}i_{高}/2$	$T_{输入}i_{高}/2$	$T_{输入}i_{高}$	$T_{输入}i_{高}$
中间轴危险截面受转矩		$T_{输入}i_{高}/2$	$T_{输入}i_{高}/2$	$T_{输入}i_{高}/2$	$T_{输入}i_{高}/2$
游动支承		（2）	（1）（2）	（1）（2）	（1）
结论	低速轴齿轮软齿面	较好	较好	较差	较差
	低速轴齿轮硬齿面	较差	较差	较好	较好

当低速级齿轮采用软齿面时，由于软齿面接触疲劳强度较低，为减少每对低速级齿轮传递的转矩，宜采用方案Ⅰ或Ⅱ；当低速级齿轮采用硬齿面时，由于硬齿面承载能力较高，并从结构紧凑出发，宜采用方案Ⅲ和Ⅳ，各方案选择对比分析列于表9-4。

3. 同轴式二级圆柱齿轮减速器的选择及禁忌

同轴式二级圆柱齿轮减速器箱体长度较短，两对齿轮浸油深度大致相同，常用于长度方向要求结构紧凑的场合。表9-5给出了两种同轴式圆柱齿轮减速器的传动形式，方案Ⅰ为普通同轴式，方案Ⅱ为中心驱动同轴式。从减小齿轮和轴受力情况分析，显然方案Ⅱ比方案Ⅰ承载能力大，所以，大功率重载荷时宜选择方案Ⅱ；方案Ⅰ虽承载能力较方案Ⅱ低，但结构简单，体积小，重量轻，适于轻、中载荷，两种方案的分析对比见表 9-5。

表 9-5　同轴式二级圆柱齿轮减速器选型分析

方　案	Ⅰ	Ⅱ
简　图		
高速级齿轮受转矩	$T_{输入}$	$T_{输入}/2$
低速级齿轮受转矩	$T_{输入}i_{高}$	$T_{输入}i_{高}/2$
中间轴受转矩	$T_{输入}i_{高}$	$T_{输入}i_{高}/2$
(1)、(3)轴是否受转矩	受	不受
结论　轻、中载荷	较好	较差
结论　重载荷	较差	较好

9.2.2　圆锥-圆柱齿轮减速器的选择及禁忌

1. 圆锥齿轮传动禁忌布置在低速级

由于加工较大尺寸的圆锥齿轮有一定困难，且圆锥齿轮常常是悬臂布置，为使其受力小些，应将圆锥齿轮传动作为圆锥-圆柱齿轮减速器的高速级（载荷较小），如图 9-5b 所示，这样圆锥齿轮的尺寸可以比布置在低速级（见图 9-5a）减小，便于制造加工。

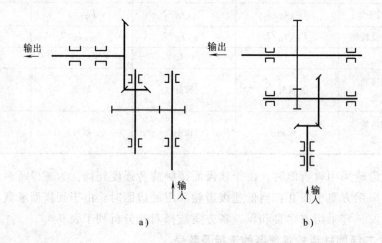

图 9-5　圆锥齿轮传动应布置在高速级

a）禁忌　b）推荐

2. 不宜选用大传动比的圆锥-圆柱齿轮散装传动装置

对于要求传动比较大，而且对其工作位置有一定要求的传动装置，往往传动级数较多，结构也比较复杂。例如图 9-6 所示的链式悬挂运输机的传动装置，电动机水平布置，链轮轴与地面垂直而且转速很低，这就要求传动比大，而且轴要成90°角。如采用图 9-6a 所示的圆锥齿轮、圆柱齿轮传动的结构，这些传动装置作为散件安装，精度不高，缺乏润滑，安装困难，寿命较短；若改为传动比较大的一级蜗杆传动（见图 9-6b），安装方便，但效率较低；采用传动比大、效率高的行星传动或摆线针轮减速器，改用立式电动机直接装在减速器上，是很好的方案（见图 9-6c）。

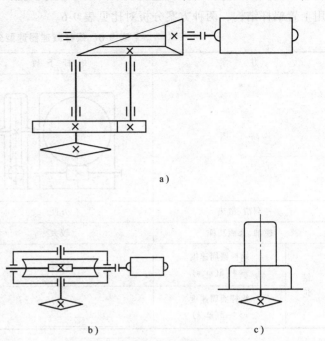

3. 二级圆柱齿轮减速器与圆锥-圆柱齿轮减速器的对比选择

圆柱齿轮尤其是斜齿圆柱齿轮传动，具有传动平稳、承载能力高容易制造等优点，应优先选用。

图 9-6　不宜选用大传动比圆锥-圆柱齿轮散装传动装置
a）较差　b）较好　c）很好

如图 9-7 所示为带式运输机的两种传动方案，图 9-7a 所示采用两级展开式圆柱齿轮减速器，图 9-7b 所示采用圆锥-圆柱齿轮减速器。由于圆柱齿轮制造简单，运转平稳，承载能力高，宜优先选用。

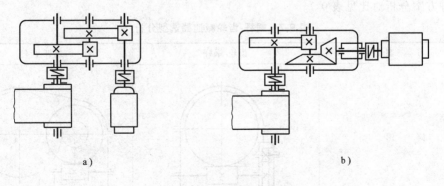

图 9-7　带式运输机的传动装置
a）较好　b）较差

9.2.3　蜗杆及蜗杆-齿轮减速器的选择及禁忌

1. 单级蜗杆减速器的选择

单级蜗杆减速器主要有蜗杆在上和蜗杆在下两种不同形式（见表 9-6）。选择时，应尽可能地选用蜗杆在下的结构，因为此时的润滑和冷却问题较容易解决，同时蜗杆轴承的润滑也很方便。但当蜗杆的圆周速度大于 $4\sim5\mathrm{m/s}$ 时，为了减少搅油和飞溅时的功率损耗，可采用上置蜗杆结构，两种方案分析对比见表 9-6。

表 9-6　蜗杆减速器选型分析

方 案		蜗杆下置	蜗杆上置
简　图			
润滑、散热		方便	不方便
搅油、飞溅功耗		较大	较小
结论	蜗杆圆周速度 $v<4\sim5(\mathrm{m/s})$	较好	较差
	蜗杆圆周速度 $v>4\sim5(\mathrm{m/s})$	较差	较好

2. 蜗杆-齿轮减速器的选择

这类减速器有两种，一种是齿轮传动在高速级，另一种是蜗杆传动在高速级。前者即齿轮-蜗杆减速器，因齿轮常悬臂布置，传动性能和承载能力下降，同时蜗杆传动布置在低速级，不利于齿面压力油膜的建立，又增大了传动的负载，使磨损增大，效率较低，因此当以传递动力为主时，不宜采用这种形式，而应采用蜗杆传动布置在高速级的结构。但齿轮-蜗杆减速器比蜗杆-齿轮减速器结构紧凑，所以在结构要求紧凑的场合下，可选用此种形式。有关两种方案分析对比见表 9-7。

表 9-7　蜗杆-齿轮减速器选型分析

方　案	齿轮-蜗杆	蜗杆-齿轮
简　图		
齿轮布置	大齿轮悬臂	非对称
蜗杆传动油膜	不易形成	易形成
承载能力	较低	较高
结构尺寸	较小	较大

（续）

方　案		齿轮-蜗杆	蜗杆-齿轮
结论	传力为主 （$i=35\sim150$）	较差	较好
	要求结构紧凑 （$i=50\sim250$）	较好	较差

9.2.4　减速器与电动机一体便于安装调整

1. 轴装式减速器便于安装调整

如图 9-8a 所示，许多机械的传动装置都可以分为电动机、减速器和工作机（图中所示为运输机滚筒）三个部分，各用螺栓固定在地基或机架上。各部分之间用联轴器连接，这些联轴器一般都用挠性的，即对其对中要求较低。但是为了提高传动效率，减少磨损和联轴器产生的附加力，在安装时还是尽量提高对准的精度，这就使安装调整的工作繁重。若改用轴装式减速器（见图 9-8b）就可避免这些麻烦。减速器的伸出端上装有带轮，用带传动连接电动机和减速器，减速器输出轴为空心轴，套在滚筒轴上，并用键连接传递转矩，轴装式减速器不需要底座，在减速器的壳体上装有支撑杆，杆的另一端可以固定在适当的位置以防止减速器转动。输入轴可围绕输出轴调整到任意合适的位置。

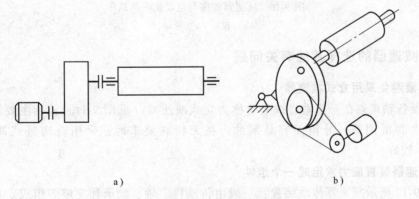

图 9-8　轴装式齿轮减速器简图

a）较差　b）较好

轴装式减速器具体形式如图 9-9 所示。

2. 减速器底座与电动机一体易于安装调整

如图 9-10a 所示的传动系统，电动机、减速器底座分别设置、安装时，电动机、减速器不易对中，同心度误差较大，运转中若一底座稍有松动，将会造成整个系统运转不平稳，且阻力增加，影响传动质量。若如图 9-10b 所示将电动机底座与减速器底座作为一个整体，则便于安装调整，且运转情况良好。

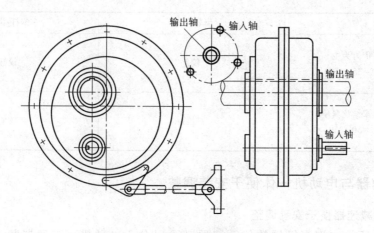

图 9-9　轴装式齿轮减速器具体形式

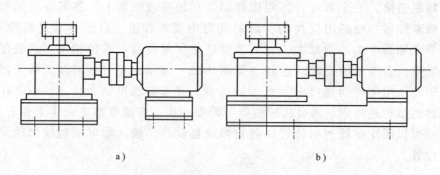

图 9-10　减速器底座与电动机一体简图

a）较差　b）较好

9.2.5　减速器的选择其他有关问题

1. 尽量避免采用立式减速器

减速器各轴排列在一条垂直线上时称为立式减速器（见图 9-11a），其主要缺点是最上面的传动件润滑困难，分箱面容易漏油。在无特殊要求时，采用普通卧式减速器（见图 9-11b）较好。

2. 减速器装置应力求组成一个组件

如图 9-12 所示减速器传动装置，一般由传动件、轴、轴承和支座等组成。这些零件如果分散地装在总体上（见图 9-12a），则装配费时，调整麻烦，而且难以保证传动质量，因为各轴之间的平行度、中心距等难以达到较高的精度。若把轴承的支座联成一体，轴承、轴、传动件等都固定在它的上面，再由箱体把这些零件封闭成一个整体（见图 9-12b），则不但可以解决单元性和安装精度问题，而且可以改善润滑、隔离噪声、防尘防锈、保证安全、延长寿命等，传动质量有进一步提高。

图 9-12a 中所示蜗杆传动，蜗轮装在机座 1 上，蜗杆固定在箱体 2 上，再把箱体 2 固定在机座 1 上，难以达到高精度，若采用图 9-12b 所示结构，蜗杆、蜗轮都安装在箱体 3 中，再将箱体 3 固定在机座上，则质量有很大提高。

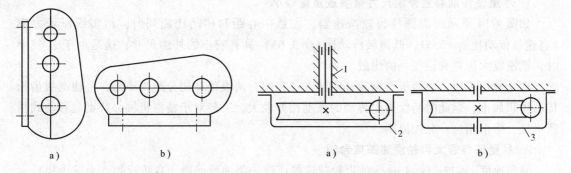

图 9-11　尽量避免采用立式减速器　　　　图 9-12　减速器装置应力求组成一个组件
a）较差　b）较好　　　　　　　　　　　　a）较差　b）较好

9.3　减速器传动比分配及禁忌

9.3.1　单级减速器传动比的选择

当减速器的传动比较大时，如果仅采用一对齿轮传动（单级传动），必然会使两齿轮的尺寸相差很大，影响减速器的平面布局，使其结构不够紧凑，例如图 9-13a 所示的传动比 $i=6$ 的单级圆柱齿轮减速器，就比图 9-13b 所示的 $i=6=i_1i_2=2\times3$ 的两级圆柱齿轮减速器所占的平面面积大很多，所以单级减速器的传动比禁忌过大。一般对于圆柱齿轮，当传动比 $i<5$ 时，可采用单级传动，大于 5 时，最好选用二级（$i=6\sim40$）和三级（$i>40$）的减速器。

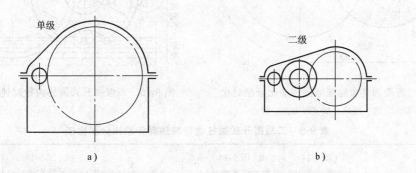

图 9-13　单级传动比对减速器结构的影响
a）较差（$i=6$）　b）较好（$i=2\times3$）

对于圆锥齿轮减速器，采用直齿时单级传动比 $i\leqslant3$，斜齿或曲齿时，单级传动比 $i\leqslant6$，对于蜗杆减速器，单级传动比为 $i=10\sim80$。

9.3.2　二级和二级以上减速器传动比分配及禁忌

在设计二级及二级以上的减速器时，合理地分配各级传动比是很重要的，因为它将影响减速器的轮廓尺寸和重量以及润滑条件等，现以二级圆柱齿轮减速器为例，说明传动比分配一般应注意的几个问题。

1. 尽量使传动装置外廓尺寸紧凑或重量较小

如图 9-14 所示二级圆柱齿轮减速器，在总中心距和传动比相同时，粗实线所示方案（高速级传动比 $i_1 = 5.51$，低速级传动比 $i_2 = 3.63$）具有较小的外廓尺寸，这是由于 i_2 较小时，低速级大齿轮直径较小的缘故。

理论分析表明，当两级小齿轮分度圆直径相同，两级传动比分配相等时，可使两级齿轮传动体积最小，但此时两级齿轮传动的强度相差较大，一般对于精密机械，特别是移动式精密机械，常采用这一分配原则。

2. 尽量使各级大齿轮浸油深度合理

圆周速度 $v \leqslant 12\text{m/s} \sim 15\text{m/s}$ 的齿轮减速器广泛采用油池润滑，自然冷却。为减少齿轮运动的阻力和油的温升，浸入油中齿轮的深度以 $1 \sim 2$ 个齿高为宜（见图 9-15），最深不得超过 $1/3$ 的齿轮半径。为使各级齿轮浸油深度大致相当，在卧式减速器设计中，希望各级大齿轮直径相近，以避免为了各级齿轮都能浸到油，而使某级大齿轮浸油过深而造成搅油功耗增加。通常二级圆柱齿轮减速器中，低速级中心距大于高速级，因而，应使高速级传动比大于低速级，例如图 9-14 所示粗实线方案，可使两级大齿轮直径相近，浸油深度较为合理。图 9-14 中粗实线与细实线两种方案的对比分析见表 9-8。

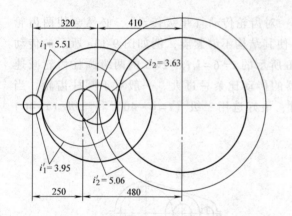

图 9-14　两级圆柱齿轮减速器传动比分配对比
粗实线方案：较好　细实线方案：较差

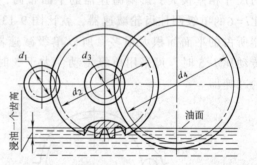

图 9-15　二级展开式圆柱齿轮减速器浸油润滑

表 9-8　二级展开式圆柱齿轮减速器传动比分配比较

方　案	Ⅰ（图 9-14 所示粗实线）	Ⅱ（图 9-14 所示细实线）	方　案	Ⅰ（图 9-14 所示粗实线）	Ⅱ（图 9-14 所示细实线）
总传动比 i	20	20	低速级中心距 a_2/mm	410	480
总中心距 a/mm	730	730	两级大齿轮浸油深度	合理	不合理
高速级传动比 i_1	5.51	3.95	外廓尺寸	较小	较大
低速级传动比 i_2	3.63	5.06	结论	较好	较差
高速级中心距 a_1/mm	320	250			

对于展开式二级圆柱齿轮减速器，一般主要是考虑满足浸油润滑的要求，如图 9-15 所示，如前所述应使两个大齿轮直径 d_2、d_4 大小相近。在两对齿轮配对材料相同、两级齿宽系数 ψ_{d1}、ψ_{d2} 相等情况下，其传动比分配，可按图 9-16 中的展开式曲线选取，这时结构也比较紧凑。

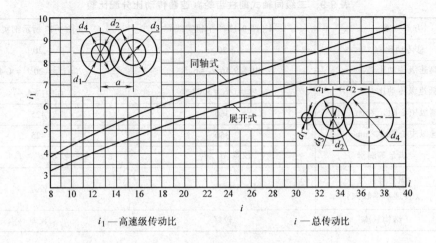

i_1—高速级传动比　　　　　　　　　i—总传动比

图 9-16　二级圆柱齿轮减速器传动比分配

　　对于同轴式二级圆柱齿轮减速器，为使两级大齿轮浸油深度相等，即 $d_2=d_4$，两级传动比分配可取 $i_1=i_2=i^{1/2}$，式中 i 为总传动比，i_1、i_2 分别为高速级与低速级传动比。此种传动比分配方案虽润滑条件较好，但不能使两级齿轮等强度，高速级强度有富裕，所以其减速器外廓尺寸比较大，如图 9-17 中的细实线所示。图中粗实线为按接触强度相等条件进行传动比分配（按图 9-16）的尺寸，显然比前者结构紧凑，但后者高速级的大齿轮浸油深度较大，搅油损耗略为增加，两种方案对比如表 9-9 所示。

3. 使各级传动承载能力近于相等的传动比分配原则

　　对于展开式和分流式二级圆柱齿轮减速器，当高速级和低速级传动的材料相同，齿宽系数相等，按轮齿接触强度相等条件进行传动比分配时，应取高速级的传动比 i_1 为

$$i_1=\frac{i-1.5\cdot\sqrt[3]{i}}{1.5\cdot\sqrt[3]{i}-1}$$

式中　i——减速器的总传动比。

　　对于同轴式二级圆柱齿轮减速器，为使两级在齿轮中心距相等情况下，能达到两对齿轮的接触强度相等的要求，在两对齿轮配对材料相同，齿宽系数 $\psi_{d1}/\psi_{d2}=1.2$ 的条件下，其传动比分配可按图 9-16 中所示同轴式曲线选取。这种传动比分配的结果，高速级大齿轮 d_2 会略大于低速级大齿轮 d_4（见图 9-17 中的粗实线），这样高速级大齿轮浸油比低速级大齿轮深，搅油损耗会略增加。前例总传动比 $i=20$ 条件下，按等润滑和等强度分配传动比的两种方案的对比如图 9-17 和表 9-9 所示。

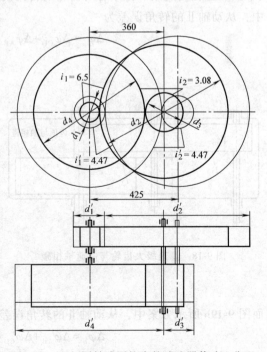

图 9-17　二级同轴式圆柱齿轮减速器传动比分配

粗实线方案：两级强度相近　细实线方案：等润滑

表 9-9　二级同轴式圆柱齿轮减速器传动比分配比较

方　　案	I（图 9-17 所示粗实线）	II（图 9-17 所示细实线）
总传动比 i	20	20
高速级传动比 i_1	由图 9-16，$i_1 = 6.5$	$i_1 = i^{1/2} = 20^{1/2} = 4.47$
低速级传动比 i_2	$i_2 = i/i_1 = 3.08$	$i_2 = i_1 = 4.47$
高速级中心距 a_1/mm	360	425
低速级中心距 a_2/mm	360	425
结论　满足等润滑	较差（$d_2 > d_4$）	较好（$d'_4 = d'_2$）
满足等强度（传递功率较大）	较好	较差
结构紧凑	较好	较差

一般在传递功率较大时，应尽量考虑按等强度原则分配传动比。

4. 要考虑各传动件彼此之间不发生干涉碰撞

如图 9-18 所示二级展开式圆柱齿轮减速器中，由于高速级传动比分配过大，例如取 $i_1 = 2i_2$，致使高速级的大齿轮的轮缘与低速级的大齿轮轴相碰。

5. 提高传动精度的传动比分配原则

如图 9-19 所示为总传动比相同的展开式圆柱齿轮减速传动的两种传动比分配方案，它们都具有完全相同的两对齿轮 A、B 及 C、D。其中 $i_{AB} = 2$，$i_{CD} = 3$，显然两种方案的不同点是：在图 9-19a 所示方案中，齿轮副 A、B 布置在高速级；而图 9-19b 所示方案中，齿轮副 C、D 布置在高速级。如果各对齿轮的转角误差相同，既 $\Delta\varphi_{AB} = \Delta\varphi_{CD}$，则图 9-19a 所示方案中，从动轴 II 的转角误差为

$$\Delta\varphi_a = \Delta\varphi_{CD} + \Delta\varphi_{AB}/i_{CD} = \Delta\varphi_{CD} + \Delta\varphi_{AB}/3$$

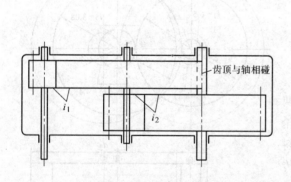

图 9-18　高速级大齿轮与低速轴相碰

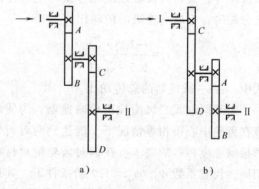

图 9-19　总传动比相同的两种传动比分配
a）先小后大（较好）　　b）先大后小（较差）
$i = 6 = 2 \times 3$ 　　　　 $i = 6 = 3 \times 2$

而图 9-19b 所示方案中，从动轴 II 的转角误差为

$$\Delta\varphi_b = \Delta\varphi_{AB} + \Delta\varphi_{CD}/i_{AB} = \Delta\varphi_{AB} + \Delta\varphi_{CD}/2$$

比较以上两式，可见 $\Delta\varphi_b > \Delta\varphi_a$，所以按图 9-19a 所示方案，使靠近原动轴的前几级齿轮的传动比取得小一些，而后面靠近负载轴的齿轮传动比取得大些，即"先小后大"的传动

比分配原则,可使传动系统获得较高的传动精度。因此,对于传动精度要求较高的精密齿轮传动减速器,应遵循"由小到大"的分配原则。

同理,如图9-20a所示的齿轮-蜗杆减速器,由于齿轮传动单级传动比较蜗杆传动小很多,所以它比蜗杆-齿轮减速器(见图9-20b)的传动精度高,但若以传力为主,由于蜗杆传动在高速级易形成油膜,承载能力比前者大,所以要求传动精度高的精密机械应选用齿轮-蜗杆减速器,而传递大功率以传力为主时,则应选择蜗杆-齿轮减速器。两种方案的对比分析如表9-10所示。

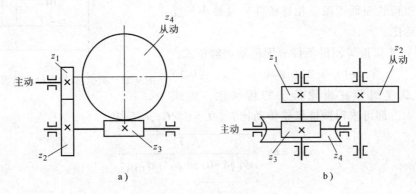

图 9-20　两种减速传动方案

a)齿轮-蜗杆传动　b)蜗杆-齿轮传动

表 9-10　齿轮-蜗杆传动与蜗杆-齿轮传动方案对比

方　案		Ⅰ(见图 9-20a)	Ⅱ(见图 9-20b)
高速级		齿轮传动	蜗杆传动
低速级		蜗杆传动	齿轮传动
转角误差		$\Delta\varphi_{齿轮}=\Delta\varphi_{蜗杆}$	
传动比		$i_{总}=90;i_{齿轮}=3;i_{蜗杆}=30$	
输出轴转角误差		$\Delta\varphi_a=\Delta\varphi_{齿轮}/30+\Delta\varphi_{蜗杆}$(较小)	$\Delta\varphi_b=\Delta\varphi_{蜗杆}/3+\Delta\varphi_{齿轮}$(较大)
传动精度		较高	较低
承载能力		较小	较大
结论	精密传动	较好	较差
	大功率传力为主	较差	较好

对于齿轮-蜗杆减速器,一般情况下,为了箱体结构紧凑和便于润滑,通常取齿轮传动的传动比 $i_{齿轮}\leqslant2\sim2.5$;当分配蜗杆-齿轮减速器的传动比时,应取 $i_{齿轮}=(0.03\sim0.06)i$,式中 i 为总传动比。

6. 采用计算机辅助设计进行传动比分配

上述一些传动比分配原则,要想严格地同时满足,原则上是不可能的,一般是根据使用要求、结构要求和工作条件等,区分主次,灵活运用这些原则,合理进行各级传动比的分配。但由于多数分配原则采用经验公式进行传动比分配,算法粗糙,常需反复试算、修正才能得到满意的结果,手工计算十分麻烦。如果对各级传动比分配原则,给出理论计算式,并采用计算机辅助设计，则可以大大提高其设计速度与设计质量，现举例说明如下。

如图 9-21 所示圆锥-圆柱齿轮减速器，已知总传动比 $i=15$，小圆锥齿轮上的工作转矩 $T_1=44.5N \cdot m$，两级传动载荷系数 $K_1=K_2=1.2$，许用接触应力 $[\sigma_{H1}]=[\sigma_{H2}]=675MPa$，圆锥齿轮齿宽系数 $\psi_R=0.3$，圆柱齿轮齿宽系数 $\psi_d=1$，试按等润滑条件、最小间隙条件（大圆锥齿轮与低速轴不相碰条件）及最小长度条件分配传动比。

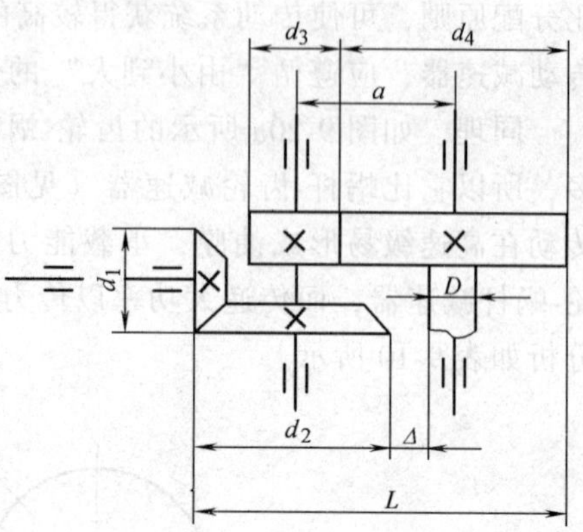

解：（1）按接近等润滑条件分配传动比解析式

$$i_2^3(i_2+1)-1.52C^3 i=0 \qquad (9-1)$$

图 9-21　圆锥-圆柱齿轮减速器计算简图

式中，i_2 为低速级圆柱齿轮传动的传动比，由式（9-1）解得 i_2，即可求得圆锥齿轮传动比 i_1。$C=C_1/C_2$，其中

$$C_1=48\sqrt[3]{\frac{K_1 T_1}{\psi_R(1-0.5\psi_R)^2[\sigma_{H1}]^2}}$$

$$C_2=38\sqrt[3]{\frac{K_2 T_1}{\psi_d[\sigma_{H2}]^2}}$$

式（9-1）为既满足强度条件又满足接近等润滑条件的最佳传动比方程，该方程为一高次方程，一般手工计算很困难，可通过计算机求解。

（2）按最小间隙（Δ）分配传动比的解析式

$$i_2 \geqslant \sqrt[4]{\frac{8C^3 i}{(1.92-G)^3}}-1 \qquad (9-2)$$

式中，$G=D/a$，a 为直齿圆柱齿轮齿轮传动中心距，D 为低速级轴径，a、D 可由强度计算及结构确定。式（9-2）满足最小间隙 $\Delta \approx 0.04a$。

（3）按最小长度（L）条件分配传动比解析式

$$-2C\sqrt[3]{\frac{i^2}{i_2^5}}+2(i_2-1)\sqrt[3]{\frac{i(i_2+1)}{i_2^5}}+(2i_2+1)\sqrt[3]{\frac{i}{i_2^2(i_2+1)^2}}=0 \qquad (9-3)$$

式（9-3）为既满足强度条件又满足最小长度条件的最佳传动比方程。由式（9-3）解得的 i_2 可求得 i_1，式（9-3）为一超越方程，手工计算很困难，可通过计算机求解。

将已知数据代入式（9-1）~式（9-3），通过计算机可迅速准确地求得满足上述不同传动比分配原则的各级传动比，如表 9-11 所示。式（9-1）~式（9-3）的推导见有关文献[⊖]。

表 9-11　圆锥-圆柱齿轮减速器传动比分配理论计算值分析

分　配　原　则	接近等润滑	最小间隙条件	最小长度条件
总传动比		$i=i_1 i_2=15$	
圆锥齿轮传动（高速级）	$i_1=4.16$	$i_1<4.93$	$i_1=6.22$

⊖　潘作良等.圆锥-圆柱齿轮减速器最佳传动比的计算.哈尔滨科学技术大学学报,1992,16(2).

（续）

分 配 原 则	接近等润滑	最小间隙条件	最小长度条件
圆柱齿轮传动（低速级）	$i_2 = 3.61$	$i_2 \geqslant 3.04$	$i_2 = 2.41$
计算结构分析	满足： ① 等润滑 ② 最小间隙	满足：最小间隙 不满足：等润滑	满足：最小长度 不满足：最小间隙 大锥轮与低速轴相碰
结论	较好	较差	错误

由计算结果可以看出，按等润滑条件确定的传动比也同时满足最小间隙条件（$i_1 = 4.16 <$ 4.93，$i_2 = 3.61 > 3.04$），而按最小长度条件分配的传动比不满足最小间隙条件（$i_1 = 6.22 > 4.93$，$i_2 = 2.41 < 3.04$），应予以舍去，所以最佳的传动比分配方案为 $i_1 = 4.16$，$i_2 = 3.61$。

本例如按常规设计，一般先按经验公式取圆锥齿轮传动比 $i_1 \approx (0.22 \sim 0.28)i$，至于最小间隙条件需试算、试画，最后才能决定取舍，设计比较麻烦。

7. 减速器传动比分配的其他有关问题

（1）减速器实际传动比的确定

上述各级传动比的分配只是初步选定的数值，实际传动比要由传动件参数准确计算，确定各轮齿数 z_1、z_2、z_3、$\cdots$、z_n 等之后，才能最后确定。一般由于强度计算、配凑中心距等要求，各级传动的齿数之比（传动比）很难与初始分配的传动比完全符合，工程中允许有一定误差，对单级齿轮传动，允许传动比误差 $\Delta i \leqslant \pm(1 \sim 2)\%$，二级以上传动允许 $\Delta i \leqslant \pm(3 \sim 5)\%$。若不满足则应重新调整传动件参数，甚至重新分配传动比。

减速器装配工作图上的技术特性表中，必须标注最后计算出的实际传动比，标注初始分配的传动比是错误的。例如，某两级展开式圆柱齿轮减速器，其总传动比 $i = 11.42$，其初始传动比分配与实际传动比的确定及标注如表 9-12 所示。

表 9-12 两级圆柱齿轮减速器传动比的确定及标注

各级传动比	高速级传动比 i_1	低速级传动比 i_2	说明与结论
总传动比	$i = 11.42$		方案给定
初始传动比分配	$i_1 = 3.85$	$i_2 = 2.96$	试分配
各轮齿数	$z_1 = 33$ $z_2 = 126$	$z_3 = 35$ $z_4 = 102$	经设计得
各级实际传动比	$i'_1 = z_2/z_1 = 3.82$	$i'_2 = z_4/z_3 = 2.91$	满足单级传动比 $i < (3 \sim 5)\%$
各级实际传动比误差	$|\Delta i'_1| = 0.8\%$	$|\Delta i'_2| = 1.7\%$	$< 2\%$，合适
实际总传动比	$i' = 11.12$		实际值
实际总传动比误差	$|\Delta i'| = 2.6\%$		$< (2 \sim 3)\%$，合适
装配图上技术特性表中标注	总传动比	11.12	正确
		11.42	错误
	各级传动比	3.82 2.91	正确
		3.85 2.96	错误

（2）传动比的取值

对平稳载荷，各级传动比可取整数；对周期性变载荷，各级传动比宜取质数，或有小数的数，以防止部分齿轮过早损坏。

（3）标准减速器传动比分配

对标准减速器，应按标准系列分配各级传动比。对非标准减速器，可参考上述各传动比分配原则。

9.4　减速器的结构设计及禁忌

9.4.1　减速器的箱体禁忌刚度不足

减速器的箱体刚度不足，会在加工和工作过程中产生不允许的变形，引起轴承座孔中心歪斜，在传动中产生偏载，影响减速器的正常工作。因此在设计箱体时，首先应保证轴承座的刚度。

1. 保证轴承座具有足够的刚度

（1）在轴承座附近加支撑肋

为使轴和轴承在外力作用下不发生偏斜，确保传动的正确啮合和运转平稳，轴承支座必须具有足够的刚度，为此应使轴承座有足够的厚度，并在轴承座附近加支撑肋，如图9-22b所示。图9-22a所示没有加肋，箱体刚性较差。

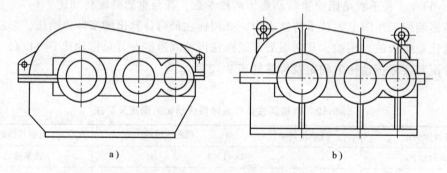

a）　　　　　　　　　　　　b）

图 9-22　轴承座附近加肋提高箱体刚度

a）较差　b）较好

（2）剖分式箱体要加强轴承座处的连接刚度

为便于轴系部件安装和拆卸，减速器箱体常制成沿轴心线平行剖分式。对于这种剖分式箱体在安装轴承处，必须注意提高轴承座的连接刚度，为此轴承座孔附近应做出凸台，以加强其刚度（见图9-23b），两侧的连接螺栓也应尽量靠近（以不与端盖螺钉孔干涉为原则），以增加连接的紧密性和刚度。禁止采用图9-23a所示的结构，因为图9-23a所示的结构支承刚性不足，会造成轴承提前损坏。

（3）轴承座宽度与轴承旁连接螺栓凸台高度的确定

对于剖分式箱体，设计轴承座宽度时，必须考虑螺栓扳手操作空间。图9-24a所示结构扳手难操作，图9-24b所示则比较合理。轴承座宽度的具体值 L 与机盖厚 δ、螺栓扳手操作空间 c_1、c_2 等有关（见图9-24c）。

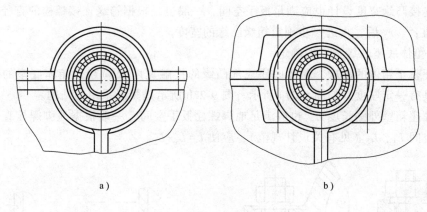

a) b)

图 9-23 剖分式轴承座的刚度

a）禁忌 b）推荐

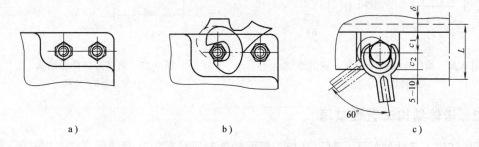

a) b) c)

图 9-24 轴承座宽度的确定

a）禁忌 b）推荐 c）轴承座尺寸

轴承旁连接螺栓凸台高度的设计，也应满足扳手操作，一般在轴承尺寸最大的轴承旁螺栓中心线确定后，根据螺栓直径确定扳手空间 c_1、c_2，最后确定凸台的高度，图 9-25a 所示满足扳手操作，图 9-25b 所示不能满足，因为凸台高度不够。

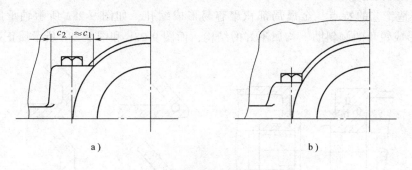

a) b)

图 9-25 轴承旁连接螺栓凸台高度的确定

a）推荐 b）禁忌

2. 箱缘连接凸缘与底座凸缘的设计

（1）箱缘连接凸缘应有一定的厚度

为保证整个箱体的刚度，对于剖分箱体必须首先保证上箱盖与下箱体连接的刚度，为此，箱缘连接凸缘应取得厚些，一般按设计规范确定，如图 9-26a 所示。如果将凸缘厚度取与箱体壁厚相同（见图 9-26b），将不能满足箱缘连接刚度的要求，是不合适的。

箱缘连接凸缘宽度设计也应满足扳手空间，一般也是根据箱缘连接螺栓的直径确定相应的扳手空间 c_1、c_2 后，再进一步确定箱缘凸缘的宽度。

（2）箱体底座凸缘宽度的确定

为保证整个箱体的刚度，箱体底座底部凸缘的接触宽度 B 应超过箱体底座的内壁，并且凸缘应具有一定厚度，如图 9-27a 所示。图 9-27b 所示是禁忌采用的结构。

箱体底座箱壁外侧长度 L，也应满足地脚螺栓扳手空间，一般根据地脚螺栓直径确定相应的扳手空间 L_1、L_2（见有关设计规范），应使 $L=L_1+L_2$。

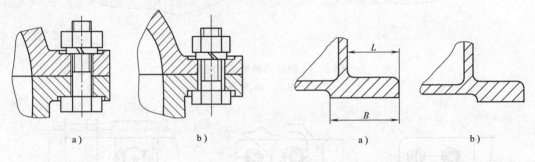

图 9-26　箱缘连接凸缘应有一定的厚度
a）推荐　b）禁忌

图 9-27　箱体底座凸缘结构
a）推荐　b）禁忌

9.4.2　箱体结构工艺性禁忌

箱体结构工艺性的好坏，对提高加工精度和装配质量、提高劳动生产率，以及便于检修维护等方面，有直接影响，故应特别注意。

1. 铸造工艺的要求

在设计铸造箱体时，应考虑到铸造工艺特点，力求形状简单，壁厚均匀，过渡平稳，金属不要局部积聚。有关应注意的问题分述如下。

（1）不要使金属局部积聚

由于铸造工艺的特点，金属局部积聚容易形成缩孔，如图 9-28a 所示轴承座结构和图 9-28c 所示形成锐角的倾斜肋，均属不好的结构，而图 9-28b 和图 9-28d 所示属正确的结构。

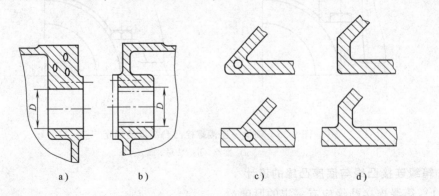

图 9-28　不要使金属局部积聚
a）、c）禁忌（有缩孔）　b）、d）推荐

（2）箱体外形宜简单，使拔模方便

设计箱体时，应使箱体外形简单，使拔模方便。如图 9-29a 中所示窥视孔凸台的形状 I 将影响拔模，如改为图 9-29b 中所示 II 的形状，则可顺利拔模。为了便于拔模，铸件沿拔模方向应有 1：10～1：20 的拔模斜度。

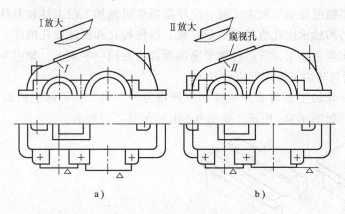

图 9-29　箱体拔模与表面加工工艺性

a）禁忌　b）推荐

（3）尽量减少沿拔模方向的凸起结构

铸件表面如有凸起结构，在造型时就要增加活块，所以在沿拔模方向的表面上，应尽量减少凸起，以减少拔模困难。图 9-30 示出有活块模型的拔模过程，当箱体表面有几个凸起部分时，应尽量将其连成一体，以简化取模过程。例如图 9-31a 所示结构需用两个活块，而图 9-31b 所示结构则不用活块，拔模方便。

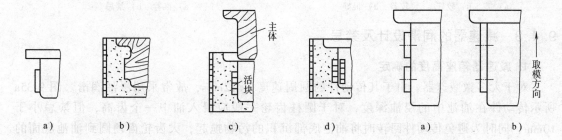

图 9-30　有活块模型拔模过程

a）铸件　b）整体木模不能取出　c）取出主体，留下活块　d）取出活块

图 9-31　将凸起部分连成一体

a）较差　b）较好

（4）较接近的两凸台应连在一起避免狭缝

箱体上应尽量避免出现狭缝，否则砂型强度不够，在取模和浇铸时极易形成废品。例如图 9-32b 中两凸台距离太近，应将其连在一起，如图 9-32a 所示。

2. 机械加工的要求

（1）尽可能减少机械加工面积

设计箱体结构形状时，应尽可能减少机械加工面积，以提高劳动生产率，并减少刀具磨损，在图 9-33 所示的箱体

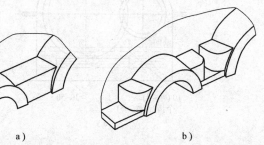

图 9-32　较接近凸台应连到一起

a）较好　b）较差

底面结构中，图 9-33d 所示结构最好，小型箱体则多采用图 9-33b 所示结构，图 9-33a、c 所示结构则较差。

（2）尽量减少工件和刀具的调整次数

为了保证加工精度并缩短加工工时，应尽量减少机械加工时工件和刀具的调整次数。例如，同一轴心线的两轴承座孔直径应尽量一致，以便镗孔和保证镗孔精度。又如同一方向的平面，应尽量一次调整加工，所以各轴承座端面都应在同一平面上，如图 9-29b 所示。

（3）加工面与非加工面应严格分开

箱体的任何一处加工面与非加工面必须严格分开。例如，箱体上的轴承座端面需要加工，因而应突出，如图 9-34a 所示，而图 9-34b 所示是不合理的。

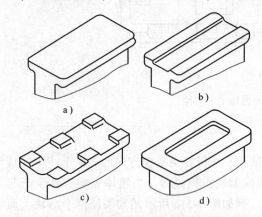

图 9-33　箱体底面结构

a）差　b）较好　c）较差　d）很好

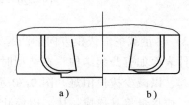

图 9-34　加工面与非加工面应分开

a）推荐　b）禁忌

9.4.3　减速器的润滑设计及禁忌

1. 减速器箱座高度的确定

对于大多数减速器，由于其传动件的圆周速度 $v<12\mathrm{m/s}$，故常采用浸油润滑。图 9-35a 所示传动件在油池中的浸油深度，对于圆柱齿轮一般应浸入油中一个齿高，但禁忌小于 10mm，同时为避免传动件回转时将油池底部沉积的污物搅起，大齿轮齿顶圆到油池底面的距离应不小于 30~50mm。图 9-35b 所示大齿轮齿顶圆距油池底部太近，油搅动时容易沉渣

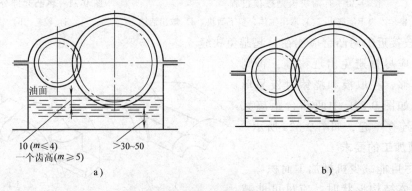

油面

10（$m\leqslant4$）
一个齿高（$m\geqslant5$）

>30~50

a）

b）

图 9-35　减速器油面及油池深度

a）推荐　b）禁忌

泛起，应将箱体加高。

当油面及油池深确定后，箱座高度也基本确定，然后再计算出实际装油量 V_0 及传动的需油量 V，设计时应满足 $V_0 \geqslant V$，若不满足应适当加高箱座高度，直到满足为止。

2. 输油沟与轴承盖导油孔的设计

（1）正确开设输油沟

当轴承利用齿轮飞溅起来的润滑油润滑时，应在箱座的箱缘上开设输油沟，输油沟设计时应使溅起的油能顺利地沿箱盖内壁经斜面流入输油沟内，如图 9-36a 所示。禁忌图 9-36b 所示油沟的设计，箱盖内壁的油很难流入输油沟内，禁忌采用。

又如图 9-37a 所示，输油沟位置开设不正确，润滑油大部分流回油池，也属不正确结构，应改为图 9-37b 所示形式。

（2）轴承盖上应开设导油孔

为使输油沟中的润滑油顺利流入轴承，必须在轴承盖上开设导油孔，如图

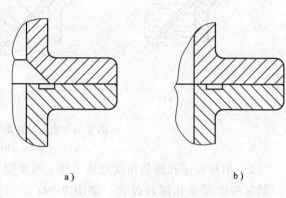

a)   b)

图 9-36　正确开设输油沟
a）推荐　b）禁忌

9-37b所示，而图 9-37c 所示由于轴承盖上没有开设导油孔，润滑油将无法流入轴承进行润滑。

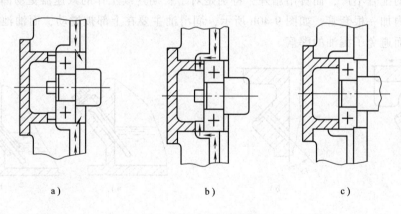

a)   b)   c)

图 9-37　输油沟与导油孔结构
a）、c）禁忌　b）推荐

3. 油面指示装置设计

油面指示装置的种类很多，有油标尺、圆形油标、长形油标和管状油标等。油标尺由于结构简单，在减速器中应用较广，下面就有关油标尺结构设计应注意的问题分述如下。

（1）油标尺座孔在箱体上的高度应设置合理

如图 9-38a 所示，禁忌油标尺座孔在箱体上的高度太低，油易从油标尺座孔溢出，图 9-38b 所示则比较合理。

又如图 9-38c 所示，禁忌油标尺座孔太高或油标尺太短，不能反映下油面的位置，图 9-38b 所示比较合理。

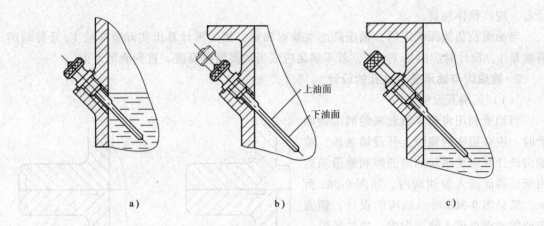

图 9-38　油标尺在箱体上的高度

a)、c) 禁忌　b) 推荐

（2）油标尺座孔倾斜角度应便于加工和使用

禁忌油标尺座孔倾斜过大，如图 9-39a 所示，座孔将无法加工，油标尺也无法装配。图 9-39b 所示结构油标尺座孔位置高低、倾斜角度适中（常为 45°），便于加工，装配时油标尺不与箱缘干涉。

（3）长期连续工作的减速器油标尺宜加隔离套

图 9-40a 所示油标尺形式虽然结构简单，但当传动件运转时，被搅动的润滑油常因油标尺与安装孔的配合不严，而冒出箱外，特别是对于长期连续工作的减速器更易漏油。可在油标尺安装孔内加一根套管，如图 9-40b 所示，润滑油主要在上部被搅动，而油池下层的油动荡较小，从而避免了漏油的弊病。

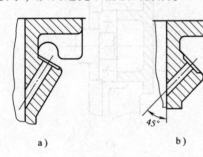

图 9-39　油标尺座孔倾斜角度

a) 禁忌　b) 推荐

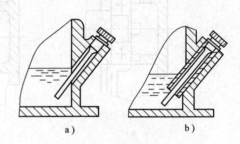

图 9-40　长期连续工作的油标尺

a) 较差　b) 较好

9.4.4　减速器分箱面设计特点及禁忌

1. 分箱面要防止渗油

（1）分箱面上不要积存油

从分箱面渗油，主要是由接合面的毛细管现象引起的，在这种情况下，即使油完全没有压力也容易渗出。为了防止这种现象，首要条件是不使油积存在接合面上。如果积存在接合面上，如图 9-41a 所示，则油比较容易渗出，图 9-41b、c 所示结构则较好。

（2）分箱面上禁忌布置螺纹连接

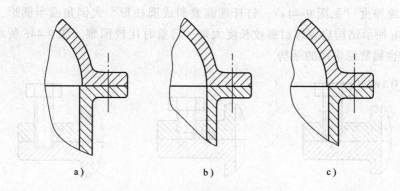

图 9-41　分箱面不应渗油
a) 禁忌　b)、c) 推荐

　　轴承盖与箱体的螺钉连接，禁忌布置在分箱面上（见图 9-42a），因为这样会使箱体中的油沿剖分面通过螺纹连接缝隙渗出箱外，图 9-42b 所示螺钉的布置比较合理。

2. 禁忌在分箱面上加任何添料

　　为防止减速器箱体漏油，禁忌在分箱面上加垫片等任何添料（见图 9-43a），允许涂密封油漆或水玻璃（见图 9-43b）。因为垫片等有一定厚度，改变了箱体孔的尺寸（不能保证圆柱度），破坏了轴承外圈与箱体的配合性质，轴承不能正常工作，且轴承孔分箱面处漏油。

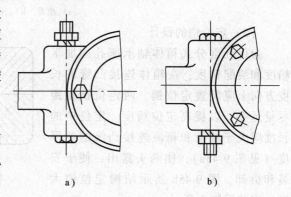

图 9-42　分箱面不允许布置螺钉
a) 禁忌　b) 推荐

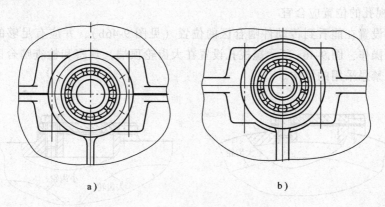

图 9-43　分箱面上禁止加任何添料
a) 禁忌　b) 推荐

3. 启盖螺钉与定位销

（1）启盖螺钉的设计

为便于上、下箱启盖，在箱盖侧边的凸缘上装有 1~2 个启盖螺钉。启盖螺钉上的螺纹长度应大于凸缘厚度（见图9-44a），钉杆端部要制成圆柱形、大倒角或半圆形，以免顶坏螺纹。图9-44b所示结构启盖螺钉螺纹长度太短，启盖时比较困难。图9-44c所示下箱体上不应有螺纹，也属禁忌采用的结构。

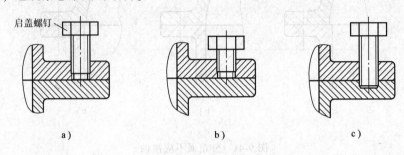

图 9-44　启盖螺钉的设计
a) 推荐　b)、c) 禁忌

（2）定位销的设计

为保证剖分式箱体轴承座孔的加工精度和装配精度，在箱体连接凸缘的长度方向上应设置定位销，两定位销相距尽量远些，以提高定位精度。定位销的长度应大于箱盖和箱座连接凸缘的总厚度（见图9-45a），使两头露出，便于安装和拆卸。图9-45b所示结构定位销太短，安装拆卸不便。

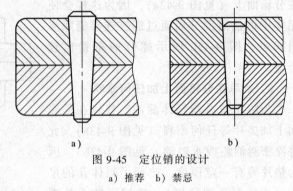

图 9-45　定位销的设计
a) 推荐　b) 禁忌

9.4.5　窥视孔与通气器的设计及禁忌

1. 窥视孔的设计

（1）窥视孔的位置应合宜

窥视孔应设置在能看到传动件啮合区的位置（见图9-46b），并应有足够的大小，以便手能伸入进行操作，图9-46a所示窥视孔设置在大齿轮顶端，观察和检查啮合区的工作情况均很困难，属禁忌采用的结构。

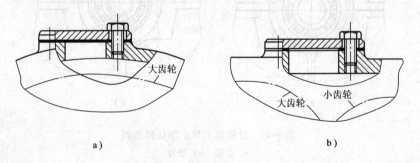

图 9-46　窥视孔位置应合宜
a) 禁忌　b) 推荐

（2）箱盖上开窥视孔处应有凸台

窥视孔应有盖板，盖板下应加防渗漏的垫片。箱盖上安放盖板的表面应进行刨削或铣削，故应有凸台（见图9-47a）。图9-47b所示箱盖在窥视孔处无凸起，不便加工，且窥视孔距齿轮啮合处较远，不便观察和操作，窥视孔盖下也无垫片，易漏油，禁忌采用。

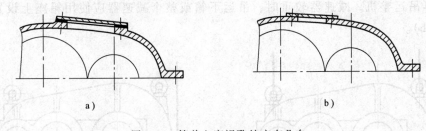

图 9-47　箱盖上窥视孔处应有凸台
a）推荐　b）禁忌

2. 减速器应设置通气器

减速器运转时，机体内温度升高，气压增大。由于箱体内有压力，容易从接合面处漏油，对减速器密封极为不利。所以应在箱盖顶部或窥视孔盖上安装通气器（见图9-48a），使箱体内热胀气体通过通气器自由逸出，以保证箱体内、外气压均衡，提高箱体有缝隙处的密封性能。图9-48b所示减速器未设置通气器，属不合理结构。

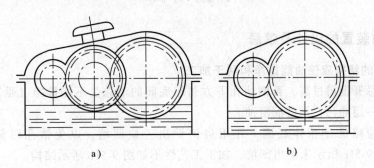

图 9-48　减速器应设置通气器
a）合理　b）不合理

9.4.6　起吊装置的设计及禁忌

1. 吊环螺钉与箱盖连接的设计

（1）吊环螺钉连接处的凸台禁忌高度不够

如图9-49a所示，吊环螺钉连接处的凸台高度不够，螺钉连接的圈数太少，连接强度不够，应考虑加高，如图9-49b所示。

（2）吊环螺钉连接要考虑工艺性

如图9-49a所示，禁忌箱盖内表面螺钉处无凸台，加工时容易偏钻打刀；上部支承面未锪削出沉头座；螺钉根部的螺孔未扩孔，螺钉不能完全拧入，综上原因，吊环螺钉与箱体连接效果不好，图9-49b所示结构较为合理，推荐采用。

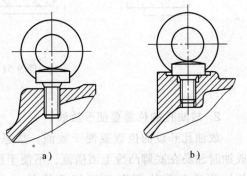

图 9-49　吊环螺钉与箱盖连接的设计
a）禁忌　b）推荐

2. 减速器重量较大时禁忌使用吊环或吊耳吊运整个箱体

减速器箱盖上设置的吊环或吊耳，主要是用来吊运箱盖的，当减速器重量较大时，禁忌使用吊环或吊耳吊运整个箱体（见图 9-50a），只有当减速器重量较轻时，才可以考虑使用吊环或吊耳吊运整机。减速器较重时，吊运下箱或整个减速器应使用箱座上设置的吊钩（见图 9-50b）。

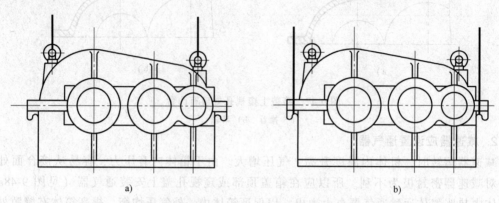

图 9-50　减速器重量较大时不宜使用吊环或吊耳吊运整个箱体
a）禁忌　b）推荐

9.4.7　放油装置的设计及禁忌

1. 放油孔的结构应使油能排净和利于加工

放油孔禁忌开设得过高，否则油孔下方与箱底间的油总是不能排净（见图 9-51a），时间久了会形成一层油污，污染润滑油。

螺孔内径应略低于箱体底面，并用扁铲铲出一块凹坑，以免钻孔时偏钻打刀（见图 9-51b）。图 9-51c 所示未铲出凹坑，加工工艺性不如图 9-51b 所示结构。

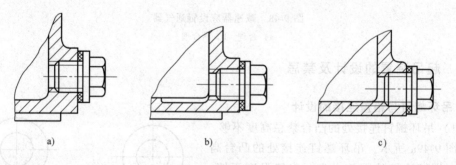

图 9-51　放油孔的结构
a）、c）禁忌　b）推荐

2. 放油孔的位置要便于放油

放油孔开设的位置要便于放油，禁忌开在底脚凸缘上方且缩进凸缘里（见图 9-52a），放油时油易在底脚凸缘上面横流，不便于接油和清理，底脚凸缘上容易产生油污。一般应使放油孔开在箱体侧面无底脚凸缘处（见图 9-52b）或伸到底脚凸缘的外端面处（见图 9-52c）。

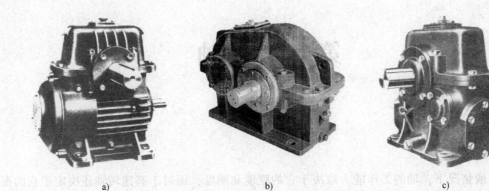

图 9-52　放油孔的位置

a) 禁忌　b)、c) 推荐

第 10 章　轴

10.1　轴设计概述

在一般情况下，轴的工作能力取决于它的强度和刚度，而对于高速转轴还决定于它的振动稳定性。在设计轴时，除应按工作能力设计准则进行强度、刚度等设计计算外，在结构上还须满足其他一系列要求，例如：多数轴上零件不允许在轴向移动，需要用轴向固定的方法使它们在轴上有确定的位置；为传递转矩，轴上零件应作周向固定；轴与其他零件（如滑移齿轮等）间有相对滑动，表面应有耐磨性要求；轴的加工、热处理、装配、检验和维修等都应有良好的工艺性；对重型轴还须考虑毛坯制造、探伤和起重等问题。

上述是轴设计的一般主要问题，掌握轴的设计理论和原则，并按这些理论和原则设计出合乎要求的轴，是每个设计人员所一直遵循的，然而有时由于设计人员的疏忽（例如结构上、加工工艺上和尺寸标注上等）或判断失误（轴上零件受力方向或位置不对等），尤其是在一些错误设计理论的误导下，经常导致错误的设计结果，给生产带来很大损失，这不能不引起我们的注意，而且也必须予以克服。

本章将分别就上述有关轴设计的几个相关问题扼要阐述轴设计的正确理论，详细介绍经常发生的有关轴设计的错误理论，并列举出一些具体的错误设计与正确设计实例，以期更好地提高轴的设计质量和效率。

10.2　轴的强度计算

10.2.1　轴强度常规计算方法及步骤

1. 轴的强度计算方法

工程上常用的轴的强度计算方法有三种：

1）按许用切应力计算。

2）按许用弯曲应力计算。

3）安全系数法计算。

上述三种方法的计算精度不同，分别适合于不同的设计要求或在不同的设计阶段中使用。

第一种方法适用于传动轴的计算，也常用于初步估算转轴受扭矩段的最小直径，以便进行结构草图的设计，对于一般重要的轴，可以在此基础上进一步完成轴的结构设计后，再用第二种方法进行强度校核计算。而比较重要的轴则必须进行轴的细部结构设计，再用第三种方法精确计算轴的强度。

显然第一种方法精度较低，第三种方法精度较高，而第二种方法在两者之间，计算精度中等，因第二种方法较第三种方法简便得多，故一般轴设计时常用此法。

各种方法的计算特点和应用情况如表 10-1 所示。

表 10-1　轴的三种强度计算方法

计算方法	计算特点			计算公式	使用条件	应用范围
	转矩、弯矩	应力集中、尺寸系数、表面状态	应力变化情况			
按许用扭转切应力计算	仅受转矩或主要承受转矩（忽略弯矩）	用加大安全系数、降低许用应力的方法	不考虑	$\tau_{\mathrm{T}} = \dfrac{T}{W_{\mathrm{T}}} \leqslant [\tau_{\mathrm{T}}]$ $[\tau_{\mathrm{T}}] = \dfrac{\tau_{\mathrm{s}}}{S}$ $d \geqslant C \sqrt[3]{\dfrac{P}{n}}$ $[\tau_{\mathrm{T}}]$、C 值查有关资料	应已知：(1) 轴的材料 (2) 外加转矩 T（或 P、n）	(1) 仅传递转矩的轴（传动轴） (2) 初步估算转轴直径 (3) 不重要的转轴
按许用弯曲应力计算	受弯矩和转矩当量弯矩 $M_{\mathrm{e}} = \sqrt{M^2 + (\alpha T)^2}$	用加大安全系数、降低许用应力的方法	应力分三类，求当量弯矩时考虑应力校正系数 α	$\sigma_{\mathrm{b}} = \dfrac{M_{\mathrm{e}}}{W} \leqslant [\sigma_{-1\mathrm{b}}]$ $d \geqslant \sqrt[3]{\dfrac{M_{\mathrm{e}}}{0.1[\sigma_{-1\mathrm{b}}]}}$	应已知：(1) 轴上载荷的位置、大小 (2) 传动件尺寸 (3) 轴承跨距	一般重要的轴 (1) 计算转轴直径 (2) 轴结构设计后校核计算
危险截面安全系数的校核	受弯矩和转矩由此求出危险截面的 σ_{a}、σ_{m} 及 τ_{a}、τ_{m}	按实际情况计算各项系数的影响	按实际情况计算常用对称循环弯曲应力及脉动循环扭转切应力	$S_{\sigma} = \dfrac{k_{\mathrm{N}}\sigma_{-1\mathrm{b}}}{\dfrac{k_{\sigma}}{\beta\varepsilon_{\sigma}}\sigma_{\mathrm{a}} + \psi_{\sigma}\sigma_{\mathrm{m}}}$ $S_{\tau} = \dfrac{k_{\mathrm{N}}\tau_{-1}}{\dfrac{k_{\tau}}{\beta\varepsilon_{\tau}}\tau_{\mathrm{a}} + \psi_{\tau}\tau_{\mathrm{m}}}$ $S = \dfrac{S_{\sigma}S_{\tau}}{\sqrt{S_{\sigma}^{\;2} + S_{\tau}^{\;2}}} \geqslant [S]$	应已知：(1) 危险截面应力数据 (2) 轴的详细结构尺寸 (3) 公差配合、表面粗糙度、过渡圆角等	重要的轴和要求作精确校核计算的轴

注：τ_{T}—轴所受的剪应力；T—转矩；W_{T}—抗扭截面系数；$[\tau_{\mathrm{T}}]$—许用剪应力；τ_{s}—剪切屈服极限；S—安全系数；d—轴径；C—系数；P—功率；n—转数；α—折算系数；σ_{b}—弯曲应力；M_{e}—当量弯曲应力；W—抗弯截面系数；$[\sigma_{-1\mathrm{b}}]$—对称循环应力下的许用弯曲应力；σ_{a}、σ_{m}—弯曲应力幅和平均应力；τ_{a}、τ_{m}—剪切应力幅和平均应力；k_{N}—寿命系数；k_{σ}、k_{τ}—弯曲和扭转的有效应力集中系数；ε_{σ}、ε_{τ}—弯曲和扭转的尺寸系数；β—表面质量系数；$\sigma_{-1\mathrm{b}}$、τ_{-1}—材料在弯曲和扭转时的对称循环疲劳极限；S_{σ}、S_{τ}—弯曲和扭转强度安全系数；ψ_{σ}、ψ_{τ}—弯曲和扭转的等效系数。

2. 轴强度计算的一般步骤

如前所述，轴的强度计算一般多采用按许用弯曲应力计算（也称当量弯矩法），所以下面仅以这种方法为例简要说明轴的一般设计步骤。

（1）绘受力简图（力学模型）

轴的受力简图是轴强度计算的首要必备的先知条件，受力简图正确与否直接关系到整个轴强度计算的成败，这不仅仅关系到强度计算，还将涉及刚度计算和稳定性计算等。所以必须十分重视受力简图绘制的正确性。一个错误的受力简图将导致轴的强度计算一开始就走向谬误，例如斜齿轮的轴向力 F_{a} 方向判断错误，将首先导致轴承处支反力计算错误，进而使有关力矩和力矩图全部错误，而以此进行的全部计算也将毫无意义，所以轴强度计算时受力简图这一步必须作好。具体步骤如下：

1）确定力点与支点。轴上的作用力是从轴上零件传来的，计算时常将轴上的分布载荷化为集中力，其作用点取载荷分布的中点，一般为传动件（齿轮、带轮、联轴器等）轮毂宽度的中点。通常把轴当做置于铰链支座上的梁，支点即铰链处支反力的作用点，一般与轴承类型和轴承布置方式有关。

2）求轴上作用力。首先，求出轴上全部受力零件的载荷，例如斜齿轮的圆周力 F_t、径向力 F_r、轴向力 F_a 和带轮压轴力 Q 等，然后求出各支承处的水平面内支反力和垂直面内支反力。

（2）绘弯矩图

（3）绘合成弯矩图

（4）绘转矩图

（5）绘当量弯矩图

（6）分析危险截面校核强度

10.2.2　轴强度计算的常见错误

如前所述，轴的受力简图正确与否，直接影响到轴的强度计算，在绘制受力简图时容易发生的错误很多，为使问题更具体、更明了，现举例如下。

[例1]　如图 10-1 所示传动装置，带传动水平布置，工作机转向如图 10-1 所示，小齿轮左旋，其分度圆直径 $D=80mm$，作用在小齿轮上的圆周力 $F_t=2736N$，径向力 $F_r=1009N$，轴向力 $F_a=442N$，带轮压轴力 $Q=450N$，I 轴上的轴承型号 6407，轴结构如图 10-2 所示，各段轴径 $d_1=25mm$，$d_2=30mm$，$d_3=35mm$，$d_4=40mm$，$d_5=52mm$，$d_6=44mm$，$d_7=35mm$；各段轴段长 $L_1=50mm$，$L_2=45mm$，$L_3=46mm$，$L_4=70mm$，$L_5=8mm$，$L_6=12mm$，$L_7=25mm$，试用当量弯矩法对此轴进行强度校核。

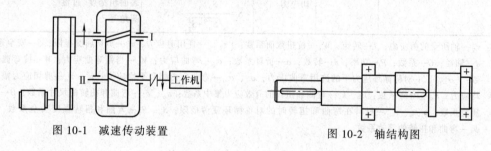

图 10-1　减速传动装置　　　　　　　　图 10-2　轴结构图

按轴强度计算步骤，首先要根据轴的结构绘出正确的受力简图，如图 10-3 所示。

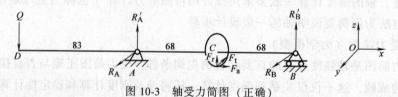

图 10-3　轴受力简图（正确）

此受力简图为一空间力系，作图时尤其要注意以下要点：

1）将齿轮1的 F_t、F_r、F_a 画在啮合点处。

2）Q 与 F_r 在同一平面内。

3）Q 与 F_r 方向相反。

4）F_a 指向右（根据主动轮左右手定则）。

5）力臂、跨距 83mm、68mm 等不能算错。

对此例题容易发生的错误现举例如下：

1. 轴上传动零件作用力方向判断错误

1）带轮压轴力 Q 方向错误，如图 10-4 所示。Q 应与 F_r 方向相反，即向下，如图 10-3 所示。

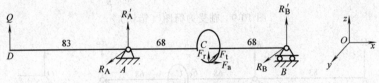

图 10-4　轴受力简图（错误）

2）齿轮受力的啮合点画得不对，如图 10-5 所示。应画在下面，由于啮合点不对也导致 Q 与 F_r 同向的错误。

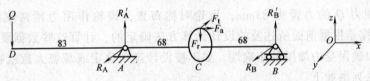

图 10-5　轴受力简图（错误）

啮合点画在上边也可，但必须使 Q 与 F_r 反向，且 F_t 也与图 10-3 中所示的反向，如图 10-6 所示。

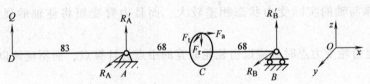

图 10-6　轴受力简图（正确）

3）斜齿轮轴向力 F_a 方向判断错误，如图 10-7 所示。

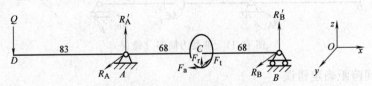

图 10-7　轴受力简图（错误）

4）没有计入斜齿轮轴向力 F_a，如图 10-8 所示。

2. 传动零件作用力所处平面判断错误

带轮压轴力 Q 应与 F_a、F_r 在同一平面，即 xOz 面，而不应与 F_t 在同一平面，如图 10-9 或图 10-10 所示都是错误的。

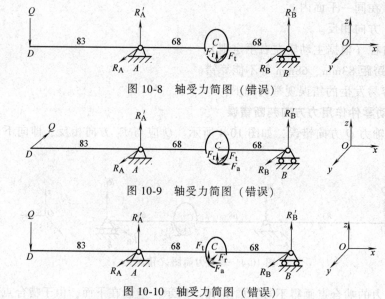

图 10-8　轴受力简图（错误）

图 10-9　轴受力简图（错误）

图 10-10　轴受力简图（错误）

3. 受力简图的力臂或支点间跨距计算有错误

例 1 中压轴力 Q 的力臂为 83mm，齿轮对称布置，齿轮作用力距两支座的距离均为 68mm，这些数据是根据前面所述及的设计计算方法确定的，计算这些数据要依据结构仔细按规则计算，以确保受力简图的正确性，如不按设计规则确定或疏忽大意就容易出现错误。常见的错误作法列举如下。

（1）传动零件受力作用点确定错误

如例 1 中的带轮压轴力 Q 应取在带轮轮毂宽 $B = 50$mm 的中点，而不应取在带轮轮缘宽 $b = 36$mm 的中点，若以 36mm 中点计算，则 Q 的力臂变短为 76mm（见图 10-11），这一力臂计算结果与轴的实际受力状态相差较大，而且力臂变短将使轴的强度计算偏于不安全。

同样，确定齿轮受力点时也应以齿轮轮毂宽的中点为计算点，而不应该以齿轮轮缘宽的中点为计算点。

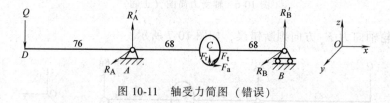

图 10-11　轴受力简图（错误）

（2）支点间跨距确定错误

前已述及受力简图中支点位置的确定与轴承的类型和布置方式有关，例 1 中轴承为深沟球轴承 6407，计算时取轴承宽度中点，若此例中采用角接触轴承（如角接触球轴承、圆锥滚子轴承等），则必须考虑轴承的安装方式。正装与反装时轴承内部附加轴向力的方向与作用点将各有不同，确定支点时必须予以考虑，若没有考虑或正反装混淆，必将导致支点间跨距计算与轴的实际受力状态相差较大。

以上错误主要是绘制受力简图时的错误，如力的方向、力所在平面、力臂和支点间跨距等，这些错误直接导致的是支反力计算错误，而支反力计算错误又将进一步导致力矩和力矩图的错误，直至最后强度计算的错误。

轴的受力简图的绘制仅是轴强度计算的第一步，但即使有了正确的受力简图，接下来的计算中也可能还发生错误。

4. 受力简图正确但支反力计算错误

（1）计算支反力时将 F_a 与 F_t 误认为是一个平面的力

正确计算：F_a 应与 Q、F_r 在同一平面内，即 xOz 面，如图 10-12 所示。

（2）求 xOz 面内支反力时，弯矩 M_a 计算错误

正确计算：$M_a = F_a D/2$（见图 10-12），D 为小齿轮分度圆直径，常犯的错误是将 D 误取为轴径 d_4，使 M_a 计算错误。

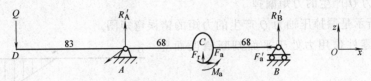

图 10-12　轴受力简图（正确）

（3）M_a 的力矩方向不对

轴向力 F_a 向 C 点平移简化时 M_a 的方向判断错误（见图 10-13），如此，支反力计算也必将错误。

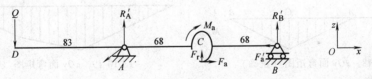

图 10-13　轴受力简图（错误）

（4）支反力符号（正、负值）错误

受力简图中支反力方向一般可先假定，如计算结果为负值，则表示方向与原假设相反，但计算时由于疏忽经常将负号漏掉，致使计算错误。

支反力计算错误将直接导致力矩、力矩图的错误，最后致使强度计算错误。

5. 弯矩图及转矩图错误

弯矩图及转矩图的绘制应按力学有关理论进行，常见的错误如下。

（1）力矩计算漏掉 M_a

例 1 中因为由图 10-13 求出的支反力 R'_B 为负，即与假设方向相反，因此例 1 中的正确弯矩图如图 10-14 所示。若漏掉 M_a 则如图 10-15 所示，是错误的弯矩图。

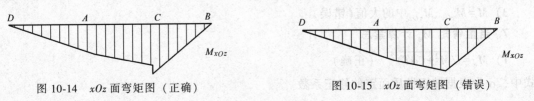

图 10-14　xOz 面弯矩图（正确）　　　　图 10-15　xOz 面弯矩图（错误）

（2）支反力的符号（正、负值）计算错误
导致弯矩图错误

因为按图 10-13 求出的支反力 R'_B 为负，即
与图示方向相反，则图 10-16a 所示的弯矩图其
中 BC 段是正确的，但是 DA 段是错误的，A 点
弯矩应该在坐标轴下侧，因此图 10-16a 为错误
的弯矩图。

因为按图 10-13 求出的支反力 R'_B 为负，即
与图示方向相反，则图 10-16b 所示的弯矩图中
BC 段的弯矩是错误的，BC 段的弯矩应该在坐
标轴下侧，因此图 10-16b 为错误的弯矩图。

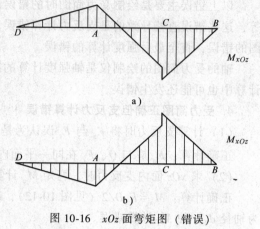

图 10-16　xOz 面弯矩图（错误）

（3）压轴力 Q 产生的力矩漏掉

图 10-17 所示是漏掉压轴力 Q 产生的力矩的错误弯矩图。

（4）传动零件作用力处于平面判断错误而导
致弯矩图错误

本例 xOy 平面的正确弯矩图如图 10-18 所示，
因为该面只有圆周力 F_t 作用，如果传动零件作用
力所处平面判断错误，例如将圆周力 F_t 作用平面

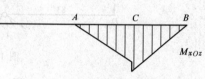

图 10-17　xOz 面弯矩图（错误）

与带的压轴力所作用的平面判断为同一平面，则会导致如图 10-19 所示的错误弯矩图。

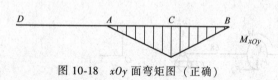

图 10-18　xOy 面弯矩图（正确）

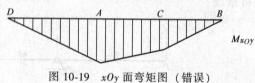

图 10-19　xOy 面弯矩图（错误）

（5）转矩图绘制错误

正确的转矩图如图 10-20 所示。

常发生的错误的转矩图如图 10-21 所示，图 10-21 中所示 CB 段不应有转矩。

图 10-20　转矩图（正确）　　　　　　　　图 10-21　转矩图（错误）

6. 合成弯矩 M 计算禁忌

1）$M = \sqrt{M_{xOy}^2 + M_{xOz}^2}$　（正确）

2）$M = \sqrt{M_{xOy} + M_{xOz}}$　（错误）

3）$M = M_{xOy}$、M_{xOz} 中的大值（错误）

7. 当量弯矩 M_e 计算禁忌

1）$M_e = \sqrt{M^2 + (\alpha T)^2}$　（正确）

式中，α 为根据转矩性质而定的修正系数。

2）$M_e = \sqrt{M^2 + T^2}$ （错误）

3）$M_e = M + T$ （错误）

4）$M_e = M$ （错误）

5）α 取值禁忌

例 1 中的 M_e 的计算：取 $\alpha \approx 0.6$ （正确）

取 $\alpha \approx 1$ （错误）

取 $\alpha \approx 0.3$ （错误）

修正系数 α 应根据轴工作中转矩的性质而定，一般对于不变的转矩 $\alpha \approx 0.3$，对于脉动的转矩 $\alpha \approx 0.6$，对于对称的转矩 $\alpha = 1$。应当指出的是上述所谓的不变的转矩只是理论上可以这样认为，实际上机器运转不可能完全均匀，且有扭转振动存在，故为安全考虑，常按脉动计算。例 1 中的轴 I 工作时的转矩性质即属此类，所以计算其当量弯矩 M_e 时应取 $\alpha \approx 0.6$，而不宜取 $\alpha \approx 0.3$。

以上列举的 M、M_e 计算的种种错误也都将导致当量弯矩图绘制错误。

力矩图绘制的正确与否对轴的强度计算有很大影响，因轴强度校核要根据各截面力矩的大小（即力矩图）来确定危险截面，如果力矩图不正确，则不能正确反应轴的受力状态，因而危险截面也容易判断错误。

轴力矩图的绘制理论是依据力学的基本理论，所以要想准确而快速地绘出正确的力矩图，需要扎实的力学知识，要多加强这方面的学习。图 10-22 所示为一些轴常见的受力简图及其弯矩图（见图 10-22a~c）和转矩图（见图 10-22d），以及常见的错误弯矩图。

8. 危险截面判断错误

误认为弯矩最大处一定是最危险截面。

例 1 中轴结构与相应的当量弯矩图如图 10-23 所示，弯矩 M_e 最大处为 I-I 截面，此处弯矩最大，但不一定是最危险截面，计算结果表明 II-II 截面比 I-I 截面更危险，所以不能只计算 M_e 最大的截面处。

9. 计算时没有考虑键槽等对轴强度削弱的影响

例 1 中轴与齿轮、带轮均用平键连接，强度计算时必须予以考虑。

10. 轴强度计算时禁忌不画受力简图和弯矩图

轴的受力简图和弯矩图能清楚地表达轴的受力状态，不可因其工作量比较大而省略这一步。实践表明，只进行数值计算不画受力图和力矩图，由于数据罗列太多，极易算错，反而欲速而不达。

11. 轴上相关零件改变应重新进行轴的强度计算

轴的强度计算是在轴的结构已定的基础上进行的，而轴的结构又是根据轴上相关零件结构确定的，所以若轴上相关零件改变，例如轴承由于寿命不足而改用新的型号，或轴上传动零件轮毂长有改变等，则必须重新进行轴的结构设计，轴的强度也必须重新进行计算。怕麻烦，只做局部修改计算或抱差不多思想等，均应禁忌。

12. 重要的轴必须进行安全系数法校核

安全系数法校核计算也是在结构设计后进行，不仅要定出轴的各段直径，而且要定出过渡圆角、轴毂配合、表面粗糙度等细节。安全系数法计算精度高，主要用于重要的轴，计算时需查阅许多有关资料，计算量大，也比较复杂，需要设计者的仔细和耐心，禁忌粗心大意，更禁忌对重要的轴由于怕麻烦而不采用安全系数法。前已述及的其他方法计算精度都低于安全系数法，由于计算精度不高，很难保证轴强度的安全性。

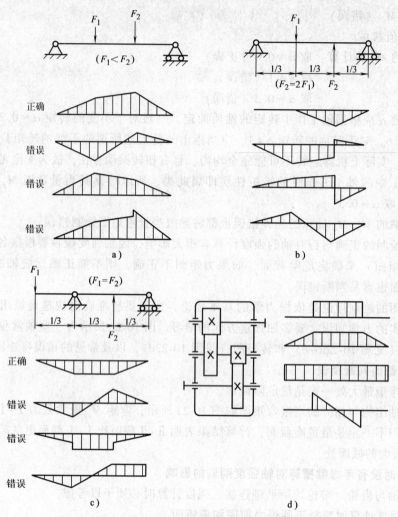

图 10-22 轴的正、误弯矩图和转矩图

a)、b)、c) 轴的正、误弯矩图 d) 减速器中间轴转矩图

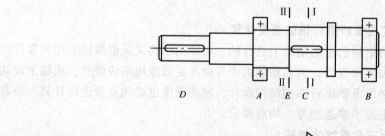

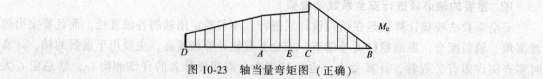

图 10-23 轴当量弯矩图（正确）

10.3 轴的结构设计及禁忌

10.3.1 轴结构设计原则

由于影响轴结构因素很多，其结构随具体情况的不同而异，所以轴没有标准的结构形式，设计时须针对不同情况进行具体分析。轴的结构主要取决于：轴上载荷的性质、大小、方向及分布情况；轴上零件的类型、数量、尺寸、安装位置、装配方案、定位及固定方式；轴的加工及装配工艺以及轴的材料选择等。一般应遵循的原则是：

1）轴的受力合理，有利于提高轴的强度和刚度。

2）合理确定轴上零件的装配方案。

3）轴上零件应定位准确，固定可靠。

4）轴的加工、热处理、装配、检验和维修等应有良好的工艺性。

5）应有利于提高轴的疲劳强度。

6）轴的材料选择应注意节省材料，减轻重量。

依照上述原则，将有关设计问题及其禁忌分述如下。

10.3.2 符合力学要求的轴上零件布置及设计禁忌

1. 合理布置轴上零件，减小轴所受转矩

合理布置和设计轴上零件能改善轴的受载状况。如图 10-24 所示的转轴，动力由轮 1 输入，通过轮 2、3、4 输出。按图 10-24a 所示布置，轴所受的最大转矩为 $T_{max} = T_2 + T_3 + T_4$；若按图 10-24b 所示布置，将图 10-24a 中所示的输入轮 1 的位置改为放置在输出轮 2 和 3 之间，则轴所受的转矩 T_{max} 将减小为 $T_3 + T_4$。

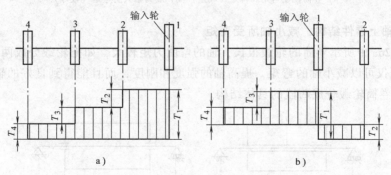

图 10-24 轴上零件的布置
a）较差 b）较好

又如图 10-25 所示的卷扬机卷筒的两种结构方案中，图 10-25a 所示的方案是大齿轮将转矩通过轴传到卷筒，卷筒轴既受弯矩又受转矩，图 10-25b 所示的方案是卷筒和大齿轮连在一起，转矩经大齿轮直接传给卷筒，因而卷筒轴只受弯矩，与图 10-25a 所示的结构相比，在同样载荷 F 作用下，图 10-25b 中所示卷筒轴的直径显然可比图 10-25a 中所示的直径小。

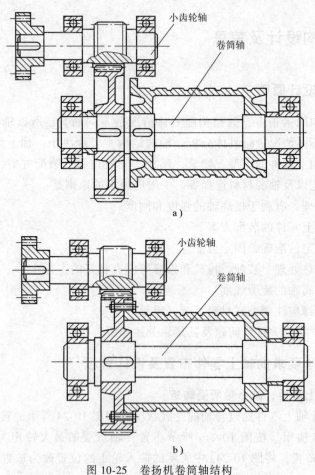

图 10-25　卷扬机卷筒轴结构

a）卷筒轴受弯矩和转矩（较差）　b）卷筒轴只受弯矩（较好）

2. 改进轴上零件结构，减小轴所受弯矩

如图 10-26a 中所示卷筒的轮毂很长，轴的弯曲力矩较大，如把轮毂分成两段，如图 10-26b 所示，不仅可以减小轴的弯矩，提高轴的强度和刚度，而且能得到良好的轴孔配合。图 10-25 所示是卷筒轮毂分成两段的具体结构。

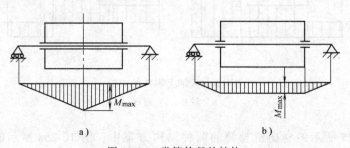

图 10-26　卷筒轮毂的结构

a）轴的弯矩较大（较差）　b）轴的弯矩较小（较好）

3. 采用载荷分流减小轴的载荷

如图 10-27a 所示，一个轴上有两个齿轮，动力由其他齿轮（图中未画出）传给齿轮 A，

通过轴使齿轮 B 一起转动，轴受弯矩和转矩的联合作用。如将两齿轮做成一体，即齿轮 A、B 组成双联齿轮，如图 10-27b 所示，转矩直接由齿轮 A 传给齿轮 B，则此轴只受弯矩，不受转矩。

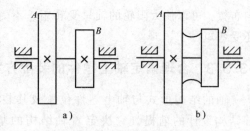

图 10-27　分装与双联齿轮
a）分装齿轮，轴受弯矩和转矩（较差）
b）双联齿轮，轴只受弯矩（较好）

　　改进受弯矩和转矩联合作用的转轴或轴上零件的结构，可使轴只受一部分载荷。某些机床主轴的悬伸端装有带轮（见图 10-28a），刚度低，采用卸荷结构（见图 10-28b）可以将带传动的压轴力通过轴承及轴承座分流给箱体，而轴仅承受转矩，减小了弯曲变形，提高了轴的旋转精度。图 10-28b 所示的详细结构可参见图 10-28c。

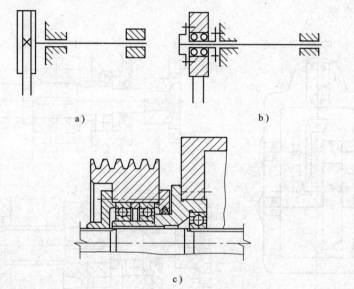

图 10-28　载荷分流与卸荷带轮结构
a）较差　b）较好　c）卸荷带轮结构

4. 采用力平衡或局部互相抵消的办法减小轴的载荷

　　如类似图 10-27a 所示的一根轴上有两个斜齿圆柱齿轮，可以通过正确设计齿的螺旋方向，使轴向力互相抵消或部分抵消。又如图 10-29a 所示的行星齿轮减速器，由于行星轮均

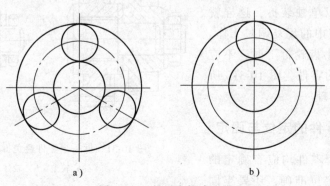

图 10-29　行星齿轮减速器
a）太阳轮轴只受转矩（较好）　b）太阳轮轴受弯矩和转矩（较差）

匀布置，可以使太阳轮的轴只受转矩，不受弯矩，而图 10-29b 所示的太阳轮轴不仅受转矩还受弯矩。

13.3.3　合理确定轴上零件的装配方案

轴的结构形式与轴上零件位置及其装配方案有关，拟定轴上零件的装配方案是进行轴结构设计的前提，它决定着轴结构的基本形式，所谓装配方案，就是确定出轴上主要零件的装配方向、顺序和相互关系。拟定装配方案时，一般应考虑几个方案，分析比较后择优选定。如图 10-30a 所示的圆锥-圆柱齿轮减速器的输出轴的两种装配方案，图 10-30b 中所示的齿轮从轴的左端装入，图 10-30c 中所示的齿轮从轴的右端装入，后者较前者多一个长的定位套筒，使机器的零件增多，重量增大，显然图 10-30b 所示的装配方案较为合理。

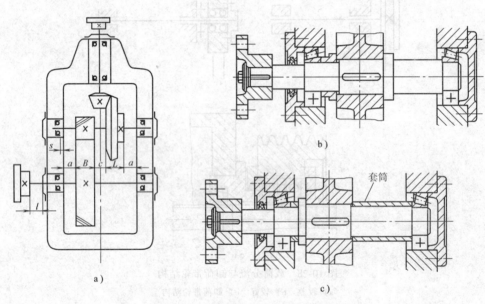

图 10-30　减速器输出轴上零件装配方案

拟定轴上零件装配方案时，应避免各零件之间的装配关系相互纠缠，其中主要零件可以单独装拆，这样就可以避免许多安装中的反复调整工作。如图 10-31a 中的小齿轮拆下时，不应必须拆下轴左侧的零件，图 10-31b 所示的结构则比较合理。

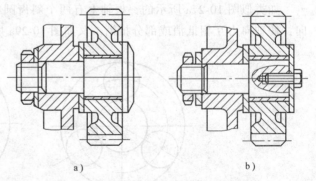

图 10-31　拆一个零件避免拆下其他零件

a) 较差　b) 较好

10.3.4　轴上零件的定位与固定

轴上的每一个零件均应有确定的工作位置，既要定位准确，还要牢固可靠，下面就轴上零件的轴向定位与固定、周向固定及设计禁忌分述如下。

1. 轴上零件轴向定位与固定

零件在轴上沿轴向应准确定位和可靠固定，使其有准确的位置，并能承受轴向力而不产生轴向位移，常用的轴向定位与固定方法一般是利用轴本身的组成部分，如轴肩、轴环、圆锥面和过盈配合，或者是采用附件，如套筒、圆螺母、弹性挡圈、挡环、紧定螺钉和销钉等。

（1）轴肩和轴环

为使零件安装到轴的正确位置上，轴一般制成阶梯形轴肩或轴环（见图 10-32a）。如不采用定位轴肩或轴环等方法，则很难限定零件在轴上的正确位置（见图 10-32b）。

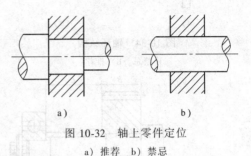

图 10-32　轴上零件定位
a）推荐　b）禁忌

轴肩或轴环定位方便可靠，但应注意轴上的过渡圆角半径 r 要小于相配零件的倒角尺寸 c_1 或圆角半径 r_1（见图 10-33 a、b），以保证端面靠紧；同时，为使零件端面与轴肩或轴环有一定的平面接触，轴肩或轴环的高度 h 应取为 $(2\sim3)c_1$ 或 $(2\sim3)r_1$，而 $r>c_1$ 和 $h<c_1$ 都是不允许的（见图 10-33c、d）。在定位与固定准确可靠的前提下，应尽量使 h 小些，r 大些，以减小应力集中。

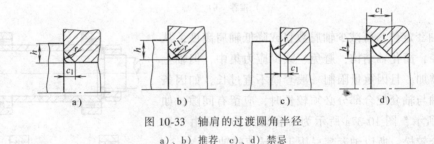

图 10-33　轴肩的过渡圆角半径
a）、b）推荐　c）、d）禁忌

轴环的功用及尺寸参数与轴肩相同，为使其在轴向力作用下具有一定的强度和刚度，轴环宽度 b 禁忌太小（见图 10-34a），一般应取 $b\geqslant1.4h$（见图 10-34b）。

圆锥形轴端能使轴上零件与轴保持较高的同心度，且连接可靠，但不能限定零件在轴上的正确位置，尤其要注意避免采用双重配合结构。如图 10-35a 所示，禁忌采用锥体配合阶梯的定位结构，因为各尺寸的精度很难达到预期的理想程度，所以难以实现正确的定位，装配时容易卡死。需要限定准确的轴向位置时，只能改用圆柱形轴端加轴肩才是可靠的，如图 10-35b 所示。

（2）轴套和圆螺母

1）轴套是借助于位置已确定的零件来定位的，与其他方式结合可同时实现两相邻零件沿轴向的双向固定。如图 10-36 所示，采用轴套、轴端挡圈和螺钉来固定齿轮和滚动轴承内圈的情况，为使定位准确和固定可靠，装齿轮的轴段长度 l_1 应略小于齿轮轮毂的宽度 B（见图 10-36a），一般取 $l_1=B-(2\sim3)\,\mathrm{mm}$，并且 (l_1+l_2) 应略小于 $(B+L)$，L 为轴套长。禁忌采用图 10-36b 所示不合理结构，因为图 10-36b 所示（$B=l_1$，$B+L=l_1+l_2$）结构由于加工误差等极易造成套筒两端面与齿轮、轴承两端面间出现间隙，致使轴上零件不能准确定位与可靠固定。若取 $B<l_1$，$B+L<l_1+l_2$，则上述问题将更为严重。

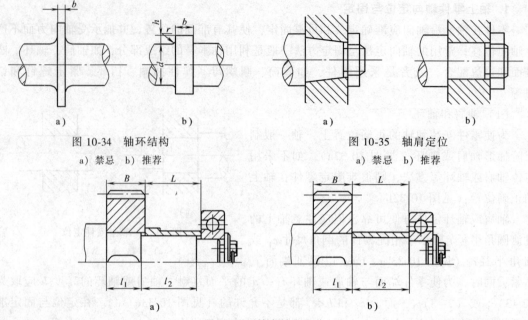

图 10-34　轴环结构
a）禁忌　b）推荐

图 10-35　轴肩定位
a）禁忌　b）推荐

图 10-36　轴套轴向定位
a）推荐　b）禁忌

采用轴套定位，可减少轴肩数目或降低轴肩高度，从而缩小轴径，简化轴结构，避免、减少应力集中，但轴上零件数目增加，且因重量限制一般套筒不宜过长，如因条件特殊，轴与轴套配合部分必须较长时，应留有间隙，如图 10-37b 所示，图 10-37a 所示为不合理结构。又由于套筒与轴配合较松，所以轴套禁忌用于高转速的轴上。

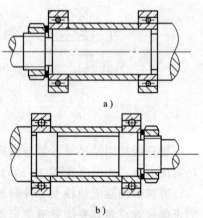

2）圆螺母一般用于固定轴端零件，也可在零件之间距离较大、且允许在轴上车制螺纹时，用来代替套筒固定轴中段的零件（见图 10-38a），以减轻结构重量。为防止螺母松动，常采用双螺母或圆螺母加止动垫圈的方式防松，采用止动垫圈时，要注意止动垫圈外侧卡爪弯折入螺母槽中以后，常有止动不灵的情况，这是因为止动垫圈内侧舌片处于轴上螺纹退刀槽部分，止动垫圈

图 10-37　轴与套筒配合较长时
应留有间隙
a）禁忌　b）推荐

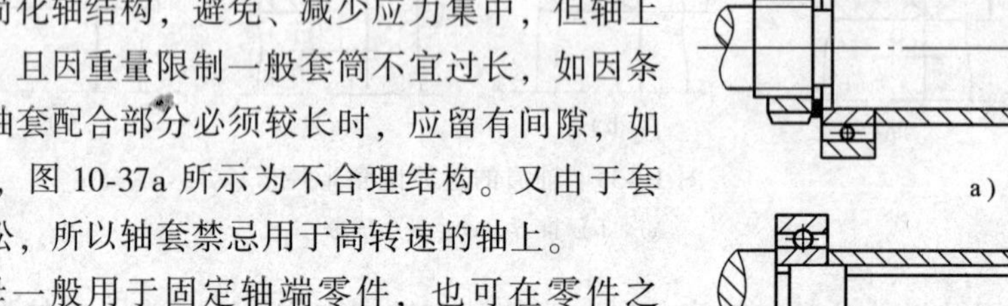

未能起到止转作用（见图 10-38b），因此轴上的螺纹长度必须确保安装时内侧舌片处于止动沟槽内（见图 10-38c），而不是在退刀槽内。

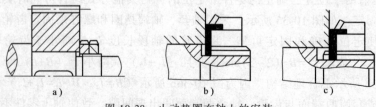

图 10-38　止动垫圈在轴上的安装
a）、c）推荐　b）禁忌

与前述轴套定位问题类似，采用螺母压紧安装在轴上的零件时，禁忌轴的配合部分长 l 和安装在轴上零件的轮毂长 L 相等（见图 10-39a），因为螺母极易在压到零件之前就碰到了轴，因而出现压不紧的情况，不能实现轴上零件的定位与可靠固定，一般应使轴的配合部分长 l 略小于零件轮毂长 $L(2\sim3)$ mm（见图 10-39b），以保证有一定的压紧尺寸差。

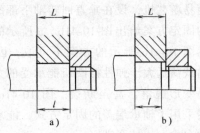

图 10-39　零件轴向定位的压紧尺寸差
a）禁忌　b）推荐

3）用螺母固定轴上零件时，为了防止在起动、旋转和停止时松弛，螺纹的切制应遵照轴的旋向有助于旋紧的原则，如果是向左旋转则为左旋螺纹，如为向右旋转则为右旋螺纹。但对于在驱动一侧装有制动器，反复进行快速减速、快速停止等例外轴系，则应与此相反。

（3）弹性挡圈与轴端挡圈

1）弹性挡圈大多与轴肩联合使用（见图 10-40a），也可在零件两边各用一个挡圈（见图 10-40b），使零件沿轴向定位和固定，其结构简单，装拆方便。弹性挡圈一般不用于承受轴向载荷，只起轴向定位与固定作用，所以为防止零件脱出，弹性挡圈一定要装牢在轴槽中（见图 10-40a、b），禁忌把弹性挡圈不适当地装入轴槽或倾斜安装（见图 10-40c），即使在轻

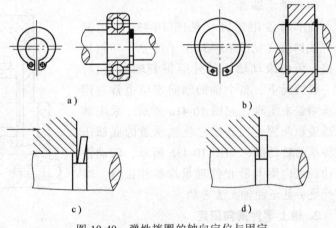

图 10-40　弹性挡圈的轴向定位与固定
a）、b）、d）推荐　c）禁忌

微的轴向力反复作用下，弹性挡圈也很容易脱落。图 10-40d 所示为正确安装的放大图。

由于弹性挡圈需要在轴上开环形槽，对轴的强度有削弱，所以这种固定方式只适用于受力不大的轴段或轴的端部，禁忌用弹性挡圈来承受较大的轴向力。例如，图 10-41a 所示的

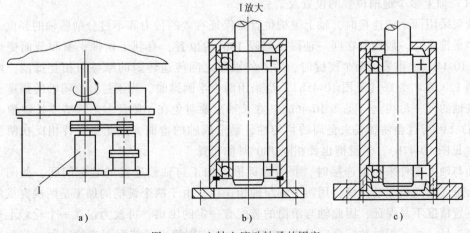

图 10-41　立轴上滚动轴承的固定

简易游艺机，设在垂直回转轴下部的滚动轴承的固定方案给出图 10-41b、c 所示的两种，显然图 10-41b 所示的方案不可取，因承受的轴向载荷远大于弹性挡圈所能承受的力，挡圈极易变形脱落，甚至断裂。图 10-41c 所示的方案采用了轴承端盖的固定方式，能承受较大的轴向力，比较合理。

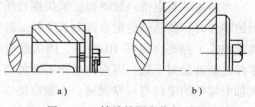

图 10-42　轴端挡圈定位与固定
a) 推荐　b) 禁忌

2) 轴端挡圈一般与轴肩结合，可使轴端零件获得轴向定位与双向固定，挡圈用螺钉紧固在轴端，并压紧被固定零件的端面（见图 10-42a）。此种方法简单可靠，装拆方便，能承受振动和冲击载荷，为使挡圈在轴端更好地压紧被固定零件的端面，同前面采用轴套、螺母定位一样，应使轴的配合部分长小于轴上零件配合部分长 2~3mm。禁忌采用图 10-42b 所示的结构。

（4）轴承端盖

轴承端盖用螺钉（见图 10-43a 下半部分）或榫槽（见图 10-43a 上半部分）与箱体连接，而使滚动轴承的外圈得到轴向定位，在一般情况下，整个轴的轴向定位也常利用轴承端盖来实现，如图 10-41a 所示。采用轴承端盖轴向固定时，禁忌使轴承盖的底部压住轴承的转动圈，如图 10-43b 所示，转动件滚动轴承内圈与静止件轴承端盖相接触，摩擦严重，甚至使轴无法转动。

2. 轴上零件周向固定

轴上传递转矩的零件除轴向定位与固定外，还须周向固定，以防零件与轴之间发生相对转动。常用的周向固定方法有键连接、销、

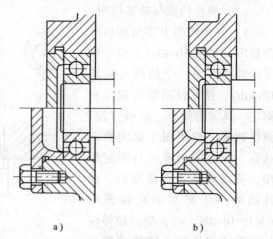

图 10-43　轴承端盖的轴向定位与固定
a) 推荐　b) 禁忌

紧定螺钉、过盈配合和型面连接等。这些连接的常规设计及其禁忌详见第 2、3 两章，本章仅就与轴结构较为相关的一些具体问题叙述如下。

（1）轴上多个键槽位置的设置及禁忌

轴毂采用两个键连接时，轴上键槽位置要保证有效的传力和不过分削弱轴的强度。当采用两个平键时，一般设置在同一轴段上相隔 180° 的位置，有利于使轴平衡和截面变化均匀（见图 10-44b）。当采用两个楔键时，为不使轴毂之间传递转矩的摩擦力相互抵消，两键槽应相隔 120° 左右为好（见图 10-45b）。当采用两个半圆键时，为不过分削弱轴的强度，则应设置在轴的同一母线上（见图 10-46b）。在长轴上要避免在一侧开多个键槽或长键槽（见图 10-47a），因为这会使轴丧失全周的均匀性，易造成轴的弯曲，因此要交替相反在两侧布置键槽（见图 10-47b），长键槽也要相隔 180° 对称布置。

轴与轴上零件采用键连接时，要考虑键槽的加工与轴毂连接的装配问题，如图 10-48a 所示为带式输送机驱动滚筒，用两个键与轴相连接，由于两个键槽的加工是两次完成的，键槽的位置精度不易保证，因此轴与滚筒的装配有一定的困难，可改为仅在一个轮毂上加工一个键槽，另一端采用过盈配合（见图 10-48b），这样则解决了装配困难的问题。若两端均采

用过盈配合可不用键。

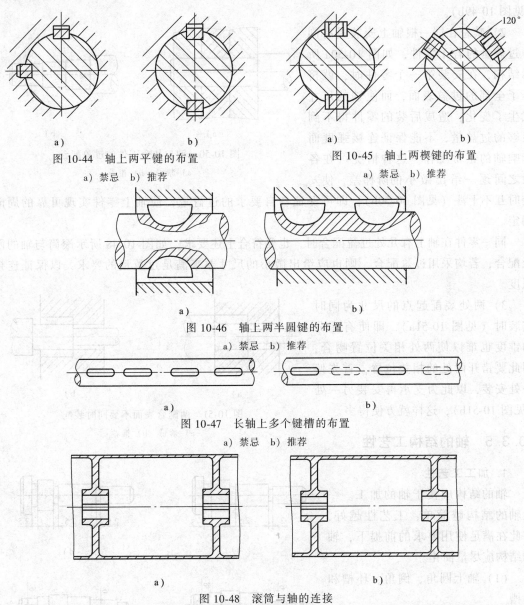

a)　　　　　　　　b)

图 10-44　轴上两平键的布置

a）禁忌　b）推荐

a)　　　　　　　　b)

图 10-45　轴上两楔键的布置

a）禁忌　b）推荐

a)　　　　　　　　b)

图 10-46　轴上两半圆键的布置

a）禁忌　b）推荐

a)　　　　　　　　b)

图 10-47　长轴上多个键槽的布置

a）禁忌　b）推荐

a)

图 10-48　滚筒与轴的连接

a）禁忌　b）推荐

（2）轴与轴上零件采用过盈配合的设计及禁忌

1）轴毂连接采用过盈配合常用压入法或加热法进行安装，装拆都不甚方便，所以要特别注意减小其装拆困难。将零件装到轴上时，即使不是过盈配合，如果装配的起点呈尖角，在安装时将很麻烦（见图 10-49a），为

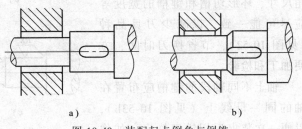

a)　　　　　　　　b)

图 10-49　装配起点倒角与倒锥

a）禁忌　b）推荐

了使安装容易和平稳，便于装配，应将两零件的起点或者至少其中一个零件制成倒角或倒锥（见图 10-49b）。

2）禁忌在同一根轴上安装具有同一过盈量的若干零件，如图 10-50a 所示结构，在安装第一个零件时，就挤压了全部的过盈表面，而使轴的尺寸发生了变化，造成后装的零件得不到足够的过盈量，不能保证连接强度而影响轴的正常工作。这种情况可在各段之间逐一给出微小的阶梯差，使安

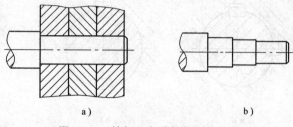

图 10-50　轴与几个零件的过盈配合
a）禁忌　b）推荐

装时互不干涉（见图 10-50b），即可保证各自要求的过盈量，使轴上零件实现可靠的周向固定。

同一零件在轴上有几处过盈配合时，也要符合上述要求，如图 10-48 所示滚筒与轴的两处配合，若均采用过盈配合，则也应给出微小的尺寸差来满足过盈量的要求，以保证连接强度。

3）两处装配起点的尺寸为同时安装时（见图 10-51a），即使有充分的锥度也难以使两处相关位置吻合，因此要错开两处的相关位置，首先使一处安装，以此为支承再安装另一处（见图 10-51b），这样就方便得多。

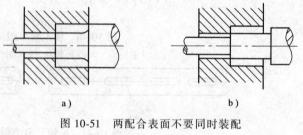

图 10-51　两配合表面不要同时装配
a）禁忌　b）推荐

10.3.5　轴的结构工艺性

1. 加工工艺性

轴的结构应便于轴的加工。一般轴的结构越简单，工艺性越好，因此在满足使用要求的前提下，轴的结构应尽量简化。

（1）轴上圆角、倒角、环槽和键槽

一根轴上所有的圆角半径、倒角尺寸、环形切槽和键槽的宽度等应尽可能一致，以减少刀具品种（见图 10-52），节省换刀时间，方便加工和检验。

轴上不同轴段的键槽应布置在轴的同一母线上（见图 10-53b），以便一次装夹后用铣刀铣出。如像图 10-53a 所示那样两键槽位置不在

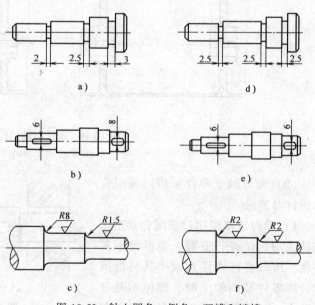

图 10-52　轴上圆角、倒角、环槽和键槽
a）、b）、c）禁忌　d）、e）、f）推荐

同一方向，则加工时需二次定位，工艺性差。

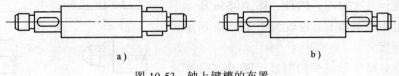

图 10-53　轴上键槽的布置

a) 禁忌　b) 推荐

（2）越程槽与退刀槽

轴的结构中，应设有加工工艺所需的结构要素。例如，需要磨削的轴段，阶梯处应设砂轮越程槽（见图 10-54b）；需切削螺纹的轴段，应设螺纹退刀槽（见图 10-55b）。

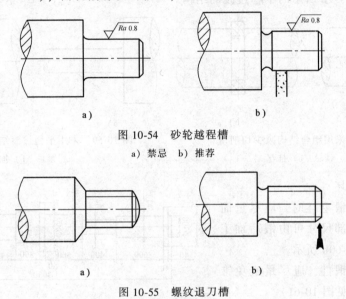

图 10-54　砂轮越程槽

a) 禁忌　b) 推荐

图 10-55　螺纹退刀槽

a) 禁忌　b) 推荐

如图 10-56a 所示结构，锥面两端点退刀困难，耗费工时，可改为图 10-56b 所示的结构，则比较合理。

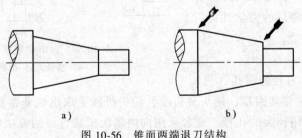

图 10-56　锥面两端退刀结构

a) 禁忌　b) 推荐

（3）轴结构应有利于切削及切削量少

轴的结构设计应有利于切削，一般而言，球面、锥面应尽量避免，而优先选用柱面（见图 10-57）。图 10-57a 所示结构看上去比图 10-57b 所示结构简单，实则不然。图 10-57b

所示结构用车削加工能加工全长，而图 10-57a 所示结构则要进行几次加工。同理，图 10-55a 所示的轴端结构也不利于加工，应改为图 10-55b 所示的结构较为合理。

轴结构设计应尽量减少切削量，图 10-58a 所示结构有切削量过大问题，可以考虑将整体结构改为组合结构，如图 10-58b 所示，可以减少切削量，降低成本。又如图 10-59a 所示结构切削量也过大，且受力状况不良，可考虑在不妨碍功能的前提下改为图 10-59b 所示的平稳过渡的结构。

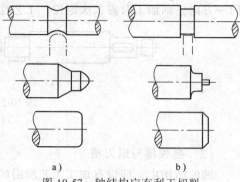

图 10-57　轴结构应有利于切削
a) 禁忌　b) 推荐

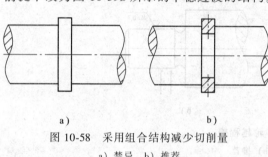

图 10-58　采用组合结构减少切削量
a) 禁忌　b) 推荐

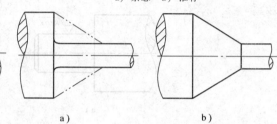

图 10-59　采用平稳过渡结构减少切削量
a) 禁忌　b) 推荐

（4）轴的毛坯

轴采用自由锻毛坯时，应尽量简化锻件形状，局部尺寸可由锻后加工来实现，如图 10-60b 所示。

轴采用自由锻件，应尽量避免锥形和倾斜平面（见图 10-61）。

不论是锻造还是轧制，毛坯心部的力学性能都大大低于表面，因此应尽量锻造成接近最终形状的毛坯，避免切削零件的外周，如图 10-62c、d 所示，既保持了热处理后的力学性质，又减少了机加工工作量。

（5）轴上钻小孔

禁忌在轴上钻小直径的深孔（见

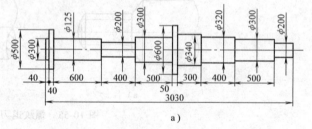

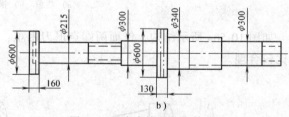

图 10-60　自由锻形状宜简化
a) 禁忌　b) 推荐

图 10-63a），因为加工非常困难，钻头易折断，钻头折断了取出也非常困难，所以一般要根据孔的深度尽可能选用稍大的孔径，或者采用向内依次递减直径的方法（见图 10-63b）。

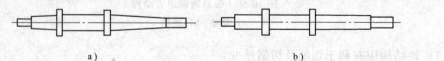

图 10-61　自由锻件避免锥形和倾斜平面
a) 禁忌　b) 推荐

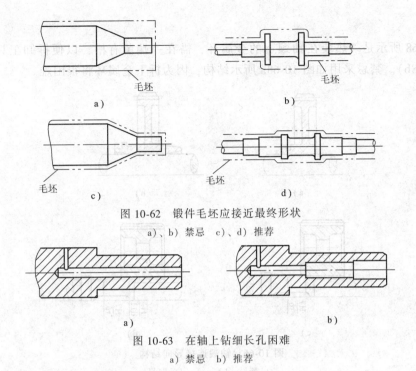

图 10-62　锻件毛坯应接近最终形状

a）、b）禁忌　c）、d）推荐

图 10-63　在轴上钻细长孔困难

a）禁忌　b）推荐

（6）配合尺寸与配合精度

相同的加工精度要求，配合公称尺寸越小，加工越容易，加工精度也越容易提高，因此在结构设计时，应使有较高配合精度要求的工作面的面积和两配合表面之间的距离尽可能小。图 10-64 所示轴的轴向固定应尽可能在一个轴承上实现，这样由于两配合面之间的距离显著减小（见图 10-64b），轴承端面的挡圈的配合精度可提高很多。

2. 装配工艺性

轴的结构应便于轴上零件的装拆。为避免装拆时擦伤配合表面，应将配合的圆柱表面作成阶梯形（见图 10-65b）；为防止毂在轴上楔住，可增加导向长度（见图 10-66b）；轴上过盈配合轴段的装入端应设倒角或加工成导向锥面，若还附加有键，则键槽应延长到圆锥面处，以便装拆时轮毂上键槽与键对中（见图 10-66c、d）；也可在同一轴段的两个部位采用不同的尺寸公差，如图 10-66d 所示，装配时前段采用间隙配合 H7/d11，后段采用过盈配合 H7/r6，这样也可使轴与齿轮的装配较为方便。

固定轴承的轴肩高度应低于轴承内圈厚度，一般不大于内圈厚度的 3/4（见图 10-67）。如轴肩过高，如图 10-67 双点画线所示，将不便于轴承的

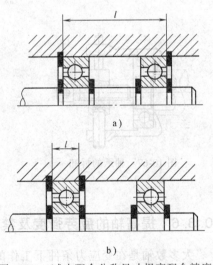

图 10-64　减小配合公称尺寸提高配合精度

a）禁忌　b）推荐

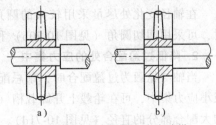

图 10-65　配合圆柱面应有阶梯

a）禁忌　b）推荐

拆卸。

图 10-68 所示是一热装在轴颈上的金属环，需在一端留有槽，以便拆卸工具有着力点（见图 10-68b）。禁忌采用如图 10-68a 所示结构，因为拆下金属环将很困难。

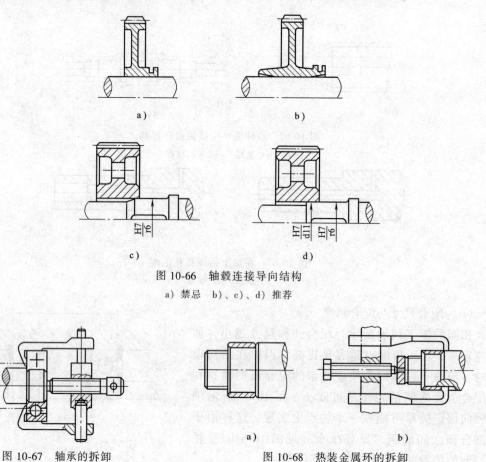

图 10-66　轴毂连接导向结构

a）禁忌　b）、c）、d）推荐

图 10-67　轴承的拆卸　　　　　图 10-68　热装金属环的拆卸

a）禁忌　b）推荐

10.3.6　提高轴的疲劳强度及禁忌

大多数轴是在变应力条件下工作的，其疲劳损坏多发生于应力集中部位，因此设计轴的结构必须要尽量减少应力集中源和降低应力集中的程度。其常用的措施有：

1. 避免轴的剖面形状及尺寸急剧变化（见图 10-69a）

在轴径变化处尽量采用较大的圆角过渡（见图 10-69b），当圆角半径的增大受到限制时，可采用凹切圆角（见图 10-70b）和过渡肩环（见图 10-70c）等结构。

2. 降低过盈配合处的应力集中

当轴与轮毂为过盈配合时，禁忌配合的边缘处产生较大的应力集中（见图 10-71a），为减小应力集中，可在轮毂上开卸载槽（见图 10-71b），轴上开卸载槽（见图 10-71c），或者加大配合部分的直径（见图 10-71d）。由于配合的过盈量越大，引起的应力集中也越严重，所以在设计中应合理选择零件与轴的配合。

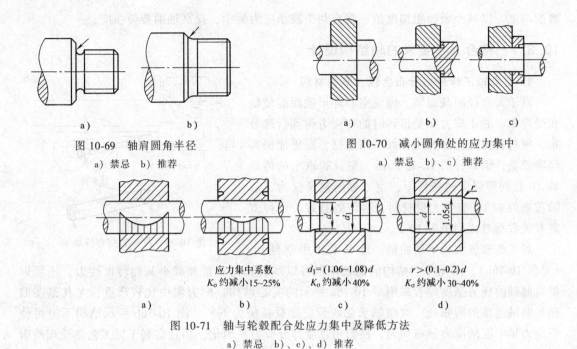

图 10-69　轴肩圆角半径

a）禁忌　b）推荐

图 10-70　减小圆角处的应力集中

a）禁忌　b）、c）推荐

应力集中系数
K_σ 约减小15~25%

$d_1 = (1.06 \sim 1.08)d$
K_σ 约减小40%

$r > (0.1 \sim 0.2)d$
K_σ 约减小30~40%

a）　　　　b）　　　　c）　　　　d）

图 10-71　轴与轮毂配合处应力集中及降低方法

a）禁忌　b）、c）、d）推荐

3. 减小轴上键槽引起的应力集中

轴上有键槽的部分一般是轴的较弱部分，因此对这部分的应力集中要给予注意，必须按国家标准规定给出键槽的圆角半径 r（见图 10-72b）；为了不使键槽的应力集中与轴阶梯的应力集中相重合，要避免把键槽铣削至阶梯部位（见图 10-73a）；用盘铣刀铣出的键槽要比用端铣刀铣出的键槽应力集中小（见图 10-74b）；渐开线花键的应力集中要比矩形花键小，花键的环槽直径 d 不宜过小，可取其等于花键的内径 d_1（见图 10-74c）。

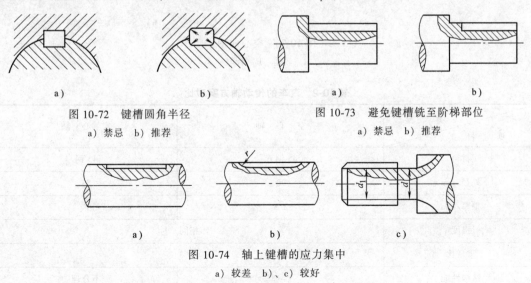

图 10-72　键槽圆角半径

a）禁忌　b）推荐

图 10-73　避免键槽铣至阶梯部位

a）禁忌　b）推荐

a）　　　　　　b）　　　　　　c）

图 10-74　轴上键槽的应力集中

a）较差　b）、c）较好

4. 改善轴的表面质量

轴表面的加工刀痕，也是一种应力集中源，因此对受变载荷的重要的轴，可采用精车或磨削加工，以减小表面粗糙度值，将有利于减小应力集中，提高轴的疲劳强度。

10.3.7　符合力学要求的轴结构设计

1. 空心轴工作应力分布合理、节省材料

对于大直径圆截面轴，做成空心环形截面能使轴在受弯矩时的正应力和受扭转时的切应力得到合理分布，使材料得到充分利用，如采用型材，则更能提高经济效益。例如，图 10-75 所示，解放牌汽车的传动轴 AB 在同等强度的条件下，空心轴的重量仅为实心轴重量的 1/3，节省大量材料，经济效益好。两种方案有关数据对比列于表 10-2。

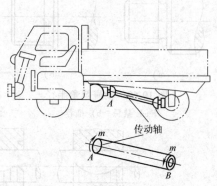

图 10-75　汽车的空心传动轴

对于传递较大功率的曲轴，也可采用中空结构（见图 10-76b），采用中空结构的曲轴不但可以减轻轴的重量和减小其旋转惯性力，还可以提高曲轴的疲劳强度。若采用图 10-76a 所示的实心结构，应力集中比较严重，尤其是在曲柄与曲轴连接的两侧处，对曲轴承受疲劳交变载荷极为不利。图 10-76b 所示结构不但可使原应力集中区的应力分布均匀，使圆角过渡部分应力平坦化，而且有利于后工艺热处理所引发的残余应力的消除。

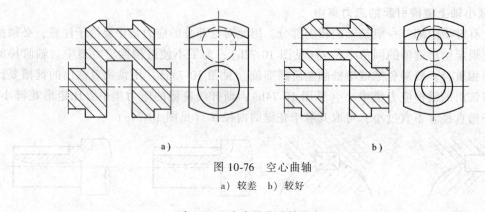

a)　　　　　　　　　　　　　b)

图 10-76　空心曲轴
a) 较差　b) 较好

表 10-2　汽车的传动轴方案对比

类　型 项　目	空　心　轴	实　心　轴
材料	45 钢管	45 钢
外径/mm	90	53
壁厚/mm	2.5	/
强度	相同	
重量比	1：3	
结构性能	合理	不合理

值得指出的是，在空心轴上使用键连接时，必须注意轴的壁厚，禁忌造成因开设键槽，而使键槽部位的壁厚变薄（见图 10-77a），因为这有可能使轴的强度过分变弱，从而导致轴

的破坏，因此一般空心轴上均选用薄形键。此外，对需要开键槽的空心轴，仍要适当增加其壁厚（见图 10-77b）。

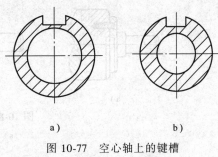

图 10-77　空心轴上的键槽
a）禁忌　b）推荐

2. 等强度设计原则

轴的强度条件是通过最大工作应力等于或小于材料许用应力来满足的，这样，最大应力以外的地方的应力均未达到许用值，材料未得到充分利用，造成浪费，重量大，运转时也耗能，解决此问题的理想作法是使轴的应力处处相等，即等强度（见图 10-78a），但实际上由于轴结构设计的相关因素太多，只能大体上遵循这一原则。例如，图 10-78b 所示的阶梯轴，中段直径大于两侧轴径，基本上符合等强度原则，而图 10-78c 所示则不可取。图 10-79a 所示减速器的齿轮轴，其中段齿根圆直径小于两侧的轴径，则违背等强度原则，可考虑修改轴的结构，或重新调整齿轮传动的有关参数，如图 10-79b 所示则较为合理。

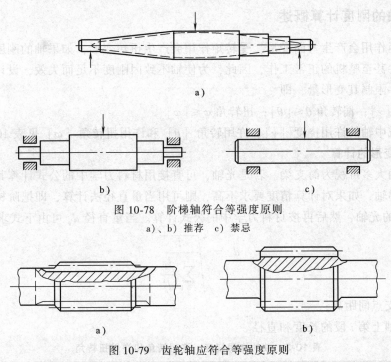

图 10-78　阶梯轴符合等强度原则
a）、b）推荐　c）禁忌

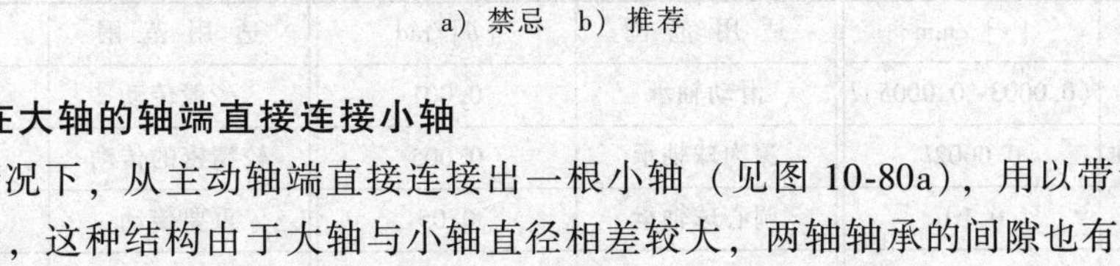

图 10-79　齿轮轴应符合等强度原则
a）禁忌　b）推荐

3. 禁忌在大轴的轴端直接连接小轴

在有些情况下，从主动轴端直接连接出一根小轴（见图 10-80a），用以带动润滑油泵或其他辅助传动，这种结构由于大轴与小轴直径相差较大，两轴轴承的间隙也有较大差别，磨损情况也很不相同，再者这种连接方式大、小轴的同轴度很难保证，因此小轴的轴承承受不合理的附加载荷，运转不平稳，容易破损。

如为保证大、小轴同轴度，直接在大轴的轴端车削出小轴的传动方式也不可取（见图 10-80b），因为将大直径轴车削成很小直径的轴，车至棒料心部，小轴材料力学性能降

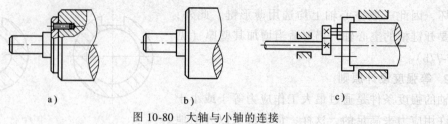

图 10-80　大轴与小轴的连接

a)、b) 禁忌　c) 推荐

低；其次，由于直径相差很大，给热处理工艺带来困难，在搬运过程中，小轴也容易损坏，另外小轴部分发生故障，也将影响到大轴的修配。所以要尽量避免这种大、小轴直接传动的方式，如有必要，也要采用与这种传动不相关的连接方式，如图 10-80c 所示。

10.4　轴的刚度计算禁忌

10.4.1　轴的刚度计算概述

轴受弯矩作用会产生弯曲变形，受转矩作用会产生扭转变形，如果轴的刚度不足，就会影响轴上零件甚至整机的正常工作，因此，为使轴不致因刚度不足而失效，设计时必须根据轴的工作条件限制其变形量，即

挠度 $y \leqslant [y]$；偏转角 $\theta \leqslant [\theta]$；扭转角 $\varphi \leqslant [\varphi]$

一般机械中轴的许用挠度 $[y]$、许用转角 $[\theta]$ 和许用扭转角 $[\varphi]$ 见表 10-3。

1. 弯曲变形的计算

常见的轴大多可视为简支梁。若是光轴，可直接用材料力学中的公式计算其挠度或偏转角；若是阶梯轴，如果对计算精度要求不高，则可用当量直径法计算，即把阶梯轴看成是当量直径为 d_v 的光轴，然后再按材料力学中的公式计算。当量直径 d_v 可由下式求出：

$$d_v = \sqrt[4]{\dfrac{l}{\sum\limits_{i=1}^{i} \dfrac{l_i}{d_i^4}}}$$

式中　l——支点间距离；

l_i、d_i——轴上第 i 段的长度和直径。

表 10-3　轴的许用挠度、许用转角和许用扭转角

适用范围	$[y]/\text{mm}$	适用范围	$[\theta]/\text{rad}$	适用范围	$[\varphi](°/\text{m})$
一般用途的轴	$(0.0003 \sim 0.0005)l$	滑动轴承	0.001	一般传动	$0.5 \sim 1$
刚度要求较高的轴	$0.0002l$	深沟球轴承	0.005	较精密的传动	$0.25 \sim 0.5$
电动机轴	0.1Δ	调心球轴承	0.05	重要传动	<0.25
安装齿轮的轴	$(0.01 \sim 0.05)m_n$	圆柱滚子轴承	0.0025		
安装蜗轮的轴	$(0.02 \sim 0.05)m_t$	圆锥滚子轴承	0.0016		
		安装齿轮处	$0.001 \sim 0.002$		

注：l—轴的跨距（mm）；Δ—电动机定子与转子间的间隙；m_n—齿轮法面模数（mm）；m_t—蜗轮的端面模数（mm）。

2. 扭转变形的计算

轴受转矩 T 作用时，其扭转角

$$\varphi = \frac{Tl}{GI_\rho}$$

式中　l——轴受转矩作用的长度；

　　　I_ρ——轴截面的极惯性矩；

　　　G——轴材料的切变模量。

10.4.2　轴刚度计算禁忌

1. 受力分析禁忌

轴的刚度计算与轴的强度计算都是以材料力学的基本理论为计算基础的，所以前面 10.2.2 节中有关轴强度计算中力分析的错误，也将带来轴刚度计算的错误，为使问题更具体，现举例说明如下。

[例 2]　如图 10-81 所示为带-蜗杆传动减速装置，带传动水平布置，工作机转向如图，蜗轮右旋，依据蜗杆工作状况，蜗杆轴的支承与载荷形式可视为外伸简支梁，受力简图如图 10-82 所示。

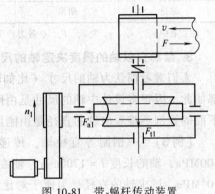

图 10-81　带-蜗杆传动装置

一般蜗杆轴支点跨距较大，蜗杆受力变形较大时，将影响蜗杆与蜗轮的正确啮合，所以蜗杆轴一般须进行刚度校核。主要是校核对蜗杆、蜗轮啮合影响较大的弯曲刚度。

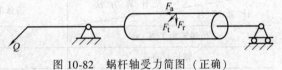

图 10-82　蜗杆轴受力简图（正确）

刚度计算时，由于轴向力 F_a 对刚度影响不大，可忽略。蜗杆齿宽中点处的挠度应为 F_t、F_r、Q 三个力在该点产生的变形的叠加值。

对本例常见的蜗杆轴刚度计算中力分析的错误有：

（1）支承形式错误

忽略带轮压轴力 Q，误将支承确定为简支梁（见图 10-83）。

（2）带轮压轴力 Q 所处平面判断错误

带轮压轴力 Q 应与 F_t 在一个平面内，不应与 F_r、F_a 在一个平面（见图 10-84），这一错误将导致变形叠加计算错误。

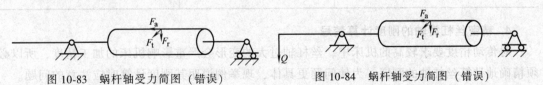

图 10-83　蜗杆轴受力简图（错误）　　　　图 10-84　蜗杆轴受力简图（错误）

另外，前面 10.2.2 中轴上作用力方向或所处平面判断的各种错误均将使轴的刚度计算错误，这里不再一一赘述。

2. 挠度计算禁忌

用叠加法求弯曲变形是轴刚度计算的最基本原则。当轴上作用几个载荷时，应分别求出每一载荷单独作用时所引起的变形，然后把所得变形进行叠加，不应取最大载荷或某个载荷的变形作为刚度计算条件，对本例表 10-4 给出了几种错误算法和正确算法的对比。

表 10-4　例 2 蜗杆轴刚度计算正、误表

计算载荷 项　　目	F_t	F_r	Q	F_t、F_r、Q
挠度计算	y_{Ft}	y_{Fr}	y_Q	$y_总 = y_{Ft}、y_{Fr}、y_Q$ 叠加
刚度条件	$y_{Ft} \leqslant [y]$	$y_{Fr} \leqslant [y]$	$y_Q \leqslant [y]$	$y_总 \leqslant [y]$
结论	错误	错误	错误	正确

注：表中 y_{Ft}、y_{Fr}、y_Q 为 F_t、F_r、Q 各力产生的相应变形。

3. 禁忌只以轴的强度决定轴的尺寸

人们常习惯认为轴的尺寸（比如轴径的大小）主要取决于轴的强度计算，其实并非全部如此，因很多设计中轴的尺寸是由刚度条件决定的。轴径的大小应取两者之间的弱者，从下面的算例不难看出轴的直径是由刚度决定的。

[例 3]　一钢制等直径轴，传递的转矩 $T = 4000\text{N} \cdot \text{m}$。已知轴的许用切应力 $[\tau] = 400\text{MPa}$，轴的长度 $l = 1700\text{mm}$，轴在全长上扭角 φ 不得超过 $1°$，钢的切变模量 $G = 8 \times 10^4 \text{MPa}$，试求轴的直径。为便于对比，将计算有关内容列于表 10-5。

表 10-5　例 3 按强度条件与刚度条件计算轴径

计算方法 计算项目	按强度条件计算	按刚度条件计算
传递转矩 $T/\text{N} \cdot \text{m}$	4000	4000
轴长 l/mm	1700	1700
轴许用切应力 $[\tau]/\text{MPa}$	40	40
切变模量 G/MPa	8×10^4	8×10^4
许用扭角 $\varphi/(°)$		$\varphi < 1°$
计算公式	$\tau \approx \dfrac{T}{0.2d^3} \leqslant [\tau] \Rightarrow d \geqslant \sqrt[3]{\dfrac{T}{0.2[\tau]}}$	$\varphi = \dfrac{32Tl}{G\pi d^4} \leqslant [\varphi] \Rightarrow d \geqslant \sqrt[4]{\dfrac{32Tl}{\pi G[\varphi]}}$
计算轴径 $/\text{mm}$	$d \geqslant 79.4$	$d \geqslant 83.9$
圆整取标准直径 $/\text{mm}$	$d = 80$	$d = 85$
结论	满足强度，不满足刚度 不合理	既满足强度，也满足刚度 合理

4. 精密丝杠类轴的刚度计算禁忌

对传动精度要求较高的机床中，丝杠轴过大的变形会严重影响机床的加工精度，所以必须精确地计算丝杠轴的刚度。为使问题更具体，现举例说明其刚度计算时应注意的问题。

[例 4]　某精密车床纵向进给螺旋，其螺杆为 T44×12-8，中径 $d_2 = 38\text{mm}$，小径 $d_1 = 31\text{mm}$，螺距 $t = 12\text{mm}$，材料为 45 钢，轴向载荷 $F_a = 10000\text{N}$，转矩 $T = 39217\text{N} \cdot \text{mm}$，螺杆支承间距 $L = 2700\text{mm}$，8 级精度螺杆，螺距累积变化量允许值 $[\lambda] = 55\mu\text{m/m}$，弹性模量 $E = 2.1 \times 10^5 \text{MPa}$，$G = 8 \times 10^4 \text{MPa}$，试对此轴进行刚度校核。

因丝杠为纵向进给，工作时受轴向载荷和转矩作用，这两种载荷都将引起螺距变化，影

响螺旋的传动精度，从而影响机床的加工精度，所以必须将两种载荷引起的螺距总变形量限制在允许的范围内，才能保证所需的加工精度，只考虑其中一种载荷的计算是错误的。为清楚起见，表 10-6 给出本例刚度计算的几种正确与错误计算方法对比。

表 10-6　例 4 精密丝杠刚度计算方法对比

计算方法 计算项目	计算 F_a 产生的螺距变化量 λ_{Fa}	计算 T 产生的螺距变化量 λ_T	计算 T 产生的扭转角 φ	计算 F_a 与 T 共同产生的螺距变化量 $\lambda_总$
载荷	$F_a = 10000\text{N}$	$T = 39217\text{N}$	$T = 39217\text{N}$	$F_a = 10000\text{N}$ 与 $T = 39217\text{N}$
计算公式	$\lambda_{Fa} = \dfrac{4F_a}{\pi d_2^2 E}$	$\lambda_T = \dfrac{16Tt}{\pi^2 G d_2^4}$	$\varphi = \dfrac{32TL}{G\pi d_1^4}$	$\lambda_总 = \lambda_{Fa} + \lambda_T$
相应变形	$\lambda_{Fa} = 41.99\mu\text{m/m}$	$\lambda_T = 4.574\mu\text{m/m}$	$\varphi = 0.46°$, $L = 2700\text{mm}$	$\lambda_总 = 46.56\mu\text{m/m}$
计算结果	$\lambda_{Fa} < [\lambda]$ $[\lambda] = 55\mu\text{m/m}$	$\lambda_T < [\lambda]$ $[\lambda] = 55\mu\text{m/m}$	$\varphi < [\varphi]$ $[\varphi] = 1°$	$\lambda_总 < [\lambda]$ $[\lambda] = 55\mu\text{m/m}$
结论	错误	错误	错误	正确

5. 当量直径法禁忌用于精度要求较高的轴

前面介绍的当量直径法，比较简便，但计算精度低，仅适用于一般的轴，对于精密机械的轴，例如精密机床主轴等，则不适用，应采用其他计算方法。

6. 计算有过盈配合轴段的挠度时，禁忌将轴段与轮毂分开考虑，应当作一个整体

10.4.3　轴的刚度与轴上零件布置设计禁忌

1. 轴上齿轮非对称布置禁忌靠近转矩输入端

当轴上齿轮处于非对称布置时，例如两级圆柱齿轮减速器高速轴上的小齿轮（见图 10-85a），由于轴受载荷后弯曲变形，小齿轮轴线 O_1O_1 不再与大齿轮轴线 O_2O_2 平行，因而造成两轮沿接触线载荷分布不均，即所谓载荷集中，这种由弯曲变形造成的偏载情况可大致用图 10-85b 描述。又由于轴与齿轮的扭转变形也会产生偏载，如图 10-86 所示，当转矩 T_1

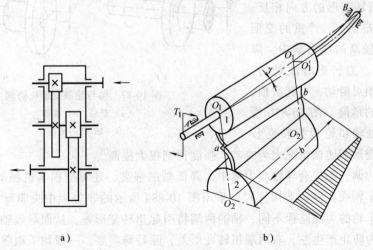

a)　　　　　　　　　　b)

图 10-85　轴弯曲变形引起的偏载

由主动轮 1 的左端输入（见图 10-86a），左端扭角大，则载荷偏向齿的左端，其偏载情况如图 10-86b 中的 *c* 曲线，而当转矩由右端输入（见图 10-85a），则载荷偏向齿的右端，其偏载情况如图 10-86b 中的 *d* 曲线。

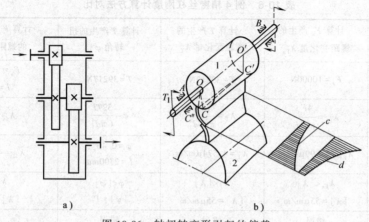

图 10-86　轴扭转变形引起的偏载

综合图 10-85 与图 10-86 所示弯曲变形和扭转变形的共同作用，显然转矩从右端输入，即齿轮远离转矩输入端（见图 10-85a），可以使轴的扭转变形补偿一部分轴的弯曲变形引起的沿轮齿方向的载荷分配不均，使偏载现象得以缓解。而图 10-86a 所示则为不合理的布置，此方案弯曲变形与扭转变形引起的偏载的综合作用，将使载荷集中现象更为严重。

2. 轴的变形应协调

轴与轮毂的配合常采用键与过盈配合的方法，此时在轴的结构设计上要注意轴与轮毂之间的变形协调，如图 10-87 所示轴与轴上零件布置的两种方案，图 10-87a 中所示 *x* 处轴和轮毂扭转变形的方向相反，即两者的变形差很大，严重的变形不协调将导致较高的应力集中，降低结构的强度。当转矩有波动时，轴毂间易产生相对滑动，引起磨损，加大疲劳断裂的危险。图 10-87b 所示结构，在 *x* 处轴和轮毂扭转变形

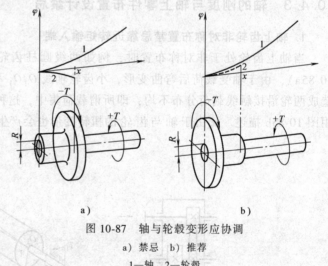

图 10-87　轴与轮毂变形应协调

a）禁忌　b）推荐

1—轴　2—轮毂

的方向相同，变形不协调情况大为改善，强度得到很大提高。

变形的不协调，不仅会导致应力集中，降低轴的强度，还可能损害机械的功能，例如，在轴两端驱动车轮或杠杆一类构件时，采用图 10-88a 所示的非等距中央驱动结构，则由于驱动力到两边车轮的力流路程不同，轴的两端将引起扭转变形差，从而导致轴左、右两端相互动作失调，为防止产生左、右两端扭转变形差，除特殊需要，一般均采取等距离的中央驱动，如图 10-88b 所示，轴的直径也应大一些为好。

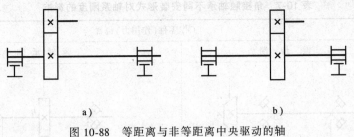

图 10-88　等距离与非等距离中央驱动的轴

a）禁忌　b）推荐

如因结构和其他条件的制约，不能采用等距离中央驱动，例如图 10-89 所示的起重机行走机构的驱动轴，为防止轴两端的扭转变形差，应设法将驱动齿轮两侧轴的扭转刚度设计得相等，如图 10-89a 所示，而图 10-89b 所示则不合理，因如上所述，此方案从齿轮到两端行走轮的力流路程不同，所以两行走轮因轴变形而引起的扭角也不同。这种变形的不协调，将使起重机的行走总有自动转弯的趋势，完全损害了起重机的行走功能，是不可取的。

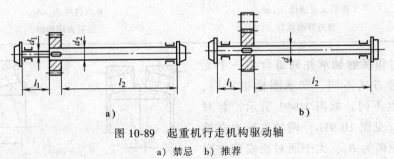

图 10-89　起重机行走机构驱动轴

a）禁忌　b）推荐

3. 轴的刚度与轴承的组合方式

支承方式和位置对轴的刚度影响很大，简支梁的挠度与支点距的三次方（集中载荷）或四次方（分布载荷）成正比，所以减小支点距离能有效地提高轴的刚度。

尽量避免采用悬臂结构，必须采用时，也应尽量减小悬臂长度。图 10-90 所示悬臂结构（见图 10-90a）、球轴承简支结构（见图 10-90b）和滚子轴承固支结构（见图 10-90c），它们的最大弯矩之比为 4：2：1，最大挠度之比为 16：4：1。

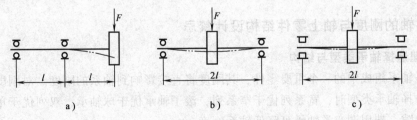

图 10-90　支承方式和位置与轴的挠度

对于分别处于两支点的一对角接触轴承应根据具体载荷位置分析其刚性，载荷作用在两轴承之间时，面对面安装布置的轴系刚性好；而当载荷作用在轴承外侧时，背对背安装布置轴系刚性好。其分析如表 10-7 所示。

表 10-7　角接触轴承不同安装形式对轴系刚度的影响

安装形式	工作零件(作用力)位置	
	悬　伸　端	两　轴　承　间
面对面 （正装）	l_1　l_{o1}　A	B　l_1
背对背 （反装）	l_2　l_{o2}　A	B　l_2
比较	$l_2>l_1, l_{o2}<l_{o1}$ 工作端 A 点挠度 $\delta_{A2}<\delta_{A1}$ 背对背刚性好	$l_1<l_2$ B 点挠度 $\delta_{B1}<\delta_{B2}$ 面对面刚性好

对于一对角接触轴承并列组合为一个支点时，其组合方式不同，支承刚性也不同，轴系的刚性也不同。如图 10-91 所示，背对背安装方案（见图 10-91b）两轴支反力在轴上的作用点距离为 B_2，大于面对面安装方案（见图 10-91a）两轴在轴上的作用点距离 B_1，所以图 10-91b 所示的方案支承的刚性较图 10-91a 所示的方案大。

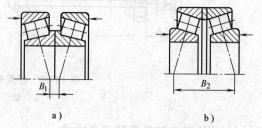

图 10-91　角接触轴承组合为一个支点时排列方案
a）刚性较小　b）刚性较大

4. 合理布置轴上零件可提高轴的刚度

在 10.3.2 节中述及的合理布置轴上零件，改善轴的受载情况，不但可提高轴的强度，同时也提高轴的刚度，如图 10-24b 所示较图 10-24a 所示刚性好；图 10-25b 所示方案较图 10-25a 所示方案刚性好。

10.4.4　轴的刚度与轴上零件结构设计禁忌

1. 合理选择轴承类型与结构

轴承是轴系组成中的一个重要零件，其刚度将直接影响到轴系的刚度。对刚度要求较大的轴系，选择轴承类型时，宽系列优于窄系列，滚子轴承优于球轴承，双列优于单列，小游隙优于大游隙。选用调心类轴承可降低轴系刚度。

对于滑动轴承，由于弯曲载荷作用，轴在轴承端边常会出现端边挤压，从而引起轴承磨损（见图 10-92a）。为避免对轴承的损害，对于轴径较长（宽径比 $B/d>1.5$）的轴承，可采用图 10-92b 所示的结构，此时轴系刚度降低，但轴与轴承变形较为协调，可减轻磨损，提高轴承寿命。

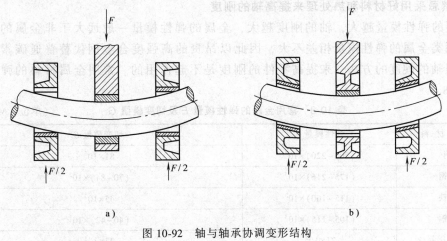

图 10-92　轴与轴承协调变形结构

a）禁忌　b）推荐

2. 受冲击载荷轴结构刚度

通常人们认为轴的刚度越大，强度也越高，但这不尽然，受冲击载荷作用的结构，有时刚度增大反而会导致强度下降，这是因为冲击载荷随着结构刚度的增大而增大。轿车刚性越大，在发生车祸时，其所遭受的冲击力也越大，其中的驾乘人员也就更危险。同理，作用在轴上的冲击载荷，也随着轴结构刚度的增大而增大，因而轴的强度下降。所以欲提高轴的抗冲击能力，应适当降低轴刚度，增大其柔性。例如图 10-93 所示的砂轮在突然刹车时，轴受冲击扭矩，图 10-93a 所示较图 10-93b 所示加大了轴的长度，即 $l>l'$，图 10-93a 所示的扭转刚度下降，冲击扭矩也随之下降，所以轴的抗剪强度反而上升。这种受冲击载荷结构柔性设计的准则，对受冲击载荷轴的结构设计也是非常适用的。

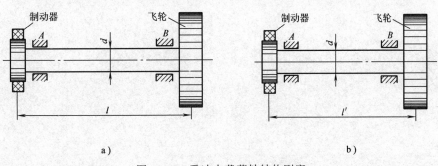

图 10-93　受冲击载荷轴结构刚度

a）较好　b）较差

10.4.5　轴的刚度与其他

1. 采用载荷分流或力的平衡可提高轴的强度与刚度

前面 10.3.2 述及的采用载荷分流或力的平衡减小轴上载荷，不但可以提高轴的强度，同时也可以提高轴的刚度。例如图 10-27b 所示方案较图 10-27a 所示方案刚性好；图 10-28b 所示方案较图 10-28a 所示方案刚性好；图 10-29a 所示方案较图 10-29b 所示方案刚性好。

2. 禁忌采用好材料和热处理来提高轴的刚度

材料的弹性模量越大，轴的刚度越大，金属的弹性模量一般远大于非金属的弹性模量，但同类金属的弹性模量相差不大，因此以昂贵的高强度合金钢代替普通碳素钢或热处理加强轴的硬度的方法，来提高零件的刚度是不起作用的。常用金属材料的弹性模量见表10-8。

表 10-8　常用金属的弹性模量 E 及切变模量 G　　　　　（单位：MPa）

金 属 材 料	弹性模量 E	切变模量 G
钢	$(200 \sim 220) \times 10^3$	81×10^3
铸钢	$(175 \sim 216) \times 10^3$	$(70 \sim 84) \times 10^3$
铸铁	$(115 \sim 160) \times 10^3$	45×10^3
青铜	$(105 \sim 115) \times 10^3$	$(40 \sim 42) \times 10^3$
硬铝合金	71×10^3	27×10^3

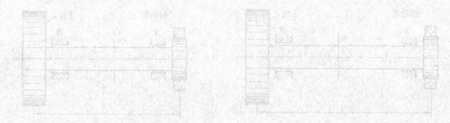

第11章 滑动轴承

11.1 滑动轴承承载能力计算禁忌

11.1.1 滑动轴承承载能力常规计算方法概述

1. 非液体润滑滑动轴承的条件性计算

在设计滑动轴承时，常用简单的条件性计算来确定轴承的尺寸，但液体动力润滑轴承只能用它作为初步计算，混合润滑和固体润滑轴承则常用它作为主要的计算方法。

（1）径向滑动轴承的计算

非液体润滑轴承的计算准则如下：

1）限制轴承平均压强 p

$$p = \frac{F}{dB} \leqslant [p]$$

式中　F——轴承径向载荷（N）；

　　　d、B——轴承直径和有效宽度（mm）；

　　　$[p]$——许用压强（MPa）。

2）限制轴承 pv 值

$$pv \approx \frac{Fn}{20000B} \leqslant [pv]$$

式中　n——轴径转速（r/min）；

　　　$[pv]$——轴承材料许用值（MPa·m/s）。

3）限制滑动速度

$$v = \frac{\pi dn}{60 \times 1000} \leqslant [v]$$

式中　$[v]$——许用滑动速度（m/s）。

（2）推力滑动轴承的计算

推力滑动轴承（参见图11-1）的条件性计算与径向滑动轴承的计算基本相同，其计算公式如下：

$$p = \frac{F}{\frac{\pi}{4}(d^2 - d_0^2)z} \leqslant [p]$$

$$pv = \frac{Fn}{30000(d - d_0)z} \leqslant [pv]$$

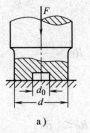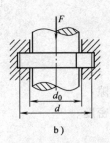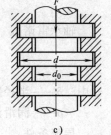

图 11-1　推力轴承

a）空心端面轴颈　b）环状轴颈　c）多环轴颈

式中　　　 F——轴向载荷（N）；

　　　　　 v——推力轴颈平均直径处圆周速度（m/s）；

　　　　　 n——轴转速（r/min）；

　　 d_0、d——轴颈内、外径（mm）；

　　　　　 z——轴环数；

[p]、[pv]——同前。

2. 液体动力润滑径向轴承的计算

当已知轴承的工作载荷 F、轴径 d、轴承宽度 B 及轴的转速 n（ω）时，液体动力润滑径向轴承的一般计算步骤如下：

（1）选材初步条件性计算

$$p \leqslant [p], v \leqslant [v], pv \leqslant [pv]$$

（2）承载能力计算

1）选择润滑油，设平均油温 t_m，确定油的黏度 η。

2）计算相对间隙 ψ

$$\psi = \frac{(0.6 \sim 1)\sqrt[4]{v}}{1000}$$

3）计算索氏数（承载量系数）S_0，确定偏心率 ε（查图或表）

$$S_0 = \frac{F\psi^2}{Bd\eta\omega}$$

4）计算最小油膜厚度 h_{min}

$$h_{min} = \frac{d}{2}\psi(1-\varepsilon)$$

5）计算安全度 s

$$s = \frac{h_{min}}{R_{z1}+R_{z2}} \geqslant [s]$$

式中　 R_{z1}、R_{z2}——轴颈、轴瓦表面微观不平度的十点高度；

　　　　 [s]——许用安全度。

（3）层流校核

临界雷诺数

$$[Re] = 41.3\sqrt{\frac{1}{\psi}}$$

轴承雷诺数

$$Re = \frac{\rho v \delta}{\eta}$$

式中　 δ——半径间隙；

　　　 ρ——润滑油密度。

层流条件：　　　　　　　　　　　　　　 $Re \leqslant [Re]$

（4）热平衡计算

1）计算摩擦功时，先由 ε 查摩擦特性系数 C_μ，再计算摩擦功 P_μ。

2）计算流量时，先由 ε 查流量系数 C_q，再计算流量 q。

3）核算油温时，由 C_μ、C_q 等计算油温升 Δt、进出口油温 t_1、t_2 及实际平均油温 t'_m。应使 $|t'_m - t_m| \leqslant 1 \sim 2℃$。

上述计算步骤可归纳为图 11-2 所示的流程框图。

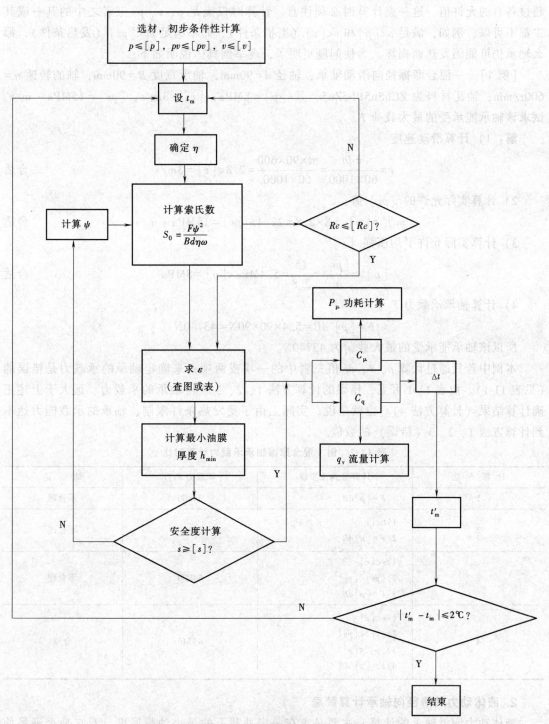

图 11-2　液体动力润滑径向轴承计算一般步骤框图

11.1.2 滑动轴承承载力计算禁忌

1. 非液体润滑滑动轴承承载力计算禁忌

非液体润滑轴承的计算，主要是限制摩擦表面的磨损或发热，所以 p、v、pv 值都禁忌超过各自的允许值，这一点计算时必须注意。计算时仅满足 p、v、pv 三者之中的其一或其二都不可以，例如，满足 $p<[p]$ 和 $v<[v]$（磨损条件），而不满足 $pv<[pv]$（发热条件），那么轴承仍可能因发热而损坏。为使问题更明了，现举例具体说明如下。

[例1] 一混合摩擦径向滑动轴承，轴径 $d=90\text{mm}$，轴承宽度 $B=90\text{mm}$，轴的转速 $n=600\text{r/min}$；轴瓦材料为 ZCuSn5Pb5Zn5，其 $[p]=8\text{MPa}$，$[v]=3\text{m/s}$，$[pv]=15\text{MPa}\cdot\text{m/s}$。试求该轴承能承受的最大载荷 F。

解： 1）计算滑动速度

$$v=\frac{\pi dn}{60\times1000}=\frac{\pi\times90\times600}{60\times1000}=2.8<[v]=3\text{m/s} \qquad\text{合适}$$

2）计算实际允许的 $[pv]'$ 值

$$[pv]'=[p]v=8\times2.8=22.4>[pv]=15\text{MPa}\cdot\text{m/s} \qquad\text{合适}$$

3）计算实际允许平均压强 $[p]'$

$$[p]'=\frac{[pv]}{v}=\frac{15}{2.8}=5.4\text{MPa}<[p]=8\text{MPa} \qquad\text{合适}$$

4）计算轴承承载力 F

$$F=[p]'dB=5.4\times90\times90\text{N}=43740\text{N}$$

所以该轴承能承受的最大载荷为 43740N。

本例中若只通过计算 p、v、pv 值三者中的一项或两项，来确定轴承的承载力是错误的（见表 11-1）。由表 11-1 可见，错误的计算方法 1、2、3 所得轴承的承载力，远大于上述正确计算结果（计算方法 4）。也就是说，实际上由于受发热条件限制，轴承的承载能力达不到计算方法 1、2、3（错误）的数值。

表 11-1 例1 混合摩擦轴承承载力计算对比

计 算 方 法	计算公式及步骤	承载力 F/N	结 论
1	1)$F=[p]dB$	64800	不合理
2	1)$v<[v]$ 2)$F=[p]dB$	64800	不合理
3	1)$v<[v]$ 2)$[pv]<[pv]'$ 3)$F=[p]dB$	64800	不合理
4	1)$v<[v]$ 2)$[pv]<[pv]'$ 3)$[p]'<[p]$ 4)$F=[p]'dB$	43740	合理

2. 液体动力润滑径向轴承计算禁忌

液体动力润滑轴承的计算，主要是求在一定外载下的最小油膜厚度，看它是否满足使用、制造等要求。由于索氏数（承载量系数）与润滑油的黏度有关，而黏度又应按轴承的热平衡温度求得，因此，计算时需先假设 t_m，计算结果应与原假设的 t_m 相近。所以滑动轴承常需多次反复计算，一般可按图 11-2 所示流程框图进行。计算时若漏掉框图中的某个或某些步骤，例如热平衡计算、油膜安全度计算、起动停车时的条件性计算和层流条件验算等，都属于不合理甚至是错误的计算。表 11-2 给出了当已知轴承工作载荷 F、轴颈直径 d、轴承宽度 B 和轴的转速 n 时，液体动力润滑径向轴承的正确计算方法及常见的不合理计算方法，表中符号意义同前。

表 11-2　液体动力润滑径向轴承计算方法对比

计算方法	计算主要内容及步骤	结　论	说　　明
1	1）条件性计算：$p \leq [p]$，$v \leq [v]$，$pv \leq [pv]$ 2）设 $t_m \rightarrow$ 确定 η 3）计算 $\psi \rightarrow S_0 = \dfrac{F\psi^2}{Bd\eta\omega}$ 4）由 $S_0 \rightarrow$ 查 $\varepsilon \rightarrow$ 计算 h_{min} 5）计算安全度 $S = \dfrac{h_{min}}{R_{z1}+R_{z1}} \geq [S]$ 6）层流验算 $Re \leq [Re]$ 7）计算 $\lvert t'_m - t_m \rvert \leq 1 \sim 2℃$	合理	按图 11-2 所示流程图计算
2	1）~6）步骤同计算方法 1 （缺少方法 1 中的步骤 7）	不合理	未做热平衡计算 （未校核 t'_m 与 t_m 相符否）
3	1）~6）步骤同计算方法 1 7）$\lvert t'_m - t_m \rvert > 2℃$	不合理	t'_m 与原设 t_m 不符 （油温太高）
4	1）~4）步骤同计算方法 1 5）、6）同计算方法 1 中的 6）、7） （缺少方法 1 中的步骤 5）	不合理	未计算最小油膜厚度的安全度
5	1）~4）步骤同计算方法 1 5）安全度 $s < [s]$ 6）、7）同计算方法 1	不合理	最小油膜厚度安全度太小，不安全
6	1）~6）步骤同计算方法 1 中的 2）~7） （缺少方法 1 中的步骤 1）	不合理	未做起动、停车时的条件性计算
7	1）~5）步骤同计算方法 1 6）步骤同计算方法 1 中的 7） （缺少计算方法 1 中的步骤 6）	不合理	未做层流校核
8	1）~7）步骤同计算方法 1 关键数据如 S_0 等查错	不合理	查阅时轴承包角 $\beta = 120°$、$\beta = 180°$ 混淆

11.2　滑动轴承结构设计及禁忌

滑动轴承的结构设计是滑动轴承设计的重要问题之一。正确的结构设计可以保证滑动轴承，特别是液体动力润滑轴承的正常工作，否则，可能导致轴承工作性能下降，甚至破坏。

186

滑动轴承的接触部分是面接触，在支撑面与轴之间形成和保持适当的油膜是十分重要的。为此，正确的结构设计应以轴承受力合理、供油充分、减少摩擦发热和维持稳定的油膜为必要条件。此外，滑动轴承工作中，不可避免地产生一定程度的磨损，结构设计时还要注意考虑因摩擦间隙发生变化后的维修与调整等措施。下面仅就滑动轴承结构设计中的一些常见问题进行分析。

11.2.1 滑动轴承支撑结构应受力合理

1. 消除边缘接触

边缘接触是滑动轴承中经常发生的问题，它使轴承受力不均，加速轴承磨损。禁忌采用如图 11-3a 所示的结构，中间齿轮做支撑，作用在轴承上的力是偏心的，它使轴承一侧产生很高的边缘压力，加速轴承的磨损，是不合理的结构。图 11-3b 所示增大了轴承宽度，受力情况得到改善，但受力仍不均匀。比较好的结构是力的作用平面通过轴承的中心，如图 11-3c、d 所示。

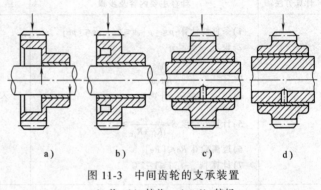

图 11-3 中间齿轮的支承装置

a）差　b）较差　c）、d）较好

支撑悬臂轴的轴承最易产生边缘接触，例如图 11-4a 所示一小型轧钢机减速器轴采用的滑动轴承。为了均衡轧钢机工作时的载荷，在减速器 3 的高速轴上悬臂安装了一小直径的飞轮 4。由于飞轮是悬臂安装，轴挠度较大，对轴承产生偏心力矩，轴承在接近飞轮的一侧产生较大的边缘压力；加上飞轮旋转时产生剧烈的径向颤抖、振动，轴承将磨损严重，甚至烧坏轴承。若改用图 11-4b 所示的结构，在飞轮的外侧增加一个滑动轴承 7，悬臂轴便成为双支撑，减少了轴的挠度，消除了偏心力矩产生的边缘接触，可使减速器正常运转，轧钢机正常工作。

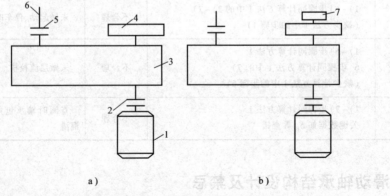

图 11-4 悬臂轴的支承轴承产生边缘压力

a）较差　b）较好

1—电动机　2、5—联轴器　3—减速器　4—飞轮　6—轧机轴　7—轴承

2. 轴承支座受力应合理

（1）符合材料特性的支承结构

钢材的抗压强度比抗拉强度大，铸铁的抗压性能更优于它的抗拉性能。在有些情况下，滑动轴承支承的结构设计应根据受力状况，将材料的特性与应力分布结合起来考虑，使结构设计更为合理。例如图 11-5 所示的滑动轴承的铸铁支架，从受力和应力分布状况可以看出，图 11-5b 所示的拉应力小于压应力，符合材料特性，而图 11-5a 所示的支座结构则不够合理。

（2）减少轴承盖的弯曲力矩

图 11-6 所示为一连杆的大头，这种场合的紧固螺栓，设计时应使其中线靠近轴瓦的会合处为宜（见图 11-6b）。图 11-6a 比图 11-6b 所示轴承盖所受弯曲力矩要大，因此结构较差。

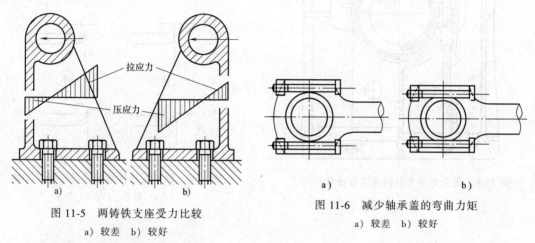

图 11-5 两铸铁支座受力比较
a) 较差 b) 较好

图 11-6 减少轴承盖的弯曲力矩
a) 较差 b) 较好

（3）载荷向上时轴承座应倒置

剖分式径向滑动轴承主要是由滑动轴承的轴承座来承受径向载荷的，而轴承盖一般是不承受载荷的。所以当载荷方向朝上时，为了使轴承盖不受载荷的作用，禁忌采用图 11-7a 所示的安装方式，而应采用图 11-7b 所示的倒置方式，即轴承盖朝下。

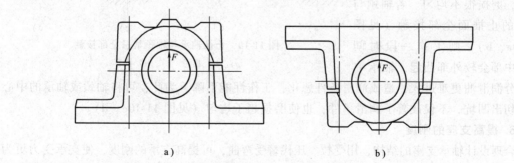

图 11-7 载荷向上时剖分滑动轴承的安装
a) 禁忌 b) 推荐

3. 受交变应力的轴承盖螺栓宜采用柔性螺栓

当滑动轴承工作中，轴承盖连接螺栓受交变应力时，为使轴承盖连接牢固，提高螺栓承受交变应力的能力，可采用柔性螺栓。在螺栓长度满足轴承结构条件下，采用尽可能大的螺栓长度，或将双头螺栓的无螺纹部分车细，其直径大约等于螺纹的内径，如图 11-8 所示。禁忌采用短而粗的螺栓，因为这种螺栓承受交变应力的能力较差。

4. 不要使轴瓦的止推端面为线接触

滑动轴承的滑动接触部分必须是面接触，如图 11-9a、b 所示。如果是线接触（见图 11-9c、d），则局部压强将异常增大，从而成为强烈磨损和烧伤的原因。轴瓦止推端面的圆角必须比轴的过渡圆角大，必须保持有平面接触。

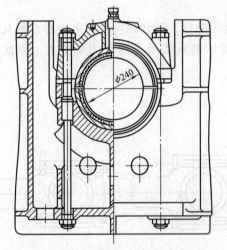

图 11-8　受交变应力的轴承盖螺栓结构特点

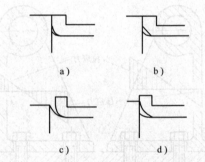

图 11-9　轴瓦的止推端面应保持平面接触

a）、b) 推荐　c）、d) 禁忌

5. 止推轴承与轴颈禁忌全部接触

非液体摩擦润滑止推轴承的外侧和中心部分滑动速度不同，止推面中心部位的线速度远低于外边，磨损很不均匀。若轴颈与轴承的止推面全部接触（见图 11-10a、b），则工作一段时间后，中部会较外部凸起，轴承中

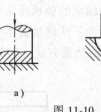

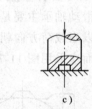

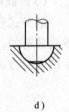

a）　　　　　b）　　　　　c）　　　　　d）

图 11-10　止推轴承与轴颈禁忌全部接触

a）、b) 禁忌　c）、d) 推荐

心部分润滑油更难进入，造成润滑条件恶化，工作性能下降。为此，可将轴颈或轴承的中心部分切出凹坑，不仅改善了润滑条件，也使磨损趋于均匀（见图 11-10c、d）。

6. 提高支座的刚度

合理设计轴承支座的结构，用受拉、压代替受弯曲，可提高支承的刚度，使支承受力更为合理。例如：图 11-11 所示的铸造支座受横向力，图 11-11a 所示结构辐板受弯曲，图 11-11b 所示辐板受拉、压，显然图 11-11b 所示支座刚性较好，轴承支座工作时稳定性好。

7. 避免重载、温升高的轴承轴瓦 "后让"

通常轴瓦与轴承座接触面，在中间开槽或挖空以减少精密加工面（见图 11-12a），但承受轴承载荷，特别是承受重载荷的轴承，如果轴瓦薄，由于油膜压力的作用，在挖窄的部分会向外变形，形成轴瓦 "后让"。"后让" 部分则不构成支承载荷的面积，从而降低了承载能力。

为了加强热量从轴承瓦向轴承座上传导，对温升较高的轴承也不应在两者之间存在不流动的空气包。在以上两种场合，都应使轴瓦具有必要的厚度和刚性，并使轴瓦与轴承座全部接触。

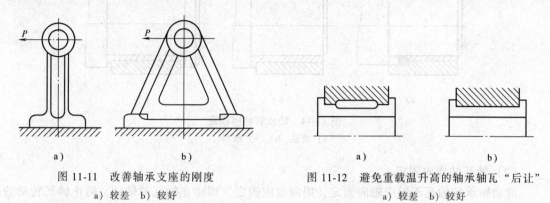

图 11-11 改善轴承支座的刚度
a）较差 b）较好

图 11-12 避免重载温升高的轴承轴瓦"后让"
a）较差 b）较好

8. 轴系刚性差可采用自动调心轴承

轴系刚性差，轴颈在轴承中过于倾斜时（见图 11-13a），靠近轴承端部会出现轴颈与轴瓦的边缘接触，出现端边的挤压，使轴承早期损坏，禁忌出现这种情况。消除这种端边挤压的措施，一般可采用自动调心轴承（见图 11-13b）。其特点是：轴瓦外表面作成球面形状，与轴承盖及轴承座的球状内表面相配合，轴瓦可以自动调位，以适应轴颈在弯曲时所产生的偏斜。

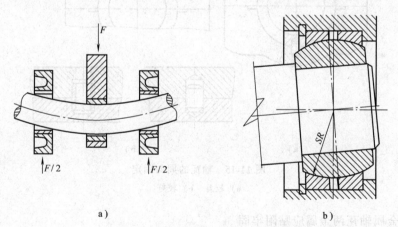

图 11-13 轴系刚性差宜采用调心轴承
a）禁忌 b）调心轴承（推荐）

11.2.2 滑动轴承的固定

1. 轴瓦的固定

（1）轴瓦的轴向固定

轴瓦装入轴承座中，应保证在工作时，轴瓦与轴承座不得有任何相对的轴向和周向的移动。滑动轴承可以承受一定的轴向力，但轴瓦应有凸缘，一般禁忌采用图 11-14a 所示的结构。单方向受轴向力的轴承的轴瓦，至少应在一端设计成凸缘，如图 11-14b 所示；如果双方向受有轴向力，则应在轴瓦的两端设计成凸缘，如图 11-14c 所示。无凸缘的轴瓦不能承受轴向力。

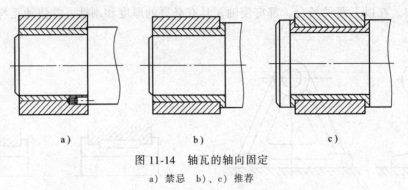

图 11-14　轴瓦的轴向固定
a) 禁忌　b)、c) 推荐

（2）轴瓦的周向固定

滑动轴承的轴瓦不但应轴向固定，周向也应固定，即防止轴瓦的转动。防止轴瓦转动的方法一般有如图 11-15b 所示的 3 种。但为了使轴不移动就能较方便地从轴的下面取出轴瓦，应将防止转动的固定元件安装在轴承盖上，禁忌像如图 11-15a 所示安装在轴承座上。

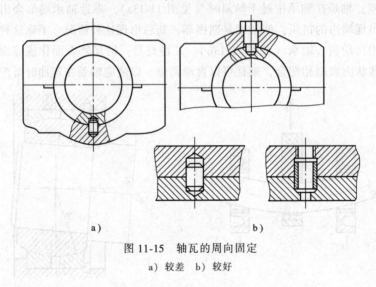

图 11-15　轴瓦的周向固定
a) 较差　b) 较好

（3）双金属轴瓦两金属应贴附牢固

为提高轴承的减磨、耐磨和跑合性能，常应用轴承合金、青铜或其他减磨材料覆盖在铸铁、钢或青铜轴瓦的内表面上，以制成双金属轴承。双金属轴承中，两种金属必须贴附得牢靠，不会松脱。这就必须考虑在底瓦内表面制出各种形式的榫头或沟槽（见图 11-16b～f），以增加贴附性。图 11-16a 所示结构则没有这些结构，两层金属贴附牢固性差，属禁忌采用的结构。一般沟槽的深度，以不过分削弱底瓦的强度为原则。

2. 凸缘轴承的定位

凸缘轴承的特征是具有凸缘，安装时要利用凸缘表面定位。因此，禁忌采用图 11-17a 所示的结构，因这种结构不但不能正确地确定轴承位置，而且使螺栓受力不好。所以，凸缘轴承应有定位基准面，如图 11-17b 所示。

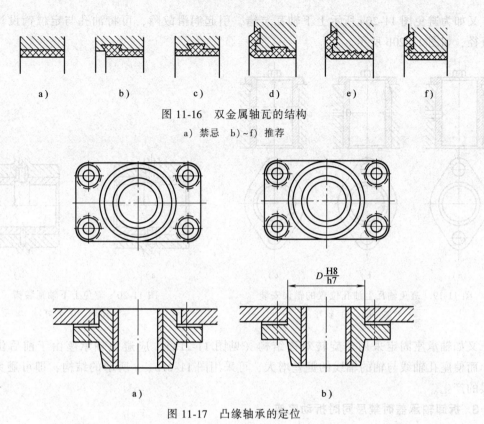

图 11-16　双金属轴瓦的结构

a）禁忌　b）~f）推荐

图 11-17　凸缘轴承的定位

a）禁忌　b）推荐

11.2.3　滑动轴承的安装与拆卸

1. 轴瓦或衬套的装拆

整体式轴瓦或圆筒衬套只能从轴向安装、拆卸，所以要使其有能装拆的轴向空间（见图 11-18a、b），并考虑卸下的方法。图 11-18c、d 所示则是禁忌采用的结构。

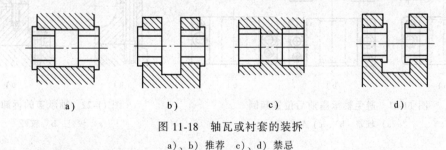

图 11-18　轴瓦或衬套的装拆

a）、b）推荐　c）、d）禁忌

2. 避免错误安装

错误安装对装配者而言是应该尽量避免的，但对于设计者，也应考虑到万一错误安装时，不至于引起重大损失，并采取适当措施。如图 11-19a 所示轴瓦上的油孔，安装时如反转 180°装上轴瓦，则油孔将不通，造成事故，如在对称位置再开一油孔（见图 11-19b），或再加一油槽（见图 11-19c），则可避免由错误安装引起的事故。

又如为避免图 11-20a 所示上下轴瓦装错，引起润滑故障，可将油孔与定位销设计成不同直径，如图 11-20b 所示。

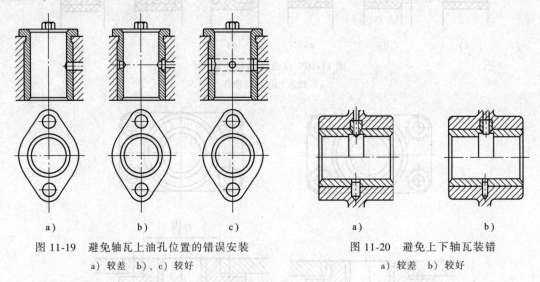

图 11-19 避免轴瓦上油孔位置的错误安装　　　　　图 11-20 避免上下轴瓦装错
　　a) 较差 b)、c) 较好　　　　　　　　　　　　　　　　a) 较差 b) 较好

又如轴承座固定采用非旋转对称结构（见图 11-21a），应避免轴承座由于前后位置颠倒，而使座孔轴线与轴的轴线的偏差增大，可采用图 11-21b、c 所示的结构，即可避免上述错误的产生。

3. 拆卸轴承盖时禁忌同时拆动底座

装拆零件时应尽可能不涉及其他零件，这样可避免许多安装中的重复调整工作。例如图 11-22a 所示拆下轴承盖时，底座同时也被拆动，这样在调整轴承间隙时，底座的位置也必须重新调整。图 11-22b 所示拆轴承盖时则不涉及底座，减少了底座的调整工作。

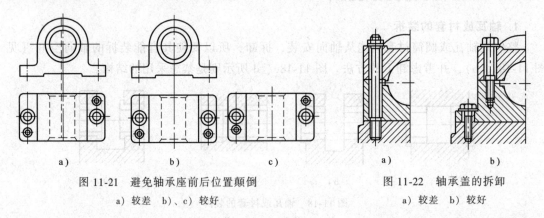

图 11-21 避免轴承座前后位置颠倒　　　　　图 11-22 轴承盖的拆卸
　　a) 较差 b)、c) 较好　　　　　　　　　　　　a) 较差 b) 较好

11.2.4 滑动轴承的调整

1. 磨损间隙的调整

滑动轴承在工作中发生磨损是不可避免的，为了保证适当的轴承间隙，要根据磨损量对轴承间隙进行相应的调整。如图 11-23b 所示，剖分式轴承可在上盖和轴承座之间预加垫片，磨损后间隙变大时，减少垫片厚度可调整间隙，使之减小到适当的大小。图 11-23a 所示的

整体式圆柱轴承磨损后，间隙调整就很困难。

磨损间隙一般不一定是全周一样，而是有显著的方向性，需要考虑针对此方向的易于调整的措施或结构，可采用调整垫片（见图 11-24b），也可采用三块或四块瓦块组成可调间隙轴承（见图 11-24c）。

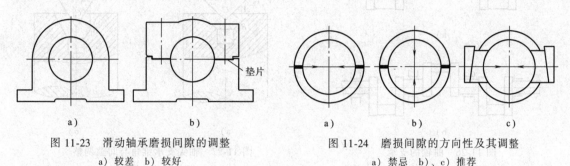

图 11-23　滑动轴承磨损间隙的调整　　　　　图 11-24　磨损间隙的方向性及其调整
a）较差　b）较好　　　　　　　　　　　　　　　　a）禁忌　b）、c）推荐

2. 确保合理的运转间隙

滑动轴承根据使用目的和使用条件的不同，需要合适的间隙。轴承间隙因轴承材质、轴瓦装配条件、运转引起的温度变化，以及其他因素的不同而发生变化。所以事先要对这些因素进行预测，然后合理选择间隙。工作温度较高时，需要考虑轴颈热膨胀时的附加间隙（见图 11-25a），图 11-25b、c 所示为轴承衬套用过盈配合装入轴承的情况，此时由于存在装配过盈量，安装后衬套内径比装配前的尺寸缩小，这一点不可忽视。图 11-25c 所示考虑了这一问题，而图 11-25b 所示则未考虑。

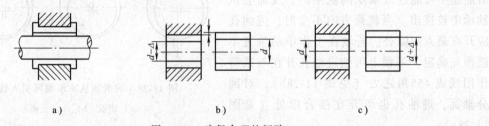

图 11-25　确保合理的间隙
a）热膨胀的附加间隙　b）、c）过盈配合装配

3. 曲轴支承的热胀伸缩问题

曲轴支承多采用剖分式滑动轴承。由于曲轴的结构特点，为保证发热后轴能自由膨胀伸缩，只需在一个轴承处限定位置，其他几个轴承的轴向均留有间隙，如图 11-26b 所示。禁忌如图 11-26a 所示几处轴承轴向间隙很小或未留间隙，因为热膨胀后则容易卡死。

4. 仪器轴尖支承结构

图 11-27 所示是仪器上常用的滑动摩擦轴尖支承。工作时运转件轴尖与承导件垫座之间应保持适当的间隙 $BC(B_1C_1)$，以使轴尖工作时既转动灵活又不卡死。从图中看出 $AB = BC/\sin 45°$，$A_1B_1 = B_1C_1/\sin 30°$，尽管工作间隙两者相等，即 $BC = B_1C_1$，但 $A_1B_1 = 2^{1/2}AB$，这说明当轴尖支承间隙相同时，锥角为 90°的轴尖轴向移动较小，而锥角为 60°的轴尖轴向移动较大，因此，仪器轴尖支承的锥角取图 11-27b 所示的 60°时，比图 11-27a 所示的 90°时容易调整，也较容易达到装配要求。

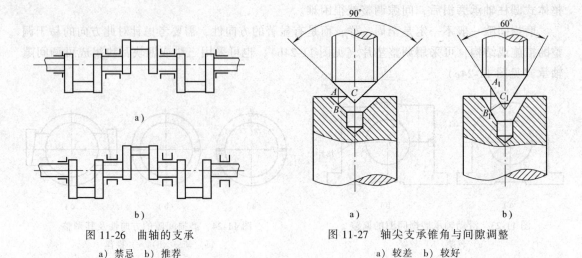

图 11-26　曲轴的支承　　　　　　　　　图 11-27　轴尖支承锥角与间隙调整
a）禁忌　b）推荐　　　　　　　　　　a）较差　b）较好

11.2.5　滑动轴承的供油

1. 油孔

（1）润滑油应从非承载区引入轴承

禁忌把进油孔开在承载区（见图 11-28a），因为承载区的压力很大，显然压力很低的润滑油是不可能进入轴承间隙中的，反而会从轴承中被挤出。当载荷方向不变时，进油孔应开在最大间隙处。若轴在工作中的位置不能预先确定，习惯上可把进油孔开在与载荷作用线成 45°角之处（见图 11-28b）。对剖分轴瓦，进油孔也可开在接合面处（见图 11-28c）。

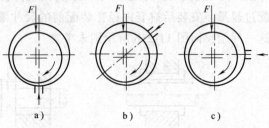

图 11-28　润滑油从非承载区引入轴承
a）错误　b）、c）正确

如果因结构需要从轴中供油时，若油孔出口在轴表面上（见图 11-29a），则轴每转一转，油孔通过高压区一次，轴承周期性地进油，油路易发生脉动，因此最好做出 3 个油孔（见图 11-29b）。

若轴不转，轴承旋转，外载荷方向不变时，进油孔应从非承载区由轴中小孔引入（见图 11-29d），禁忌从轴承中引入（见图 11-29c）。

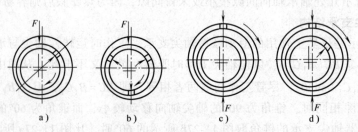

图 11-29　从轴中供油的结构
a）、c）禁忌　b）、d）推荐

（2）加油孔禁忌被堵塞

加油孔的通路部分，如果在安装轴瓦或轴套时，造成其相对位置偏移，或在运转过程中相互位置偏移，其通路就会被堵塞（见图11-30a），从而导致润滑失效。所以可采用组装后，对加油孔配钻的方法（见图11-30b），并且对轴瓦增设止动螺钉（见图11-30c）。

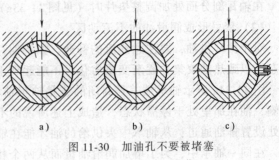

图 11-30　加油孔不要被堵塞

a）禁忌　b）、c）推荐

2. 油沟

（1）应使润滑油能顺利进入摩擦表面

为使润滑油顺利进入轴承全部摩擦表面，需要开油沟，使油、脂能沿轴承的圆周方向和轴向方向得到适当的分配。

若只开油孔（见图11-31a），润滑较差。油沟通常有半环形油沟（见图11-31b）、纵向油沟（见图11-31c）、组合式油沟（见图11-31d）和螺旋槽式油沟（见图11-31e）。后两种可使油在圆周方向和轴向方向都能得到较好的分配。载荷方向不变的轴承，可以采用宽槽油沟（见图11-31f），有利于增加流量和加强散热。油沟禁忌开在轴向方向。

（2）液体动力润滑轴承禁忌将油沟开在承载区

对于液体动力润滑轴承，油沟禁忌开在承载区，因为这会破坏油膜并使承载能力下降（见图11-32）。对于非液体摩擦润滑轴承，应使油沟尽量延伸到最大压力区附近，这对承载能力影响不大，却能在摩擦表面起到良好的贮油和分配油的作用。用作分配润滑油脂的油沟，要比用于分配稀油的宽些，因为这种油沟还要求具有贮存干油的作用。

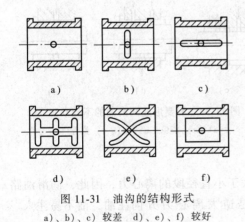

图 11-31　油沟的结构形式

a）、b）、c）较差　d）、e）、f）较好

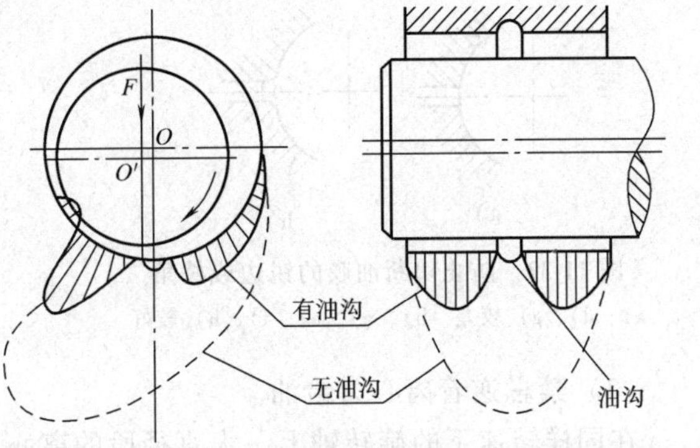

图 11-32　不正确的油沟布置降低油膜承载力

3. 油路要顺畅

（1）防止切断油膜的锐边或棱角

为使油顺畅地流入润滑面，轴瓦油槽、剖分面处要尽量做成平滑圆角（见图11-33b、c），禁忌出现锐边或棱角（见图11-33a）。因为尖锐的边缘会使轴承中油膜被切断，并有刮伤的作用。

轴瓦剖分面的接缝处，相互之间多少会产生一些错位（见图11-33d），错位部分要做成圆角（见图11-33e）或不大的油腔（见图11-33f）。

在轴瓦剖分面处加调整垫片时（见图 11-33g），要使垫片后退少许（见图 11-33h）。

（2）禁忌形成润滑油的不流动区

对于循环供油，要注意油流的畅通。如果油存在着流到尽头之处，则油在该处处于停滞状态，以致热油聚集并逐渐变质劣化，不能起到正常的润滑作用，容易造成轴承的烧伤。

图 11-34a 所示轴承端盖是封闭的或是轴与轴承端部被闷死，则油不流向端盖或闷死的一侧，油在那里处于停滞状态，造成上述所说的不能正常润滑，甚至烧伤等事故。如果在端盖处设置排油通道，从轴承中央供给的油才能在轴承全宽上正常流动（见图 11-34b）。

在同一轴承中，为了增加润滑油量而从两个相邻的油孔处给油（见图 11-34c），润滑油向内侧的流动受阻，油分别流向较近的出口，不流向中间部分，使中间部分油流停滞，容易造成轴承烧伤，可采用图 11-34d 所示结构，在轴承中部空腔处开泄油孔，也可使油由轴承非承载区的空腔中引入，如图 11-34e 所示。

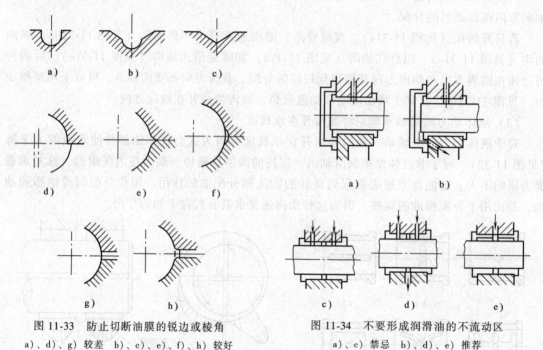

图 11-33　防止切断油膜的锐边或棱角

a）、d）、g）较差　b）、c）、e）、f）、h）较好

图 11-34　不要形成润滑油的不流动区

a）、c）禁忌　b）、d）、e）推荐

（3）禁忌逆着离心力给油

在同样转速下的旋转轴上，大直径段的离心力大于小直径段的离心力，因此，润滑油路的设计，不应采用图 11-35a 所示的形式，因为这样是逆大离心力方向注油，油不易注入。

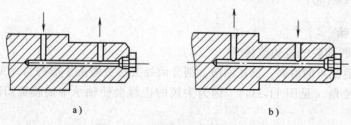

图 11-35　不要逆着离心力给油

a）禁忌　b）推荐

应采用图 11-35b 所示的方式，从小直径段进油，再向大直径段出油，油容易顺由小离心力向大离心力方向流动，从而可保证润滑的正常供油。

（4）曲轴的润滑油路

内燃机中主轴承中的机油必须通过曲轴的润滑油路才能到达连杆轴承。曲轴的润滑油路可用不同的方式构成，主轴承中的机油通过曲轴内的油孔直接送到连杆轴承的油路称为"直接内油路"。图 11-36 所示的斜油道是直接内油路的一种形式。

图 11-36a 所示由于油路相对于轴承摩擦面是倾斜的，机油中的杂质受离心力作用总是冲向轴承的一边，造成曲柄销轴向不均匀磨损。另外，油孔越斜应力集中越大，斜油道加工也很不方便，穿过曲柄臂时若位置不正确，便会削弱曲柄臂过渡圆角，可将斜油道设计成如图 11-36b 所示的结构形式，使油孔离开曲柄平面，离心力将机油中的固体杂质甩出并附在斜油道上部，斜油道上部用作机械杂质的收集器，这样连杆轴承就能得到清洁的润滑油。

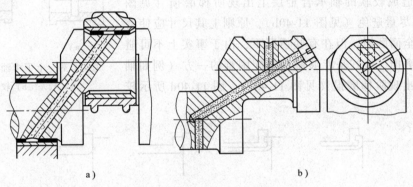

图 11-36　曲轴的润滑油路

a）较差　b）较好

11.2.6　防止阶梯磨损

滑动轴承滑动部分的磨损是不可避免的，因此在相互滑动的同一面内，如果存在着完全不相接触部分，则由于该部分未受磨损而形成阶梯磨损。为避免或减小阶梯磨损，应采用适当的措施，下面分析几种常见的形式。

1. 轴颈工作表面禁忌在轴承内终止

如图 11-37a 所示，轴颈工作表面在轴承内终止，这样会造成轴颈在磨合时将在较软的轴承合金层面上磨出凸肩，它将妨碍润滑油从端部流出，从而引起过高的温度和造成轴承烧伤。这种场合可将较硬轴颈的宽度加长，如图 11-37b 所示，使之等于或稍大于轴承宽度。

2. 轴承内的轴颈上禁忌开油槽

如图 11-38a 所示，在轴颈上加工出一条位于轴承内部的油槽，也会造成阶梯磨损，即在磨合过程中形成一条棱肩，应尽量将油槽开在轴瓦上（见图 11-38b）。

3. 重载低速青铜轴瓦圆周上的油槽位置应错开

对于青铜轴瓦等重载低速轴承轴瓦，在相当于圆周上油槽部分的轴径也发生阶梯磨损（见图 11-39a），这种场合可将上下半油槽的位置错开，以消除不接触的地方（见图 11-39b）。

a）　　b）

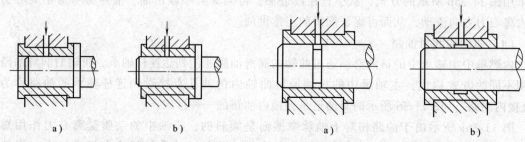

图 11-37　轴颈宽度应等于或大于轴承宽

a）禁忌　b）推荐

a）　　b）

图 11-38　轴承内的轴颈上不宜开油槽

a）较差　b）较好

4. 轴承侧面的阶梯磨损

如图 11-40 所示，当轴的止推环外径小于轴承止推面外径时，也会造成较软的轴承合金层上出现阶梯磨损（见图 11-40a），应尽量避免（见图 11-40b），原则上其尺寸应使磨损多的一侧全面磨损。但在有些情况下，由于事实上不可避免双方都受磨损，最好是能够避免修配困难的一方（例如轴的止推环）出现阶梯磨损（见图 11-40c），图 11-40d 所示较为合理。

a）　　b）

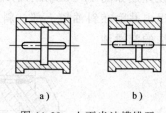

图 11-39　上下半油槽错开

a）较差　b）较好

a）　　b）　　c）　　d）

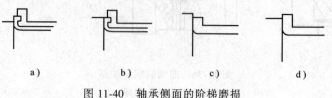

图 11-40　轴承侧面的阶梯磨损

a）、c）较差　b）、d）较好

第 12 章　滚动轴承

常用的滚动轴承绝大多数已经标准化，其结构类型和尺寸均是标准的，因此，滚动轴承设计时，除了正确选择轴承类型和确定型号尺寸外，还需合理设计轴承的组合结构，要考虑轴承的配置和装卸、轴承的定位和固定、轴承与相关零件的配合、轴承的润滑与密封和提高轴承系统的刚度等。正确的类型选择和尺寸的确定以及合理的支承结构设计，都将对轴承的受力、运转精度、提高轴承寿命和可靠性、保证轴系性能等起着重要的作用。下面仅就这些方面应注意的问题加以分析。

12.1　滚动轴承类型的选择

12.1.1　滚动轴承类型选择的基本原则

选用滚动轴承类型时，必须了解轴承的工作载荷（大小、性质、方向）、转速及其他使用要求，正确选择轴承类型应考虑以下主要因素。

1. 轴承载荷

轴承所受载荷的大小、方向和性质是选择轴承类型的主要依据。以下选用原则可供考虑：

1) 相同外形尺寸下，滚子轴承一般较球轴承承载能力大，应优先考虑。

2) 轴承承受纯的径向载荷，一般可选用向心类轴承。

3) 轴承承受纯的轴向载荷，一般可选用推力类轴承。

4) 承受径向载荷的同时，还有不大的轴向载荷时，可选用深沟球轴承、接触角不大的角接触球轴承或圆锥滚子轴承。

5) 承受轴向力较径向力大时，可选用接触角较大的角接触球轴承或圆锥滚子轴承，或者选用向心轴承和推力轴承组合在一起的结构，以分别承担径向载荷和轴向载荷。

6) 载荷有冲击振动时，优先考虑滚子轴承。

2. 轴承的转速

1) 球轴承与滚子轴承相比，有较高的极限转速，故在高速时应优先选用球轴承。

2) 高速时，宜选用同一直径系列中外径较小的轴承，外径较大的轴承，宜用于低速重载的场合。

3) 实体保持架较冲压保持架允许高一些的转速，青铜实体保持架允许更高的转速。

4) 推力轴承的极限转速均很低。当工作转速高时，若轴向载荷不十分大，可考虑采用角接触球轴承承受纯轴向力。

5) 若工作转速超过样本中规定的极限转速，可考虑提高轴承公差等级，或适当加大轴承的径向游隙等措施。

3. 轴承的刚性与调心性能

1）滚子轴承的刚性比球轴承高，故对轴承刚性要求高的场合宜优先选用滚子轴承。

2）支点跨距大、轴的弯曲变形大或多支点轴，宜选用调心型轴承。

3）圆柱滚子轴承用于刚性大，且能严格保证同心度的场合，一般只用来承受径向载荷。当需要承受一定轴向载荷时，可选择内、外圈都有挡边的类型。

4. 轴承的安装和拆卸

1）在轴承座不剖分而且必须沿轴向安装和拆卸轴承时，应优先选用内、外圈可分离轴承。如圆锥滚子轴承和圆柱滚子轴承等。

2）在光轴上安装轴承时，为便于定位和拆卸，可选用内圈孔为圆锥孔（用以安装在锥形的紧定套上）的轴承。

5. 经济性

1）与滚子轴承相比，球轴承因制造容易，价格较低，条件相同时可考虑优先选用。

2）同型号尺寸公差等级为 P0、P6、P5、P4、P2 的滚动轴承价格比为 1∶1.8∶2.3∶7∶10。在满足使用要求情况下，应优先选用 0 级（普通级）公差轴承。

12.1.2 滚动轴承类型选择禁忌

1. 滚动轴承类型选择应考虑受力合理

滚动轴承由于结构的不同，各类轴承的承载性能也不同，选择类型时，必须根据载荷情况和轴承自身的承载特点，使轴承在工作中受力合理，否则，将严重影响轴承以及整个轴系的工作性能，乃至影响整机的正常工作。下面仅就一些选型受力不合理情况进行分析。

（1）一对圆锥滚子轴承不能承受较大的轴向载荷和径向载荷

轴同时受到较大的轴向载荷和径向载荷时，不能采用只有两个圆锥滚子轴承的结构，如图 12-1a 所示。因为在大轴向载荷作用下，圆锥滚子、滚道发生弹性变形，使得轴的轴向串动量超过预定值，径向间隙增大，因此，在径向载荷作用下，发生冲击振动，轴承将很快损坏。

可考虑改为图 12-1b 所示形式，在左端改用轴向可以滑动的圆柱滚子轴承，这样，左端的圆柱滚子轴承即使在右端承受较大轴向载荷时产生微小轴向位移，也不会引起左端的径向间隙，从而避免了因径向力作用而造成的振动和轴承损坏。

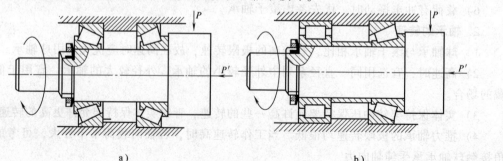

a)   b)

图 12-1 承受较大轴向力和径向力的支承

a）禁忌 b）推荐

（2）轴承组合要有利于载荷均匀分担

采用两种不同类型的轴承组合来承受大的载荷时要注意受力是否均匀，否则不宜使用。例如，图 12-2a 所示铣床主轴前支承采用深沟球轴承和圆锥滚子轴承的组合，这种结构是很不合适的，因为圆锥滚子轴承在装配时必须调整，以得到较小的间隙，而深沟球轴承的间隙是不可调整的，因此，有可能由于径向间隙大而没有受到径向载荷的作用，两轴承受载很不均匀。合理设计可将两个圆锥滚子轴承组合为一个支承，而另一支承可采用深沟球轴承或圆柱滚子轴承，如图 12-2b 所示。

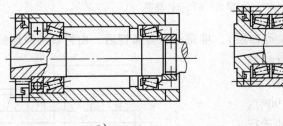

a)

b)

图 12-2　铣床主轴轴系支承

a）禁忌　b）推荐

（3）避免轴承承受附加载荷

1）角接触轴承不宜与非调整间隙轴承成对组合。成对使用的角接触轴承（见图 12-3b、d）的应用是为了通过调整轴承内部的轴向和径向间隙，以获得最好的支承刚性和旋转精度，如果角接触球轴承或圆锥滚子轴承与深沟球轴承等非调整间隙轴承成对使用（见图 12-3a、c），则在调整轴向间隙时会迫使球轴承也形成角接触状态，使球轴承增加较大的附加轴向载荷而降低轴承寿命。

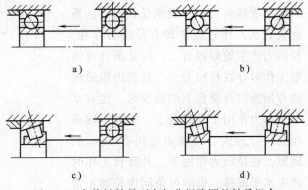

a)

b)

c)

d)

图 12-3　角接触轴承不宜与非间隙调整轴承组合

a）、c）禁忌　b）、d）推荐

2）滚动轴承不宜和滑动轴承联合使用。一根轴上既采用滚动轴承又采用滑动轴承的联合结构（见图 12-4a、c）不宜使用，因为滑动轴承的径向间隙和磨损均比滚动轴承大许多，因而会导致滚动轴承歪斜，承受过大的附加载荷，而滑动轴承却负载不足。如因结构需要不得不采用这种装置，则滑动轴承应设计得尽可能距滚动轴承远一些，直径尽可能小一些，或采用具有调心性能的滚动轴承（见图 12-4d）。

（4）推力球轴承禁忌承受径向载荷

推力球轴承只能承受轴向载荷，工作中存在径向载荷时不宜使用。例如图 12-5 所示的铸锭堆垛装置升降台支承轴承，选用推力球轴承就属于这种不合理情况，现分析如下：铸锭机堆垛装置的升降台是将铸锭机排出的金属锭进行自动码垛的配套机构，码垛操作要求升降台每升降一次，必须同时顺时针或逆时针方向转过 90°。

升降台为立式圆筒形，通过推力球轴承支承在柱塞式液压缸的顶部，台面装有辊道以承

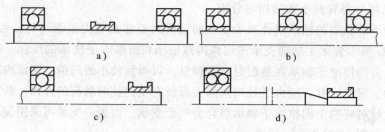

图 12-4　滚动轴承不宜和滑动轴承联合使用

a)、c) 禁忌　b)、d) 推荐

接排列好的金属锭（每层五锭，共码四层），堆完一垛金属锭后，由另设的液压缸推入辊道输送机。升降台利用柱塞式液压缸控制其上升或下降；利用水平液压缸、齿条、齿圈传动来控制正、反转（90°），按照规定的程序操作以达到预期的运行目标。

　　本例中，在液压缸的顶部采用推力球轴承，受力不合理，因为推力球轴承只能承受轴向力，不能承受径向力，而此装置在工作过程中却有径向力存在。径向力产生的原因有二，一是渐开线齿形工作时存在径向力，二是当沿辊道滚动方向推出升降台上的锭垛时，也有水平方向力作用于升降台上。另外，轴承座孔尺寸过大，与轴承之间有 1mm 的间隙，在径向力作用下，升降台工作时产生水平偏移，影响齿条同齿轮的正常啮合，严重时有可能将轴承从轴承座推出，若将推力球轴承改为推力角接触球轴承，并在它下面加一个深沟球轴承（为更可靠），同时将轴承座与轴承外圈的配合改为过渡配合。这样推力角接触轴承可以承受以轴向载荷为主的径向、轴向联合载荷，从而解决了升降台工作时的水平移动问题，也改善了齿条、齿轮的啮合状态。

　　（5）两调心轴承组合时调心中心应重合

　　调心球轴承与推力调心滚子轴承组合时，两轴承调心中心要重合。如

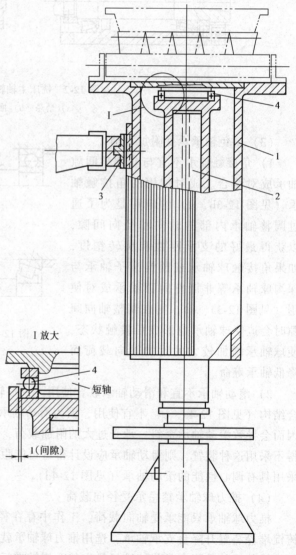

图 12-5　铸锭机堆垛装置升降台支承轴承设计错误

1—升降台　2—柱塞式液压缸　3—齿条、
齿轮传动　4—支承轴承

图 12-6a 所示为某磁选机转环体通过主轴支承在上、下两个轴承箱的轴承上，上轴承为调心球轴承，下轴承为推力调心滚子轴承。这种组合支承两轴承的调心中心必须重合，如若不然将使两轴承的滚动体和滚道受力情况恶化，致使轴承过早损坏。其原因分析如下：如图 12-6c 所示，调心球轴承调心中心为 O，推力调心滚子轴承调心中心为 O_1，设计时两者应同心，即 O 与 O_1 在一点。若由于设计不周或轴承底座不平以及安装调试等误差，O 与 O_1 不重合，如图 12-6b 所示，造成偏心，这种偏心将迫使滚动体在滚道内运行轨迹发生变化，中心在 O_1 点时，轨迹为Ⅰ，若因上述偏心等原因使中心移至 O_2，则轨迹为Ⅱ，滚动体在滚道内运动轨迹的这种变化，使滚动体与滚道受到附加载荷，当轴受力变形后，两调心轴承的运动互相干涉，这种结构原则上很难达到自动调心的目的。所以对此类轴承组合设计时，应特别注意较全面的计算负荷，选用合宜的尺寸系列轴承，一般可考虑选用直径系列和宽度系列大些的轴承类型，应注意使 O 与 O_1 点重合，同时还要注意安装精度和轴承座底面的加工精度等。也可考虑改用其他类型的支承。

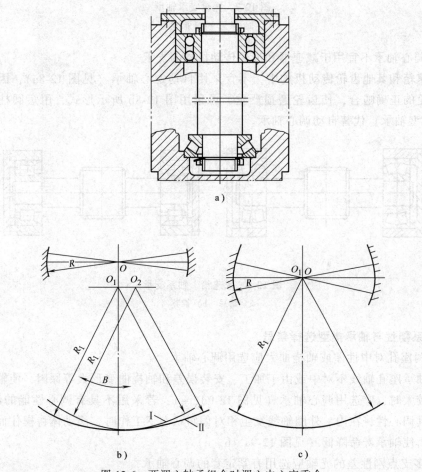

图 12-6　两调心轴承组合时调心中心应重合

a）磁选机立式传动轴支承　b）上、下轴承的调心 O 及 O_1 不重合　c）上、下轴承的调心 O 及 O_1 重合

R—径向轴承半径　R_1—推力轴承半径

在图 12-7a 所示的重载托轮支承中，若采用调心滚子轴承与推力调心滚子轴承，则也属

于调心中心不重合，受力不合理情况，可考虑采用圆锥滚子轴承，如图 12-7b 所示。

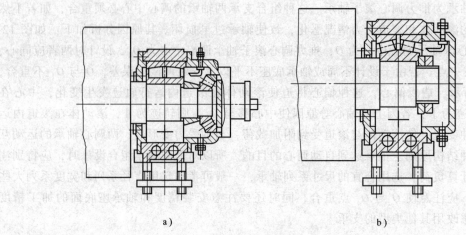

a)   b)

图 12-7　托轮支承轴承

a) 禁忌　b) 推荐

（6）调心轴承不宜用于减速器和齿轮传动机构的支承

在减速箱和其他齿轮传动机构中，不宜采用自动定心轴承（见图 12-8a），因调心作用会影响齿轮的正确啮合，使齿轮磨损严重，可采用图 12-8b 所示形式，用短圆柱滚子轴承（或其他类型轴承）代替自动调心轴承。

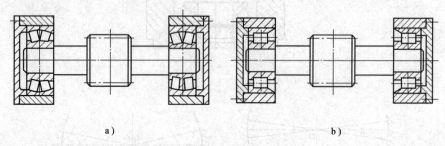

a)   b)

图 12-8　减速箱、轴系支承

a) 禁忌　b) 推荐

2. 轴系刚性与轴承类型选择禁忌

（1）两座孔对中性差或轴挠曲大应选用调心轴承

当两轴承座孔轴线不对中或由于加工、安装误差和轴挠曲变形大等原因，使轴承内、外圈倾斜角较大时，应选用调心轴承（见图 12-9d、e），若采用不具有调心性能的滚动轴承，由于其不具调心性，在内、外圈轴线发生相对偏斜状态下工作时，滚动体将楔住而产生附加载荷，从而使轴承寿命降低（见图 12-9a、b、c）。

（2）多支点刚性差的光轴应选用有紧定套的调心轴承

多支点的光轴（等径轴），在一般情况下轴比较长，刚性不好，易发生挠曲。如果采用普通深沟球轴承（见图 12-10a），不但安装拆卸困难，而且不能自动调心，使轴承受力不均而过早损坏，应采用装在紧定套上的调心轴承（见图 12-10b），不但可自动调心，而且装卸方便。

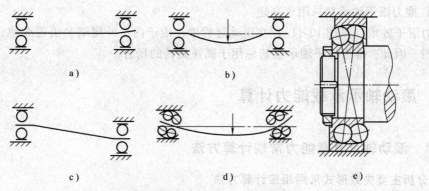

图 12-9　座孔不同心或轴挠曲大应选用调心轴承

a)、b)、c) 禁忌　d)、e) 推荐

3. 高转速条件下滚动轴承类型选择禁忌

下列轴承类型（见图 12-11）不适用于高速旋转场合。

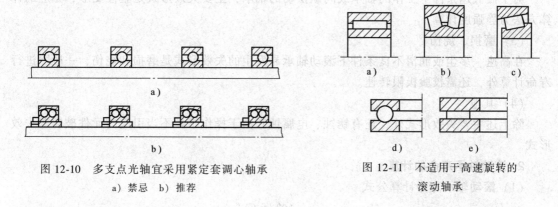

图 12-10　多支点光轴宜采用紧定套调心轴承

a) 禁忌　b) 推荐

图 12-11　不适用于高速旋转的

滚动轴承

（1）滚针轴承禁忌用于高速

滚针轴承（见图 12-11a）的滚动体是直径小的长圆柱滚子，相对于轴的转速滚子本身的转速高，这就限制了它的速度能力。无保持架的轴承滚子相互接触，摩擦大，且长而不受约束的滚子具有歪斜的倾向，因而也限制了它的极限转速。一般这类轴承只适用于低速、径向力大而且要求径向结构紧凑的场合。

（2）调心滚子轴承禁忌用于高速

调心滚子轴承（见图 12-11b）由于结构复杂，精度不高，滚子和滚道的接触带有角接触性质，使接触区的滑动比圆柱滚子轴承大，所以这类轴承也禁忌用于高速旋转。

（3）圆锥滚子轴承禁忌用于高速

圆锥滚子轴承（见图 12-11c）由于滚子端面和内圈挡边之间呈滑动接触状态，且在高速运转条件下，因离心力的影响要施加充足的润滑油变得困难，因此这类轴承的极限转速较低，一般只能达到中等水平。

（4）推力球轴承禁忌用于高速

推力球轴承（见图 12-11d）在高速下工作时，因离心力大，钢球与滚道、保持架之间有滑动，摩擦和发热比较严重。因此推力球轴承禁忌用于高速。

（5）推力滚子轴承禁忌用于高速

推力滚子轴承（见图 12-11e）在滚动过程中，滚子内、外尾端会出现滑动，滚子越长，滑动越烈。因此，推力滚子轴承也禁忌用于高速旋转的场合。

12.2 滚动轴承承载能力计算

12.2.1 滚动轴承承载能力常规计算方法

1. 分析主要失效形式采用相应计算方法

（1）疲劳点蚀

对于一般载荷，一般转速下工作的轴承，在交变应力作用下，主要失效形式是疲劳点蚀，针对这种失效形式应进行接触疲劳寿命计算和静强度计算。

（2）塑性变形

对于极低速条件下工作的轴承或间歇摆动的轴承，主要失效形式是塑性变形，相应的计算方法为静强度计算。

（3）磨损、烧伤

在高速、多尘或润滑不良条件下滚动轴承易发生的失效形式是磨损和烧伤，一般除进行寿命计算外，还需校验极限转速。

（4）其他

除上述主要失效形式外，还有锈蚀、电腐蚀和由于操作维护不当引起的元件破裂等失效形式。

2. 滚动轴承寿命的计算

（1）滚动轴承寿命计算公式

$$L_{10h} = \frac{10^6}{60n}\left(\frac{f_T C}{P}\right)^{\varepsilon}$$

式中　L_{10h}——滚动轴承寿命（h）；

　　　　n——滚动轴承转速（r/min）；

　　　　C——滚动轴承基本额定动载荷（N）；

　　　　P——当量动载荷（N）；

　　　　ε——寿命指数，球轴承 $\varepsilon=3$；滚子轴承 $\varepsilon=10/3$；

　　　　f_T——温度系数。

上式中，当量动载荷

$$P = f_P(xF_r + yF_a)$$

式中　f_P——载荷系数；

　　　　F_r——轴承的径向载荷（N）；

　　　　F_a——轴承的轴向载荷（N）；

　　　　x、y——径向载荷系数和轴向载荷系数。

（2）滚动轴承寿命计算的一般过程

1）载荷计算。载荷大小是寿命计算的必要条件，应首先求出。

径向载荷一般由材料力学求支反力的方法求出，因轴系多为空间力系，所以应分别求出水平面和垂直面的支反力，然后再合成。

滚动轴承的轴向载荷应根据轴承类型、组合结构等具体条件来确定，特别是角接触类轴承，其轴向载荷的计算，要综合考虑轴承的内部附加轴向力与外载荷进行计算。关于角接触轴承轴向载荷的计算，一般可按以下规则进行：①判明轴上全部轴向力（包括外载荷和轴承的内部附加轴向力）合力的指向，确定"压紧"端轴承和"放松"端轴承；②"压紧"端轴承的轴向载荷等于除了本身之外的其他各轴向力代数和；③"放松"端轴承的轴向载荷等于它本身的内部附加轴向力。

2）当量动载荷的计算。当量动载荷 $P = f_P(xF_r + yF_a)$，式中的 x、y 与轴承的类型及载荷大小有关，一般需试选轴承型号才能确定具体的 x、y 值，确定 x、y 值之后再进一步计算当量动载荷 P。

3）滚动轴承寿命计算。将上述 1）、2）步骤计算所得数据及其他已知条件，代入寿命计算公式即可计算出滚动轴承的寿命 L_{10h}。一般应使计算所得轴承寿命 $L_{10h} \geqslant L_{10h(预期)}$。$L_{10h(预期)}$ 为轴承的预期使用寿命，通常可参照机器大修期限决定轴承的预期使用寿命，也可根据对机器使用经验的荐用值进行选定。

综上所述，为清楚起见，将滚动轴承寿命计算的主要过程归纳为以下计算框图，如图 12-12 所示。

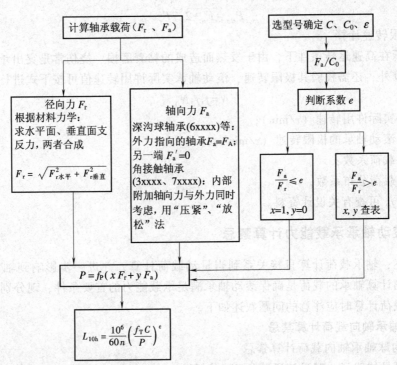

图 12-12　滚动轴承寿命计算框图

3. 滚动轴承静强度计算与极限转速计算

（1）滚动轴承静强度计算

滚动轴承静强度计算，是要限制滚动轴承在低速、摆动或冲击载荷下产生过大的塑性变

形。静强度的计算公式为

$$P_0 \leqslant \frac{C_0}{S_0}$$

式中　C_0——滚动轴承基本额定静载荷（N）；

　　　P_0——当量静载荷（N）；

　　　S_0——安全系数。

当量静载荷的计算方法如下：

1）$\alpha \neq 0°$的向心轴承（深沟球轴承、角接触轴承、调心轴承等）

$$\left. \begin{array}{l} P_{0r} = x_0 F_r + y_0 F_a \\ P_{0r} = F_r \end{array} \right\} 取两式中大者$$

式中　x_0——径向静载荷系数；

　　　y_0——轴向静载荷系数。

2）$\alpha = 0°$的向心轴承（圆柱滚子轴承、滚针轴承等）

$$P_{0r} = F_r$$

3）$\alpha = 90°$的推力轴承（推力球轴承、推力滚子轴承等）

$$P_{0r} = F_a$$

4）$\alpha \neq 0°$的推力调心滚子轴承，当$F_r \leqslant 0.55 F_a$时

$$P_{0a} = F_a + 2.7 F_r$$

（2）极限转速计算

滚动轴承在高速运转条件下，由于发热而造成的粘着磨损、烧伤常是突出矛盾，一般除进行寿命计算外，还需校验其极限转速，滚动轴承实际许用转速值可按下式进行计算

$$N = f_1 f_2 N_0$$

式中　N——实际许用转速（r/min）；

　　　N_0——滚动轴承的极限转速（r/min）；

　　　f_1——载荷系数；

　　　f_2——载荷分布系数；

N_0、f_1、f_2 可查有关设计资料。

12.2.2　滚动轴承承载能力计算禁忌

如前所述，轴承载荷计算直接关系到当量动载荷计算，并进一步影响到轴承寿命的计算，所以正确计算轴承的载荷是确保滚动轴承满足承载能力的首要条件，现分别对轴承轴向载荷与径向载荷计算时应注意的问题叙述如下。

1. 滚动轴承轴向载荷计算禁忌

（1）深沟球轴承轴向载荷计算禁忌

为使问题具体明了，现举例说明如下。如图 12-13a 所示减速器，Ⅰ 轴采用两端单向固定的深沟球轴承轴系，其结构简图如图 12-13b 所示；轴向载荷计算简图如图 12-14 所示。两端单向固定结构形式，一般用于普通工作温度下的短轴，为允许轴工作时有少量热膨胀，轴承安装时留有少量的轴向间隙，在轴向力 F_A 的作用下，轴系将向 1 轴承方向移动，因而轴承 1 受轴向力 F_A，即 $F_{a1} = F_A$，而轴承 2 不受轴向力，即 $F_{a2} = 0$。图 12-14a 所示计算是正确

的，图 12-14b 所示计算（$F_{a1}=F_A$，$F_{a2}=F_A$）是错误的。

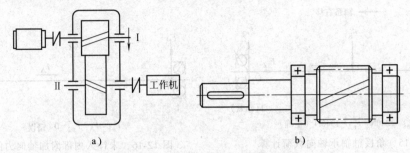

图 12-13　减速装置及 I 轴结构简图

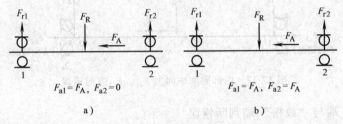

图 12-14　深沟球轴承轴向载荷计算简图

a）正确　b）错误

（2）角接触轴承轴向载荷计算禁忌

角接触轴承（角接触球轴承、圆锥滚子轴承等）承受径向载荷时，要产生内部附加轴向力，因此计算角接触轴承轴向载荷时，要同时考虑由径向力引起的附加轴向力和作用在轴上的其他工作轴向力，具体计算方法，按前面叙述的方法，首先判断轴承的"压紧端"和"放松端"，然后进行计算。现仍以图 12-13 所示减速器为例，说明角接触轴承轴向载荷计算时的一些常见错误。

对图 12-13 所示减速器的 I 轴，也可采用一对角接触球轴承（或圆锥滚子轴承）两端单向固定形式，如图 12-15 所示。令两轴承所受径向载荷 $F_{r1}=3300N$，$F_{r2}=1000N$，轴上载荷 $F_A=900N$，内部附加轴向力 $F_s=0.68F_r$，则两轴承内部附加轴向力 $F_{s1}=0.68×3300N=2240N$，$F_{s2}=0.68×1000N=680N$，F_{s1}、F_{s2} 方向向内，又因为 $F_{s2}+F_A=680N+900N=1580N<F_{s1}=2240N$，轴系右移，2 轴承压紧，1 轴承放松，所以 1 轴承的轴向力 $F_{a1}=2240N$，2 轴承的轴向力 $F_{a2}=F_{s1}-F_A=2240N-900N=1340N$。

以上是正确的计算，对此例常见的错误计算有以下几种。

（1）未计入内部附加轴向力 F_{s1}、F_{s2}

角接触轴承轴向载荷计算时，必须考虑内部附加轴向力 F_{s1}、F_{s2}，若计算时不计入 F_{s1}、F_{s2}，按深沟球轴承轴向载荷计算方法，得出 1 轴承轴向力 $F_{a1}=F_A$，2 轴承轴向力 $F_{a2}=0$ 的结论是错误的（见图 12-16）。

（2）内部附加轴向力 F_{s1}、F_{s2} 方向判断错误

角接触轴承内部附加轴向力的方向直接影响到角接触轴承轴向载荷的计算，计算时必须注意。内部附加轴向力的方向是由外圈的宽边指向窄边，如图 12-15 所示，而图 12-17 所示由外圈的窄边指向宽边则是错误的。此类错误在两轴承背对背安装（反装）时，更容易发

生（见图 12-18），所以在计算反装支承轴承轴向载荷时，更要多加注意。

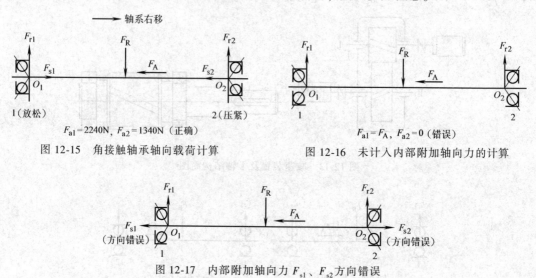

图 12-15　角接触轴承轴向载荷计算

图 12-16　未计入内部附加轴向力的计算

图 12-17　内部附加轴向力 F_{s1}、F_{s2} 方向错误

（3）"压紧"端与"放松"端判断错误

如前所述，按角接触轴承轴向载荷计算规则，计算轴承轴向载荷时，"放松"端轴承的轴向力等于本身内部附加轴向力，"压紧"端轴承轴向力等于除了本身附加轴向力之外的其他各轴向力代数和。若计算过程中，判断错误，将两者颠倒，则最后必将得出错误的计算结果。例如，若将图 12-15 中的支承形式由面对面（正装）改为背对背（反装），如图 12-19 所示，就很容易发生这种错误（见图 12-20），现将正确的算法与错误的算法对比分析如下。

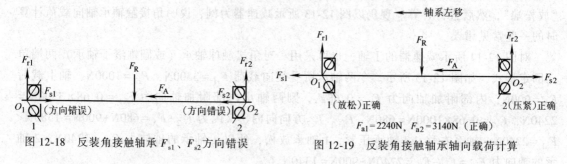

图 12-18　反装角接触轴承 F_{s1}、F_{s2} 方向错误

图 12-19　反装角接触轴承轴向载荷计算

首先，内部附加轴向力的方向不要画错，按上述原则，F_s 由外圈宽边指向窄边，F_{s1}、F_{s2} 应分别指向两侧（见图 12-19），由已知数据 $F_{s1}+F_A=2240\text{N}+900\text{N}=3140\text{N}>F_{s2}=680\text{N}$，轴系将左移，轴承 1 放松，轴承 2 压紧，所以轴承 1 的轴向载荷 $F_{a1}=F_{s1}=2240\text{N}$，轴承 2 的轴向载荷 $F_{a2}=F_{s1}+F_A=2240\text{N}+900\text{N}=3140\text{N}$。以上是正确的计算（见图 12-19）。

此例中，若判定轴系左移之后，得出 1 轴承"压紧"、2 轴承"放松"的结论，将是错误的（见图 12-20）。产生这种错误的原因是误认为轴系移动方向所指向的轴承一定压紧，其实这是不对的，角接触轴承的"压紧"与"放松"的判断一定要根据角接触轴承结构特点，分析判断，不可只根据轴系移动方向来判断，这种轴承"压紧"、"放松"判断的要点是：轴系移动方向（轴上轴向力合力指向）若由外圈的宽边指向窄边，则此轴承放松（因轴向力合力指向使内、外圈脱离），反之则压紧。图 12-20 所示违背这一原则，是错误的。

（4）轴承轴向载荷最后计算错误

按角接触轴承轴向载荷计算准则，“放松”端轴承的轴向力等于它本身的内部附加轴向力，“压紧”端轴承的轴向力等于除了它本身附加轴向力之外的各轴向力的代数和。计算时如果将这一原则前后颠倒，或将压紧端轴承轴向力计算成本身内部附加轴向力与轴上工作轴向力代数和，都将是错误的。图 12-21 所示的错误是“压紧”端轴承和“放松”端轴承轴向力计算公式颠倒；图 12-22 所示的错误是“压紧”端轴承轴向力写成本身内部附加轴向力与轴上工作轴向力的代数和。

轴系左移
F_{r1}
F_R
F_{r2}
F_A
F_{s1}
O_1
O_2
F_{s2}
1(压紧)错误
2(放松)错误

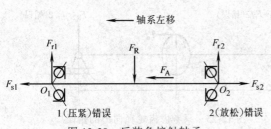

图 12-20　反装角接触轴承“压紧”端与“放松”端的判断

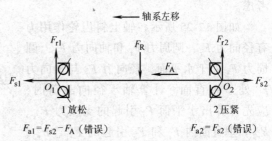

轴系左移
F_{r1}
F_R
F_{r2}
F_A
F_{s1}
O_1
O_2
F_{s2}
1 放松
2 压紧
$F_{a1}=F_{s2}-F_A$（错误）
$F_{a2}=F_{s2}$（错误）

图 12-21　“压紧”端、“放松”端轴向力公式颠倒

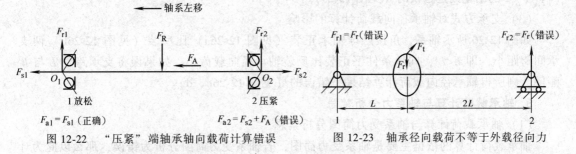

轴系左移
F_{r1}
F_R
F_{r2}
F_A
F_{s1}
O_1
O_2
F_{s2}
1 放松
2 压紧
$F_{a1}=F_{s1}$（正确）
$F_{a2}=F_{s2}+F_A$（错误）

图 12-22　“压紧”端轴承轴向载荷计算错误

$F_{r1}=F_r$(错误)
$F_{r2}=F_r$(错误)
F_t
F_r
L
2L
1
2

图 12-23　轴承径向载荷不等于外载径向力

2. 滚动轴承径向载荷计算禁忌

（1）将齿轮传动的径向力 F_r 误认为是轴承的径向载荷

滚动轴承的径向载荷并非轴上外力的径向力，而是在外力作用下的径向支反力，需利用材料力学求支反力的方法，经计算求得。例如，图 12-23 所示将齿轮传动的径向力 F_r 误认为是轴承的径向载荷是错误的。

F'_{r1}
F'_{r2}
F_t
F_r
F_{r1}
F_{r2}
L
2L
1
2
$F_{R1}=\sqrt{F_{r1}^2+F_{r1}'^2}$（正确）
$F_{R2}=\sqrt{F_{r2}^2+F_{r2}'^2}$（正确）

图 12-24　轴承径向载荷为水平面与垂直面支反力几何合成

正确的计算是分别计算水平面与垂直面支反力，然后再将两力几何合成（见图 12-24）。本例计算数值如下：

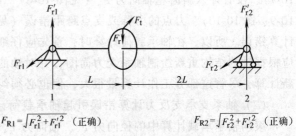

水平面支反力　$F_{r1}=\dfrac{2}{3}F_t$，$F_{r2}=\dfrac{1}{3}F_t$

垂直面支反力　$F'_{r1} = \dfrac{2}{3}F_r$，$F'_{r2} = \dfrac{1}{3}F_r$

轴承 1 的径向载荷　$F_{R1} = \sqrt{F_{r1}^2 + F_{r1}'^2} = \dfrac{2}{3}\sqrt{F_t^2 + F_r^2}$

轴承 2 的径向载荷　$F_{R2} = \sqrt{F_{r2}^2 + F_{r2}'^2} = \dfrac{1}{3}\sqrt{F_t^2 + F_r^2}$

（2）计算轴承径向载荷时只考虑齿轮传动径向力是错误的

滚动轴承的径向载荷，并不仅仅是齿轮传动径向力 F_r 作用下的径向支反力，齿轮传动的圆周力 F_t、轴向力 F_a 同样对滚动轴承产生径向支反力，计算轴承径向载荷时必须予以考虑。

如图 12-25 所示，轴上斜齿轮作用力有径向力 F_r、圆周力 F_t 和轴向力 F_a，圆周力 F_t 处于水平面，径向力 F_r 与轴向力 F_a 处于垂直面。计算轴承径向载荷时，应先计算出水平面 F_t 引起的支反力 F_{r1}、F_{r2} 和垂直面内 F_r 和 F_a 引起的 F'_{r1}、F'_{r2}，然后再将两平面内的支反力几何合成，其

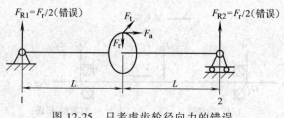

图 12-25　只考虑齿轮径向力的错误

几何合成值即为轴承的径向载荷。如果计算时只考虑齿轮传动的径向力 F_r，得出 $F_{R1} = F_r/2$、$F_{R2} = F_r/2$ 的结论则是错误的（见图 12-25）。

（3）支承方式对轴承径向载荷计算的影响

如图 12-26 所示轴系，角接触球轴承正装（见图 12-26a）比反装（见图 12-26b）两支承间跨距小，即 $L < L'$，同样条件下正装比反装轴承径向载荷小，如果误将支承跨距 L 与 L' 颠倒，则所得轴承径向载荷计算结果是错误的（见图 12-26c、d）。

3. 轴承载荷计算与轴系力分析禁忌

（1）轴承载荷计算与轴系受力简图分析禁忌

轴承载荷计算的依据主要是轴系受力简图，若轴系受力简图分析为错误，那么以此为计算基础的全部轴承载荷计算也都将是错误的。例如，第 10 章中带轮（或链轮等）压轴力 Q 方向错误（见图 10-4）、齿轮受力点错误（见图 10-5）、斜齿轮轴向力 F_a 方向错误（见图 10-7）、没有计入斜齿轮轴向力 F_a（见图 10-8）、传动零件作用力所处平面判断错误（见图 10-9、图 10-10）、力点的力臂或支点跨距错误（见图 10-11）等诸多错误都将导致轴承载荷计算错误。所以，在轴承载荷计算时，首先应仔细审查轴系受力简图，如果发现有错误，则应根据轴的结构重新绘制轴系受力简图，并对轴的强度计算部分进行修改，有时甚至需要重新计算，尽管这部分工作计算量很大，但也必须纠正。

（2）轴系支承支反力计算错误引起轴承载荷计算错误

滚动轴承承载计算中的径向力 F_r、轴向力 F_a，并非外力的径向力与轴向力，而是在外力作用下轴承所承受的径向支反力与轴向支反力，所以正确计算支反力，对轴承载荷计算十分重要。一般轴系多为空间力系，计算时应仔细分清哪些力在水平面内，哪些力在垂直面内；力系中有弯矩时，要正确判断其方向；计算时还要注意支反力的正、负号等，每一步骤均要仔细分析计算，否则都会使支反力计算错误，从而使轴承载荷计算错误。

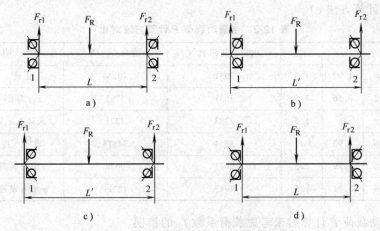

图 12-26　支承跨距对轴承径向载荷的影响

a)、b)　正确　　c)、d)　错误

4. 当量动载荷计算禁忌

滚动轴承同时承受径向和轴向联合载荷时，为了计算轴承寿命时在相同条件下比较，需将实际工作载荷转化为当量动载荷。在当量动载荷作用下，轴承寿命与实际联合载荷下轴承的寿命相同，当量动载荷 P 可按 $P=f_d(xF_r+yF_a)$ 计算，x、y 分别为径向动载荷系数和轴向动载荷系数，是由 "等当量动载荷曲线" 求得的，f_d 为载荷系数。计算当量动载荷时应首先确定 x、y、f_d 等，然后再进行 P 值计算。一般当量动载荷 P 的计算常见错误有：

（1）系数 x、y 颠倒 P 值计算错误

为使问题具体、明了，现举例说明。一深沟球轴承型号 6206，其基本额定动载荷 $C_r=19500N$，基本额定静载荷 $C_{0r}=11500N$，轴承受有径向力 $F_r=1153N$，轴向力 $F_a=369N$，载荷有中等冲击（$f_d=1.2\sim1.8$），试求当量动载荷 P。

正确计算如下：$F_a/C_{0r}=369/11500=0.0321$，由表 12-1 所示，$e=0.23$（插值求得），又 $F_a/F_r=369/1153=0.32>e=0.23$，所以 $x=0.56$，$y=1.92$（插值求得）；因有中等冲击，取 $f_d=1.5$，所以当量动载荷 $P=1.5\times(0.56\times1153+1.92\times369)N=2031N$（见表 12-2 计算方法 a）。若计算时 x、y 颠倒，按 $P=f_d(yF_r+xF_a)$，即 $P=1.5\times(1.92\times1153+0.56\times369)N=3631N$，则是错误的（见表 12-2 计算方法 b）。

表 12-1　径向动载荷系数 x 和轴向动载荷系数 y

	F_a/C_{0r}	e	$F_a/F_r\leqslant e$		$F_a/F_r>e$	
			x	y	x	y
深	0.014	0.19				2.30
沟	0.028	0.22				1.99
球	0.056	0.26	1	0	0.56	1.71
轴	0.084	0.28				1.55
承	⋮	⋮				⋮

（2）当量动载荷 P 计算时未考虑系数 x、y 的错误

上面例子中若不计系数 x、y，按 $P=f_d(F_r+F_a)=1.5\times(1153+369)N=2283N$ 计算是错误

的（见表 12-2 计算方法 c）。

表 12-2　当量动载荷 P 计算方法对比

计算方法	x	y	f_d	当量动载荷 P/N	寿命 L_{10h}/h	说　明	结　论
a	0.56	1.92	1.5	2031	10244	正确	正确
b	1.92	0.56	1.5	3631	1793	x、y 颠倒	错误
c	0	0	1.5	2283	7271	未计入 x、y	错误
d	0.56	1.92	1	1354	34573	未计入 f_d	错误
e	0.56	1.99	1.5	2071	9676	y 值有误差	不准确
f	0.56	1.71	1.5	1915	12221	y 值有误差	不准确

（3）当量动载荷 P 计算时未考虑载荷系数 f_d 的错误

机械工作时，常具有振动、冲击，甚至有强大冲击和振动，计算当量动载荷时必须予以考虑，为此引入载荷系数 f_d，如表 12-3 所示。上例中，如果计算当量时不考虑 f_d，而按 $P = xF_r + yF_a = 0.56 \times 1153\text{N} + 1.92 \times 369\text{N} = 1354\text{N}$ 计算是错误的（见表 12-2 计算方法 d）。

表 12-3　载荷系数 f_d

载荷性质	机器举例	f_d
无冲击或轻微冲击	电动机、水泵、通风机、汽轮机	1.0~1.2
中等冲击	车辆、机床、起重机、冶金设备、内燃机	1.2~1.8
强大冲击	破碎机、轧钢机、振动器、工程机械、石油钻机	1.8~1.3

（4）系数 x、y 应准确计算

当量动载荷计算式中的系数 x、y 是由滚动轴承的"等当量动载荷曲线"求得的，通常以数表形式给出，例如表 12-1 为其一部分。一般确定 x、y 时需用插值法，如果计算时只取与其较接近的值，例如上例中只取 $y = 1.99$ 或 $y = 1.71$，都将会给当量动载荷 P 计算带来误差，使后续的轴承寿命计算不准确。如果误差较大，对后面轴承寿命计算影响将会更大，甚至使计算结果失去真实意义，所以不宜采用表 12-2 计算方法 e、f。

5. 滚动轴承寿命计算注意事项

（1）滚动体为球和滚子时寿命指数 ε 不同

滚动轴承寿命计算公式中的寿命指数 ε，当滚动体为球时，$\varepsilon = 3$，当滚动体为滚子时，$\varepsilon = 10/3$，计算时两者不要混淆，例如一圆锥滚子轴承，基本额定动载荷 $C_r = 34000\text{N}$，当量动载荷 $P = 3223\text{N}$，转速 $n = 1450\text{r/min}$，室内使用 $f_T = 1$，则该轴承的寿命为

$$L_{10h} = \frac{16667}{n} \left(\frac{f_T C}{P} \right)^{\varepsilon} = \frac{16667}{1450} \left(\frac{1 \times 34000}{3223} \right)^{\frac{10}{3}} \text{h} = 29595\text{h}$$

若计算时取 $\varepsilon = 3$，则 $L_{10'h} = 13494\text{h}$，此结果与上述正确计算结果 29595h 相比，不足二分之一，显然是错误的。

（2）不同可靠度时滚动轴承寿命的计算

滚动轴承样本中所列的基本额定动载荷，是在不破坏率（可靠度）为 90% 时的数据，但在实际应用中，由于使用轴承的各类机械的要求不同，对轴承可靠度的要求也随之不同，所以不应再用前面的 L_{10h} 公式计算寿命，而应考虑一寿命修正系数 f_R，于是可靠度为 $R\%$ 的

修正额定寿命为：$L_{Rh} = f_R L_{10h}$，f_R 值如表 12-4 所示。

表 12-4　可靠性寿命修正系数 f_R

可靠度 R（%）	90	95	96	97	98	99
f_R	1. 0	0. 62	0. 53	0. 44	0. 33	0. 21

6. 低速、冲击或高速条件下轴承承载力计算禁忌

（1）以塑变为主要失效形式的轴承应计算静强度

滚动轴承寿命计算是为防止轴承疲劳点蚀失效的，但对于一些基本上不旋转、转速较低或冲击载荷条件下工作的轴承，其主要失效形式是塑变，所以就不能再按点蚀破坏计算寿命选择轴承，而应计算轴承的静强度。

（2）高速条件下的轴承应作极限转速验算

滚动轴承转速过高时，会使摩擦表面产生高温，影响润滑性能，破坏油膜，从而导致滚动体回火或元件胶合失效。所以对于此类轴承只作寿命计算是不够的，还应验算其极限转速。

12. 3　滚动轴承组合结构设计禁忌

12. 3. 1　滚动轴承组合结构设计主要内容

为保证滚动轴承正常工作，除正确选择轴承类型和确定型号外，还需合理设计轴承的组合结构，轴承组合结构设计主要考虑以下几个方面的问题：

1）滚动轴承轴系支承固定形式。

2）滚动轴承的配置。

3）滚动轴承游隙及轴上零件位置的调整。

4）滚动轴承的配合。

5）滚动轴承的装拆。

6）滚动轴承的润滑与密封。

下面就上述问题的设计与禁忌分述如下。

12. 3. 2　滚动轴承轴系支承固定形式

1. 轴系结构设计应满足静定原则

滚动轴承轴系支承结构设计必须使轴在轴线方向处于静定状态，即轴系在轴线方向既不能有位移（静不定），也不能有阻碍轴系自由伸缩的多余约束（超静定），轴向静定准则是滚动轴承支承结构设计最基本的重要原则。

若轴在轴向约束不够（静不定），则表示轴系定位不确定，禁忌出现这种情况。如图12-27a、b 所示轴系，两个轴承在轴线方向均没有固定，轴系相对机座没有固定位置，在轴向力作用下，就会发生窜动而不能正常工作。所以必须将轴承加以轴向固定以避免静不定问题，但每个轴系上也不能有多余的约束，否则轴系在轴向将无法自由伸缩（超静定），一般由于制造、装配等误差，特别是热变形等因素，将引起附加轴向力，如果轴系不能自由伸缩，将使轴承超载而损坏，严重时甚至卡死，所以轴系支承结构设计也应特别注意防止超静定问题出现。在轴系支承结构中，理想的静定状态不是总能实现的，一定范围内的轴向移动（准静定）或少量的附加轴向力（拟静定）是不可避免的，也是允许的，在工程实际中准静定和拟静定支承方式是常见的，它们基本上可看作是静定状态，重要的是这些少量的轴系轴向移动和附加轴向力的值的范围必须是在工程设计允许之中。如图 12-27c、d 所示即属这种情况。

按照上述静定设计准则，常见的轴系支承固定方式有三种：两端单向固定；一端双向固定、一端游动；两端游动。前两种应用较多，下面分别进行阐述。

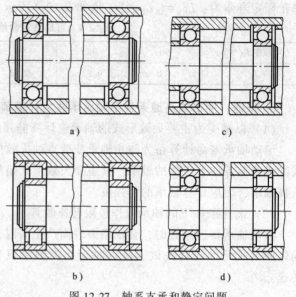

图 12-27　轴系支承和静定问题
a)、b) 错误　c)、d) 正确

2. 两端单向固定

普通工作温度下的短轴（跨距 $l<350mm$），支承常采用两端单向固定形式，每个轴承分别承受一个方向的轴向力，为允许轴工作时有少量热膨胀，轴承安装时，应留有 0.25 ~ 0.4mm 的轴向间隙（间隙很小，通常不必画出），间隙量常用垫片或调整螺钉调节。轴向力不太大时可采用一对深沟球轴承，如图 12-28 所示；当轴向力较大时，可选用一对角接触球轴承或一对圆锥滚子轴承，如图 12-29 所示。

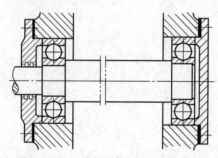

图 12-28　两端固定的深沟球轴承轴系

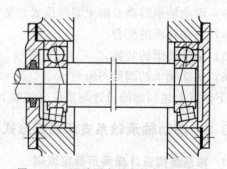

图 12-29　两端固定的角接触轴承轴系
（上半：角接触球轴承　下半：圆锥滚子轴承）

在使用圆锥滚子轴承两端固定的场合，一定要保证轴承适当的游隙，才能使轴系有正确的轴向定位。禁忌仅仅采用轴承盖压紧定位，如图 12-30 所示轴系，轴承盖无调整垫片，则不能调整轴承间隙，压得太紧，造成游隙消失，润滑不良，运转中轴承发热，烧毁轴承，严重时甚至卡死；间隙过大，轴系轴向窜动大，轴向定位不良，产生噪声，影响传动质量。所以使用圆锥滚子轴承两端固定时，一定要设置间隙调整垫片，如图 12-31a 所示，也可以采用调整螺钉，如图 12-31b 所示。

3. 一端双向固定，一端游动

对于跨距较大（大于 350mm）且工作温度较高的轴系，轴的热膨胀伸缩量大，宜采用一端双向固定，一端游动的支承结构，这种支承是较理想的静定状态，既能保证轴系无轴向移动，又可避免因制造安装等误差和热变形等因素引起的附加轴向力。常见的一端固定、一端游动的支承结构如图 12-32、图 12-33 所示。当轴向载荷

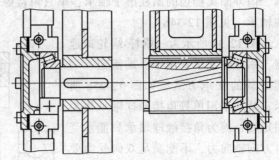

图 12-30　圆锥滚子轴承间隙无法调整

不大时，固定端可采用深沟球轴承（见图 12-32），轴向载荷较大时，可采用两个角接触轴承"面对面"或"背对背"组合在一起的结构，如图 12-33 所示（右端两轴承"面对面"安装）。

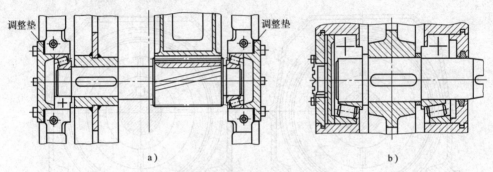

图 12-31　圆锥滚子轴承间隙的调整
a）调整垫片　b）调整螺钉

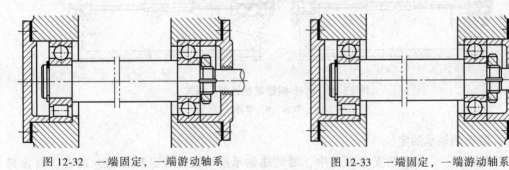

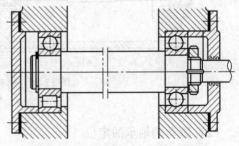

图 12-32　一端固定，一端游动轴系 　　　　图 12-33　一端固定，一端游动轴系
（上半为角接触球轴承，下半为圆锥滚子轴承）

为保证支承性能，使轴系正常工作，固定端与游动端必须考虑固定可靠、定位准确，这里说明几项值得注意的设计原则。

（1）固定端轴承必须能双向受力

在一端固定、一端游动支承形式中，由于游动端轴承在轴向完全自由，即不能承受任何轴向力，所以固定端轴承必须要能承受轴向正反双向力，也就是说，能作为固定端的轴承的一个先决条件是：它必须能承受正反双向轴向力，按此原则，深沟球轴承、内外圈有挡边的圆柱滚子轴承和一对角接触轴承的组合等可用作为固定端轴承（见图 12-34a），而滚针轴

承、内外圈无挡边的圆柱滚子轴承、单只角接触球轴承和单只圆锥滚子轴承等禁忌用作固定端轴承（见图12-34b）

图12-35所示为一蜗杆-蜗轮减速器，蜗杆轴支承采用了一端固定、一端游动的支承方式，如图12-35a所示，禁忌采用单只角接触球轴承作为固定端，因为角接触球轴承只能承受单方向轴向力，不能满足双向受力要求，轴系工作中轴向固定不可靠。图12-35b所示采用了一对角接触球轴承，可以承受双向轴向力，轴系工作时轴向固定可靠，所以是正确的。

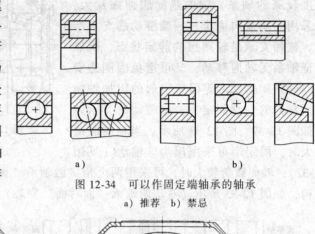

图12-34 可以作固定端轴承的轴承
a）推荐 b）禁忌

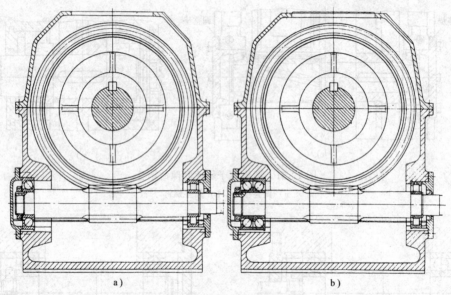

图12-35 蜗杆-蜗轮减速器支承形式
a）禁忌 b）推荐

（2）游动端轴承的定位

在一端固定、一端游动支承形式中，游动端轴承的功能是保证轴在轴向能安全自由伸缩，不允许承担任何轴向力。为此，游动端轴承的轴向定位必须准确，其设计原则是：在满足轴承不承担轴向力的前提下，尽量多加轴向定位。如采用有一圈无挡边的圆柱滚子轴承作游动端，则轴承内外圈4个面都需要轴向定位，图12-36a所示是错误的，图12-36b所示是正确的。

（3）游动端轴承轴承圈的固定

游动端轴承的轴向"游动"（移动），可由内圈与轴或外圈与壳体间的相对移动来实现，究竟让内圈与轴还是外圈与壳体之间有轴向相对运动，这应取决于内圈或外圈的受力情况，原则上是受变载荷轴承圈周向与轴向全部固定，而仅在一点受静载作用的轴承圈可与其外围

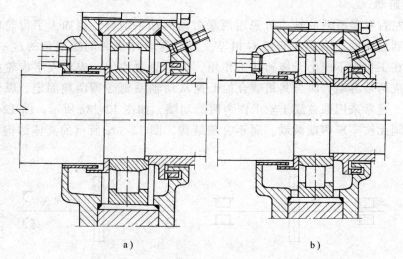

图 12-36　游动端轴承的轴向定位

a）禁忌　b）推荐

有轴向的相对运动。一般情况下，内圈和轴径同时旋转，受力点在整个圆周上不停地变化，而外圈与壳体一样静止不动，只在一处受静载，比如齿轮轴系、带轮轴系，此时，游动端的轴承应将外圈用于轴向移动，而不应使内圈与轴之间移动，如图 12-37 所示为圆盘锯轴系支承结构，图 12-37a 中使轴与内圈间相对移动是不合理的，图 12-37b 所示使外圈与壳体间轴向移动是合理的。

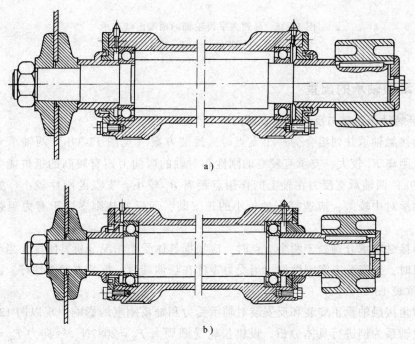

图 12-37　圆盘锯轴系游动端轴承圈的固定

a）禁忌　b）推荐

4. 两端游动

要求能左右双向游动的轴,可采用两端游动的轴系结构。例如人字齿轮由于在加工中,很难做到齿轮的左右螺旋角绝对相等,为了自动补偿两侧螺旋角的这一制造误差,使人字齿轮在工作中不产生干涉和冲击作用,齿轮受力均匀,应将人字齿轮的高速主动轴的支承做成两端游动,而与其相啮合的低速从动轴系则必须两端固定,以便两轴都得到轴向定位。通常采用圆柱滚子轴承作为两游动端,如图 12-38a 所示。图 12-38b 采用角接触球轴承则无法实现两端游动,属不合理结构。图 12-38a 所示的具体结构如图 12-38c 所示。

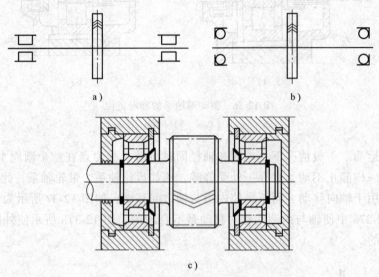

图 12-38　高速人字齿轮轴的两端游动支承
a) 推荐　b) 禁忌　c) 图 a 的具体结构

12.3.3　滚动轴承的配置

1. 角接触轴承正装与反装的基本原则

一对角接触轴承并列组合为一个支点时,反装方案(见图 12-39b)两轴承支反力在轴上的作用点距离 B_2 较大,支承有较高的刚性和对轴的弯曲力矩有较高的抵抗能力;正装时(见图 12-39a)两轴承支反力在轴上的作用点距离 B_1 较小,支点的刚性较小。如果轴系弯曲较大或轴承对中较差,应选择刚性较小的正安装,而反安装则多用于有力矩载荷作用的场合。

一对角接触轴承分别处于两个支点时,应根据具体受力情况分析其刚度,当受力零件在两轴承之间时,正安装方案刚性好,当受力零件在悬伸端时,反装方案刚性好,两方案的对比见第 10 章表 10-7。

为说明角接触轴承正安装和反安装对轴承受力和轴系刚度的影响,现以图 12-39c、d 所示的锥齿轮轴系为例进行具体分析。设锥齿轮受圆周力 $F_T = 2087N$,径向力 $F_R = 537N$,轴向力 $F_A = 537N$,两轴承中点(外圈宽中点)距离 100mm,锥齿轮距较近轴承中点距离 40mm,轴转速 1450r/min,载荷有中等冲击,取载荷系数 $f_d = 1.6$。轴系采用一对 30207 型轴承,分

a)   b)

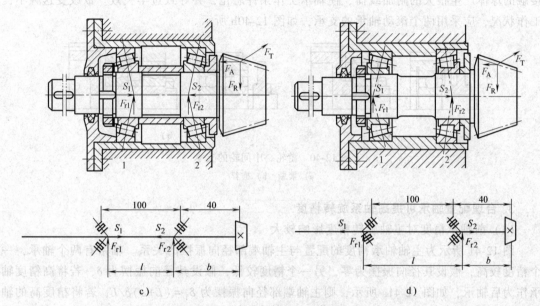

图 12-39　角接触轴承的正装与反装

a)、c)　正装　b)、d)　反装

别正安装和反安装。由设计手册查得轴承的基本额定动载荷 $C_r = 51500\text{N}$，尺寸 $a = 16\text{mm}$（支点距外圈外端面距离），$c = 15\text{mm}$（外圈宽）。现按两种安装方案进行计算，其结果列于表 12-5。

表 12-5　锥齿轮轴系支承方式的刚度、轴承受力与寿命计算对比

		正装（见图 12-39c）		反装（见图 12-39d）	
轴承跨距 l/mm		$100+c-2a=83$		$100+2a-c=117$	
齿轮悬臂 b/mm		$40+a-c/2=48.5$		$40-a+c/2=31.5$	
锥齿轮处挠度 y 之比		$y_{正装}/y_{反装} \approx 2.1$			
		轴承 1	轴承 2	轴承 1	轴承 2
轴承受力/N	径向力 F_r	1223	3364	562	2699
	轴向力 F_a	1588	1051	306	843
	当量动载荷 P	4848	5383（最大）	1143	4319
轴承寿命 L_{10h}/h		30290	21368（最短）	3.7×10^6	44521
结论		较差		较好	

由表 12-6 可知：正安装由于跨距 l 小，悬臂 b 较大，因而轴承受力大，轴承 1 所受径向力正安装时约为反安装时的 2.2 倍，锥齿轮处的挠度，正安装时约为反安装时的 2.1 倍，所以正安装时轴承寿命低，轴系刚性差。但正安装时轴承间隙可由端盖垫片直接调整，比较方便，而反安装时轴承间隙由轴上圆螺母进行调整，操作不便。

2. 游轮、中间轮禁忌用一个滚动轴承支承

游轮、中间轮等承载零件，尤其当其为悬臂装置时，如果采用一个滚动轴承支承（见图 12-40a），则球轴承内外圈的倾斜会引起零件的歪斜，在弯曲力矩的作用下，会使形成角接触的球体产生很大的附加载荷，使轴承工作条件恶化，并导致过早失效。欲改变这种不良工作状况，应采用两个滚动轴承的支承，如图 12-40b 所示。

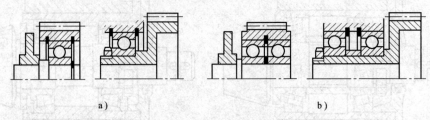

图 12-40　游轮、中间轮的支承

a）禁忌　b）推荐

3. 合理配置轴承可提高轴系旋转精度

（1）前轴承精度对主轴旋转精度影响较大

图 12-41 所示为主轴轴承精度的配置与主轴端部径向振摆的关系。轴系有两个轴承，一个精度较高，假设其径向振摆为零，另一个精度较低，假设其径向振摆为 δ，若将高精度轴承作为后轴承，如图 12-41a 所示，则主轴端部径向振摆为 $\delta_1 = (L+a)\delta/L$；若将精度高的轴承作为前轴承，如图 12-41b 所示，则主轴端部径向振摆为 $\delta_2 = (a/L)\delta$，显然 $\delta_1 > \delta_2$，由此可见，前轴承精度对主轴旋转精度影响很大，一般应选前轴承的精度比后轴承高一级。两种方案对比分析见表 12-6。

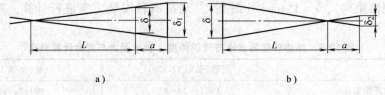

图 12-41　轴承精度配置对主轴精度影响

a）禁忌　b）推荐

表 12-6　轴承精度配置对主轴精度影响对比

轴承精度	轴承 A—精度高 径向振摆：0	轴承 B—精度低 径向振摆：δ	轴承精度	轴承 A—精度高 径向振摆：0	轴承 B—精度低 径向振摆：δ
配置方式	B 在前 A 在后 （见图 12-41a）	A 在前 B 在后 （见图 12-41b）	主轴旋转精度	较低	较高
主轴径向振摆	$\delta_1 = (L+a)\delta/L$	$\delta_2 = (a/L)\delta$	结论	不合理	合理

（2）两个轴承的最大径向振摆应在同一方向

图 12-42 中前后轴承的最大径向振摆为 δ_A 和 δ_B，按图 12-42a 所示，将两者的最大振摆装在互为 180°的位置，主轴端部的径向振摆为 δ_1；按图 12-42b 所示将二者的最大振摆装在同一方向，主轴端部的径向振摆为 δ_2，则 $\delta_1>\delta_2$，所以同样的两轴承，如能合理配置，可以取得比较好的结果。

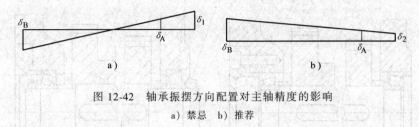

图 12-42 轴承振摆方向配置对主轴精度的影响
a）禁忌   b）推荐

（3）传动端滚动轴承的配置

为了保证传动齿轮的正确啮合，在滚动轴承结构为一端固定、一端游动时，禁忌将游动支承端靠近齿轮（见图 12-43a），而应将游动支承远离传动齿轮，如图 12-43b 所示。

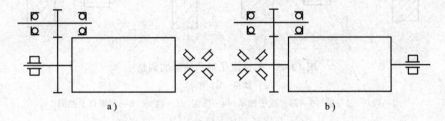

图 12-43 传动端滚动轴承的配置
a）禁忌   b）推荐

又例如，滚动轴承支承为一端固定、一端游动时，固定端轴承应装在靠近主轴前端（见图 12-44b），另一端为游动端，热膨胀后轴向右伸长，对轴向定位精度影响小，若如图 12-44a 所示主轴靠近游动端，则影响很大。

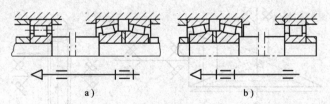

图 12-44 固定端应靠近主轴前端
a）禁忌   b）推荐

12.3.4 滚动轴承游隙及轴上零件位置的调整

1. 角接触轴承游隙的调整

角接触轴承，例如圆锥滚子轴承、角接触球轴承，间隙不确定，必须在安装或工作时通过调整确定合适的间隙，否则轴承不能正常运行，因此，使用这类轴承时，支承结构设计必须保证调隙的可能。例如，一齿轮传动轴系，两端采用一对圆锥滚子轴承的支承结构，其结构示意图如图 12-45a 所示，这是一种常用的以轴承内圈定位的结构。这种结构工作时，轴系温升后发热伸长，由于圆锥滚子轴承的间隙不能调整，所以轴承压盖将与轴承外圈压紧，使轴承产生附加轴向力，阻力增大，轴系无法正常工作，严重时甚至卡死，所以禁忌采用。图 12-45b 所示结构将轴承内圈定位改为轴承外圈定位，在轴端用圆螺母将轴承内圈压紧，当轴受热伸长时，轴承内圈位置可以自由调整，轴承不会产生附加载荷，轴系可正常工作。

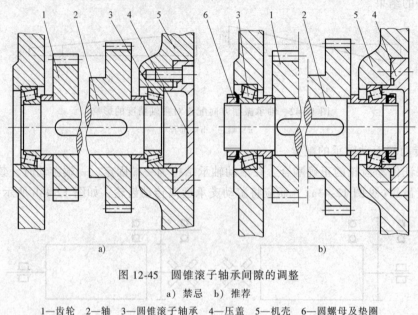

图 12-45　圆锥滚子轴承间隙的调整

a）禁忌　b）推荐

1—齿轮　2—轴　3—圆锥滚子轴承　4—压盖　5—机壳　6—圆螺母及垫圈

2. 轴上零件位置的调整

某些传动零件，如图 12-46a 所示的圆锥齿轮，要求安装时两个节圆锥顶点必须重合；蜗杆传动（见图 12-46b）要求蜗杆轴线位于蜗轮中心平面内，才能正确啮合。因此，设计轴承组合时，应当保证轴的位置能作轴向调整，以达到调整锥齿轮或蜗杆的最好传动位置的目的。

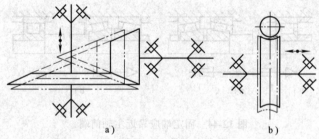

图 12-46　轴上零件位置的调整

为此，将确定其轴向位置的轴承装在一个套杯中（见图 12-47b），套杯则装在外壳孔中，通过增减套杯端面与外壳间垫片厚度，即可调整锥齿轮或蜗杆的轴向位置。而图 12-47a 中没有这种调整装置，禁忌采用，该图设计中有两个原则错误，一是使用圆锥滚子轴承而无轴承游隙调整装置，游隙过小，轴承易产生附加载荷，损坏轴承，游隙过大，轴向定位差，两种情况均影响轴承使用寿命；二是没有独立的锥齿轮锥顶位置调整装置，在有适当轴承游隙的情况下，应能调整圆锥齿轮锥顶位置，以确保圆锥齿轮的正确啮合。图 12-47b 所示是合理结构，图中调整垫片 1 用来调整轴承游隙，调整垫片 2 用来调整锥顶位置。

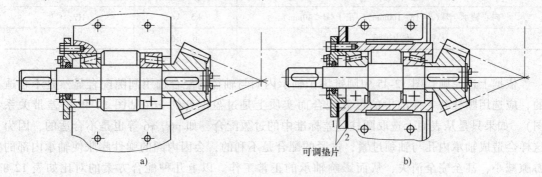

图 12-47　圆锥齿轮锥顶位置调整装置

a）禁忌　b）推荐

12.3.5　滚动轴承的配合

1. 滚动轴承配合制及配合种类的选择

滚动轴承的配合主要是指轴承内孔与轴颈的配合及外圈与机座孔的配合。滚动轴承是标准件，为使轴承便于互换和大量生产，轴承内孔与轴的配合采用基孔制，即以轴承内孔的尺寸为基准孔；轴承外径与外壳孔的配合采用基轴制，即以轴承的外径尺寸为基准轴，在配合中均不必标注。与内圈相配合的轴的公差带，以及与外圈相配合的外壳孔的公差带，均按圆柱公差与配合的国家标准选取，这里值得一提的是滚动轴承内孔的公差带在零线之下，而圆柱公差标准中基准孔的公差带在零线之上，所以轴承内圈与轴的配合比圆柱公差标准中规定的基孔制同类配合要紧得多。图 12-48 表示了与滚动轴承配合的回转轴和机座孔常用公差及其配合情况，从图中可以看出，对于轴承内

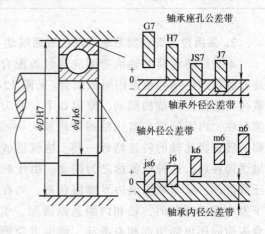

图 12-48　滚动轴承的配合

孔与轴的配合而言，圆柱公差标准中的许多过渡配合在这里实际成为过盈配合，而有的间隙配合，在这里实际变为过渡配合。轴承外圈与外壳孔的配合与圆柱公差标准中规定的基轴制同类配合相比较，配合性质类别基本一致，但由于轴承外径公差值较小，因而配合也较紧。

滚动轴承配合种类的选取，应根据轴承的类型和尺寸、载荷的大小和方向以及载荷的性质等来决定。滚动轴承的回转套圈受旋转载荷（径向载荷由套圈滚道各部分承受），应选紧一些的配合；不回转套圈受局部载荷（径向载荷由套圈滚道的局部承受），选间隙配合，可使承载部位在工作中略有变化，对提高寿命有利。常见的配合可参考表 12-7。一般来说，尺寸大、载荷大、振动大、转速高或温度高等情况下应选紧一些的配合，而经常拆卸或游动套圈则采用较松的配合。

表 12-7 滚动轴承的配合

轴承类型	回 转 轴	机 座 孔
向心轴承　球($d=18\sim100$mm)　滚子($d\leqslant40$mm)	k5，k6	H7，G7
推力轴承	j6，js6	H7

依据上述原则，图 12-45 中圆锥滚子轴承内圈与轴径的配合选用间隙配合显然是不合适的，应选用圆柱公差标准中的过渡配合而实质上是过盈配合的 k6（见图 12-48 公差带关系图）。如果只是从表面上选取圆柱公差标准中的过盈配合，如 p6、r6 等也是不合适的，因为这样会造成轴承内孔与轴颈过紧，过紧的配合是不利的，会因内圈的弹性膨胀使轴承内部的游隙减小，甚至完全消失，从而影响轴承的正常工作。以上几种配合方案的对比如表 12-8 所示。

表 12-8 回转轴径与轴承内圈配合选择对比

轴径公差	k6	p6	d6
圆柱公差标准中配合性质	过渡	过盈	间隙
轴颈与轴承内圈实际配合性质	过盈	过盈（增大）	间隙（减小）
结论	合理	不合理	不合理

2. 采用过盈配合禁忌轴承配合表面蠕动

承受旋转载荷的轴承套圈应选过盈配合，如果承受旋转载荷的内圈与轴选用间隙配合（见图 12-49a），那么载荷将迫使内圈绕轴蠕动，原因如下：因为配合处有间隙存在，内圈的周长略比轴颈的周长大一些，因此，内圈的转速将比轴的转速略低一些，这就造成了内圈相对轴缓慢转动，这种现象称之为蠕动。由于配合表面间缺乏润滑剂，呈干摩擦或边界摩擦状态，当在重载荷作用下发生蠕动现象时，轴和内圈急剧磨损，引起发热，配合表面间还可能引起相对滑动，使温度急剧升高，最后导致烧伤。

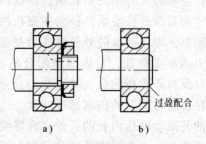

图 12-49 采用过盈配合
避免轴承表面蠕动
a）禁忌　b）推荐

避免配合表面间发生蠕动现象的唯一方法是采用过盈配合（见图 12-49b）。采用圆螺母将内圈端面压紧或其他轴向紧固方法不能防止蠕动现象，这是因为这些紧固方法并不能消除配合表面的间隙，它们只是用来防止轴承脱落的。

12.3.6 滚动轴承的装拆

1. 滚动轴承的装配

（1）滚动轴承安装要定位可靠

滚动轴承的内圈与轴的配合，除根据轴承的工作条件选择正确的尺寸和公差外，还必须使轴承的圆角半径 r 大于轴的圆角半径 R（见图 12-50b），以保证轴承的安装精度和工作质量。如果考虑到轴的圆角太小应力集中较大因素的影响和热处理的需要，须加大 R，在难于

满足 $r>R$ 时，可考虑轴上安装间隔环，如图 12-50c 所示。禁忌轴承圆角半径 r 小于轴的圆角半径 R（见图 12-50a），因为这样轴承无法安装到位，定位不可靠。另外轴肩的高度也禁忌太浅（见图 12-50d），因为这样轴承定位不好，影响轴系正常工作。

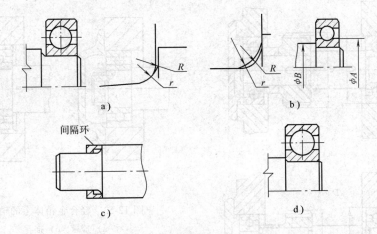

图 12-50 滚动轴承轴向定位结构

a)、d) 禁忌 b)、c) 推荐

（2）禁忌外小内大的轴承座孔

如图 12-51a 所示的轴承座，由于外侧孔小于内侧孔，需采用剖分式轴承座，结构复杂。若采用图 12-51b 所示形式，可不用剖分式，对于低速、轻载小型轴承较为适宜。

（3）轴承部件装配时要考虑便于分组装配

在设计轴承装配部件时，要考虑到它们分组装配的可能性。图 12-52a 所示结构，由于轴承座孔直径 D 选得比齿轮外径 d 小，所以必须在箱体内装配齿轮，然后再装右轴承。又因为带轮轮辐是整体无孔的，需要先装左边端盖然后才能安装带轮。而图 12-52b 所示的结构则比较便于装配，

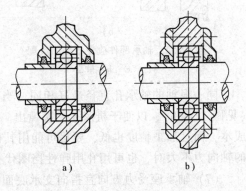

图 12-51 避免外小内大轴承座孔

a) 禁忌 b) 推荐

因为轴承座孔 D 比齿顶外径 d 大，可以把预先装在一起的轴和轴承作为整体安装上去。并且为了扭紧左边轴承盖的螺钉，在带轮轮辐上开了一些孔，更便于操作。

（4）在轻合金或非金属机座上装配滚动轴承禁忌

禁忌在轻合金或非金属箱体的轴承孔上直接安装滚动轴承（见图 12-53a），因为箱体材料强度低，轴承在工作过程中容易产生松动，所以应如图 12-53b 所示，加钢制衬套与轴承配合，不但增强了轴承处的强度，也增加了轴承处的刚性。

（5）禁忌两轴承同时装入机座孔

一根轴上如果都使用两个内外圈不可分离的轴承，并且采用整体式机座时，应注意装拆简易、方便。图 12-54a 所示因为在安装时两个轴承要同时装入机座孔中，所以很不方便，如果依次装入机座孔（见图 12-54b）则比较合理。

（6）机座上安装轴承的各孔应力求简化镗孔

对于一根轴上的轴承机座孔须精确加工，并保证同心度，以避免轴承内外圈轴线的倾斜角过大而影响轴承寿命。

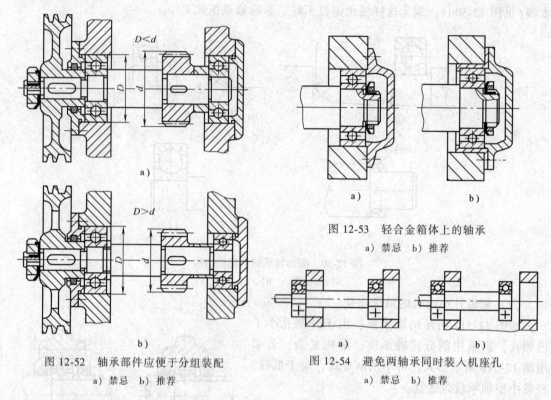

图 12-52　轴承部件应便于分组装配
a）禁忌　b）推荐

图 12-53　轻合金箱体上的轴承
a）禁忌　b）推荐

图 12-54　避免两轴承同时装入机座孔
a）禁忌　b）推荐

同一根轴的轴承孔直径最好相同，当直径不同时（见图 12-55a），可采用带衬套的结构（见图 12-55b），以便于机座孔一次镗出。机座孔中有止推凸肩时（见图 12-55c），不仅增加成本，而且加工精度也低，要尽可能用其他结构代替，例如用带有止推凸肩的套筒。当承受的轴向力不大时，也可用孔用弹性挡圈代替止推凸肩（见图 12-55d）。

（7）轴承座受力方向宜指向支承底面

安装于机座上的轴承座，轴承受力方向应指向与机座连接的接合面，使支承牢固可靠（见图 12-56b）。禁忌受力方向相反，因为轴承座支承的强度和刚度会大大减弱（见图 12-56a）。

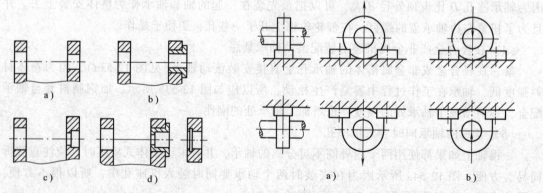

图 12-55　机座上安装轴承各孔应简化镗孔
a）、c）禁忌　b）、d）推荐

图 12-56　轴承座受力方向宜指向支承底面
a）禁忌　b）推荐

在不得已必须用于受力方向相反的场合时，要考虑即使万一损坏轴也不会飞出的保护措施。

（8）轴承的内外圈要用面支承

滚动轴承是考虑内外圈都在面支承状态下使用而制造的，因此，禁忌采用图 12-57a 所示的使用方式，外圈承受弯曲载荷，则外圈有破坏的危险，采用这种使用方式的场合，外圈要装上环箍，使其在不承受弯曲载荷状态下工作，如图 12-57b 所示。

2. 滚动轴承的拆卸

对于装配滚动轴承的孔和轴肩的结构，必须考虑便于滚动轴承的拆卸。

禁忌轴的凸肩太高（见图 12-58a），因为不便轴承从轴上拆卸下来。合理的凸肩高度应如图 12-58b 所示，约为轴承内圈厚度的 2/3～3/4。为拆卸，也可在轴上铣槽（见图 12-58c）。

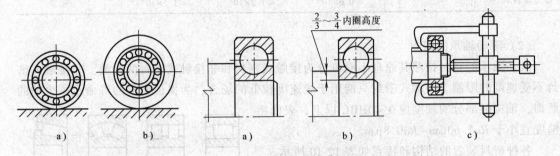

图 12-57 轴承内外圈要求面支承　　　　　图 12-58 轴承凸肩高度应便于轴承拆卸

　　a）禁忌　b）推荐　　　　　　　　　　a）禁忌　b）推荐　c）轴承拆卸

图 12-59a 中 $\phi_A<\phi_B$，不便于用工具敲击轴承外圈，将整个轴承拆出。而图 12-59b 中，因 $\phi_A>\phi_B$，所以便于拆卸。

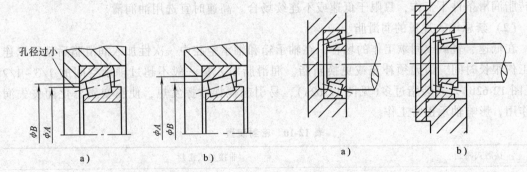

图 12-59　轴承外圈的拆卸　　　　　　图 12-60　可分离外圈的拆卸

　　a）禁忌　b）推荐　　　　　　　　　a）禁忌　b）推荐

又如图 12-60a 所示，圆锥滚子可分离的外圈较难拆卸，而图 12-60b 所示结构，外圈则很容易拆卸。

12.3.7　滚动轴承的润滑与密封禁忌

1. 概述

（1）滚动轴承的润滑

滚动轴承一般高速时采用油润滑，低速时采用脂润滑，某些特殊环境如高温和真空条件下采用固体润滑。滚动轴承的润滑方式可根据速度因数 dn 值选择（见表 12-9）。d 为滚动轴承的内径，单位 mm，n 为轴承转速，单位 r/min。dn 值间接地反映了轴颈的圆周速度。

表 12-9　滚动轴承润滑方式的选择

轴承类型	dn（mm·r/min）				
	脂润滑	浸油、飞溅润滑	滴油润滑	喷油润滑	油雾润滑
深沟球轴承 角接触球轴承 圆柱滚子轴承	$\leqslant(2\sim3)\times10^5$	$\leqslant2.5\times10^5$	$\leqslant4\times10^5$	$\leqslant6\times10^5$	$>6\times10^5$
圆锥滚子轴承		$\leqslant1.6\times10^5$	$\leqslant2.3\times10^5$	$\leqslant3\times10^5$	—
推力球轴承		$\leqslant0.6\times10^5$	$\leqslant1.2\times10^5$	$\leqslant1.5\times10^5$	—

（2）滚动轴承的密封

滚动轴承的密封按照其原理不同可分为接触式密封和非接触式密封两大类。非接触式密封不受速度的限制。接触式密封只能用于线速度较低的场合，为保证密封的寿命及减少轴的磨损，轴接触部分的硬度应在 40HRC 以上，表面粗糙度宜小于 $Ra1.60\mu m\sim Ra0.8\mu m$。

各种密封装置的结构和特点如表 12-10 所示。

2. 滚动轴承润滑禁忌

（1）高速脂润滑的滚子轴承易发热

图 12-61　不适于高速脂润滑的滚子轴承

由于滚子轴承在运转时搅动润滑脂的阻力大，如果高速连续长时间运转，则温度升高，发热大，润滑脂会很快变质恶化而丧失作用。因此滚子类轴承（见图 12-61）禁忌在高速连续运转脂润滑条件下工作，只限于低速或不连续场合。高速时宜选用油润滑。

（2）禁忌填入过量的润滑脂

在低速、轻载或间歇工作的场合，在轴承箱和轴承空腔中一次性加入润滑脂后就可以连续工作很长时间，而无须补充或更换新脂。润滑脂填入量一般不超过轴承空间的 $1/3\sim1/2$（见图 12-62b）。若装脂过多（见图 12-62a），易引起搅拌摩擦发热，使脂变质恶化而丧失润滑作用，影响轴承正常工作。

表 12-10　密封装置

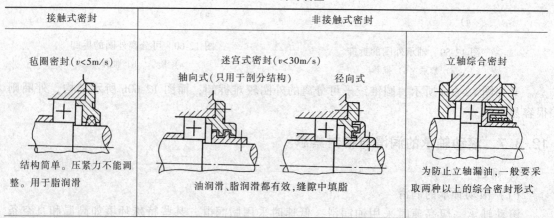

接触式密封	非接触式密封	
毡圈密封（$v<5\mathrm{m/s}$）	迷宫式密封（$v<30\mathrm{m/s}$） 轴向式（只用于剖分结构）　　径向式	立轴综合密封
结构简单。压紧力不能调整。用于脂润滑	油润滑、脂润滑都有效，缝隙中填脂	为防止立轴漏油，一般要采取两种以上的综合密封形式

（续）

接触式密封		非接触式密封	
密封圈密封($v<4\sim12\text{m/s}$)	油沟密封($v<5\sim6\text{m/s}$)	挡圈密封	甩油密封
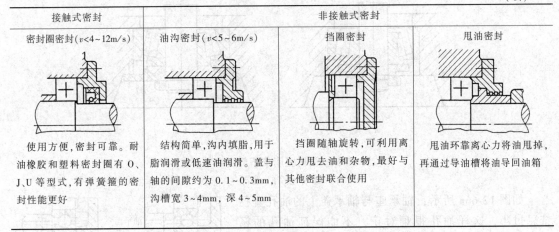			
使用方便，密封可靠。耐油橡胶和塑料密封圈有 O、J、U 等型式，有弹簧箍的密封性能更好	结构简单，沟内填脂，用于脂润滑或低速油润滑。盖与轴的间隙约为 0.1～0.3mm，沟槽宽 3～4mm，深 4～5mm	挡圈随轴旋转，可利用离心力甩去油和杂物，最好与其他密封联合使用	甩油环靠离心力将油甩掉，再通过导油槽将油导回油箱

（3）禁忌形成润滑脂流动尽头

在较高速度和载荷的情况下使用脂润滑，需要有脂的输入和排出通道，以便能定期地补充新的润滑脂，并排出旧脂。若轴承箱盖是密封的，则进入这一部分的润滑脂就没有出口，新补充的脂就不能流到这一头，持续滞留的旧脂恶化变质而丧失润滑性质（见图 12-63a），所以一定要设置润滑脂的出口。在定期补充润滑脂时，应先打开下部的放油塞，然后从上部打进新的润滑脂（见图 12-63b）。

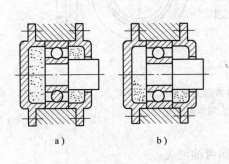

图 12-62　禁忌填入过量的润滑脂

a）禁忌　b）推荐

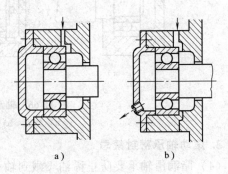

图 12-63　不要形成润滑脂流动尽头

a）禁忌　b）推荐

（4）立轴上脂润滑的角接触轴承要防止脂从下部脱离轴承

安装在立轴上的角接触轴承，由于离心力和重力的作用，会发生脂从下部脱离轴承的危险（见图 12-64a），禁忌采用。对于这种情况，可安装一个与轴承的配合件构成一道窄隙的滞流圈来避免（见图 12-64b）。

（5）浸油润滑油面禁忌高于最下方滚动体的中心

浸油润滑和飞溅润滑一般适用于低、中速的场合。浸油润滑时油面禁忌高于最下方滚动体中心（见图 12-65a），否则油面过高（见图 12-65b）搅油能量损失较大，温度上升，使轴承过热。

（6）轴承座与轴承盖上的油孔应畅通

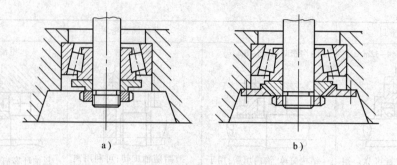

图 12-64　要防止脂从下部脱离轴承
a）禁忌　b）推荐

如图 12-66a 所示，轴承座与轴承盖上的油孔直径禁忌过小，这样油孔很难对正，不能保证油孔的畅通，应采用图 12-66b 所示的结构，其轴承盖如图 12-66c 所示，这样油便可畅通无阻。轴承盖上一般应开四个油孔，如果轴承盖上没有开油孔，润滑油无法流入轴承进行润滑。

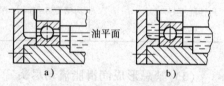

图 12-65　浸油润滑油面高度
a）推荐　b）禁忌

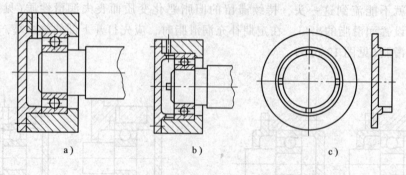

图 12-66　轴承座与轴承盖上的油孔
a）禁忌　b）推荐　c）轴承盖结构

3. 滚动轴承密封禁忌

（1）脂润滑轴承要防止稀油飞溅到轴承腔内润滑油流失

当轴承需要采用脂润滑，而轴上传动件又采用油润滑时，禁忌油池中的热油进入轴承中，因为会造成油脂的稀释而流走，或油脂熔化变质，导致轴承润滑失效。

为防止油进入轴承及润滑脂流出，可在轴承靠油池一侧加挡油盘，挡油盘随轴一起旋转，可将流入的油甩掉，挡油盘外径与轴承孔之间应留有间隙（见图 12-67a、b），若不留间隙（见图 12-67d），挡油盘旋转时与机座轴承孔将产生摩擦，轴系将不能正常工作。一般挡油盘外径与轴承孔间隙约为 0.2~0.6mm。常用的挡油盘装置如图 12-67c 所示。

（2）毡圈密封处轴径与密封槽孔间应留有间隙

毡圈密封是通过将矩形截面的毡圈压入轴承盖的梯形槽中，使之产生对轴的压紧作用，实现密封的（见图 12-68a），轴承盖的梯形槽与轴之间禁忌无间隙（见图 12-68b），因为无间隙轴旋转时将与轴承盖孔产生摩擦，轴系无法正常工作。毡圈油封形式和尺寸如图 12-68c 所示。

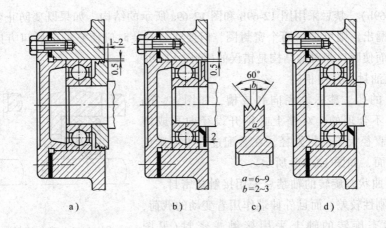

图 12-67　旋转式挡油盘密封装置

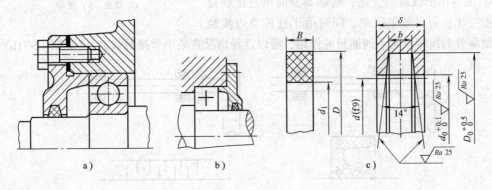

图 12-68　毡圈油封

a）推荐　b）禁忌　c）毡圈油封尺寸

（3）正确使用密封圈密封

橡胶密封圈用耐油橡胶或皮革制成，起密封作用的是与轴接触的唇部，有一圈螺旋弹簧把唇部压在轴上，以增加密封效果。使用时要注意密封唇的方向，密封唇应朝向要密封的方向。密封唇朝向箱外是为了防止尘土进入（见图 12-69a），密封唇朝向箱内是为了避免箱内的油

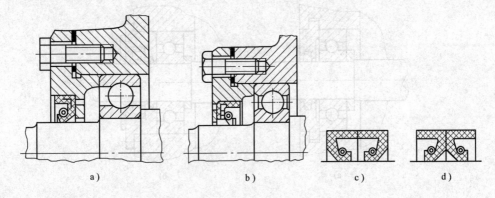

图 12-69　密封圈密封唇的方向

a）防尘　b）防漏油　c）禁忌　d）推荐

漏出(见图 12-69b)。禁忌采用图 12-69b 和图 12-69a 所示的结构。如果既要防止尘土进入，又要防止润滑油漏出，则可采用两个密封圈，但要注意安装时应使它们的唇口方向相反，如图 12-69d 所示，而使唇口相对的结构是错误的(见图 12-69c)。

（4）避免油封与孔槽相碰

安装油封的孔，禁忌设径向孔或槽，如图 12-70a 所示的结构是不合理的，对壁上必须开设径向孔或槽时，应使内壁直径大于油封外径，在装配过程中可避免接触油封外圆面，如图 12-70b 所示。

（5）呈弯曲状态旋转的轴禁忌采用接触式密封

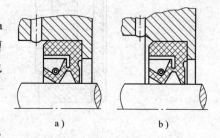

图 12-70　避免油封与孔槽相碰
a）禁忌　b）推荐

如果轴系刚性较差，而且外伸端作用着变动的载荷，不宜在弯曲状态旋转的轴上采用接触式密封(见图 12-71a)，因为由于载荷的变化，接触部分的单边接触程度也发生变化，密封效果较差，同时由于这种单边接触促进接触部分的损坏，起不到油封的作用，所以这种情况宜采用非接触式密封(见图 12-71b)。

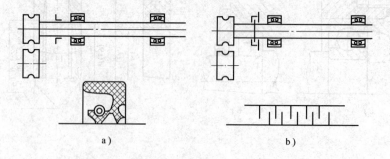

图 12-71　弯曲的旋转轴不宜采用接触式密封
a）禁忌　b）推荐

（6）多尘、高温、大功率输出(入)端密封禁忌采用毡圈密封

毡圈密封结构简单、价廉、安装方便，但摩擦较大，尤其不适于在多尘、温度高的条件下使用(见图 12-72a)，这种条件下可采用图 12-72b 所示的结构，增加一有弹簧圈的密封圈结构，或采用非接触式密封结构形式。

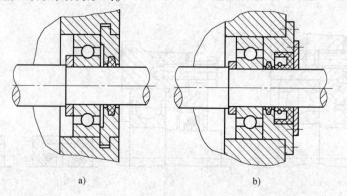

图 12-72　多尘、高温、大功率不宜采用毡圈密封
a）较差　b）较好

第 13 章　联轴器与离合器

一些比较常用的联轴器或离合器已经标准化、系列化,有的已由专业工厂生产。因此,一般是根据使用条件、使用目的和使用环境进行选用。若现有的联轴器或离合器的工作性能不能满足要求,则需设计专用的。选择或设计比较恰当的联轴器或离合器,一般不仅要考虑整个机械的工作性能、载荷特性、使用寿命和经济性问题,同时也应考虑维修保养等问题。本章仅就联轴器与离合器的一般有关问题叙述如下。

13.1　联轴器

13.1.1　联轴器类型选择禁忌

1. 单万向联轴器禁忌用于实现两轴间同步转动

应用于连接轴线相交的两轴的单万向联轴器(见图 13-1),能可靠地传递转矩和两轴间的连续回转,但它不能保证主、从动轴之间的同步转动,即当主动轴以等角速度回转时,从动轴作变角速度转动,从而引起动载荷,对使用不利。上述有关结论的理论分析如下。

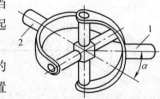

图 13-1　万向联轴器示意图

如图 13-2a 所示,轴 1 的叉面旋转到图纸平面上,而轴 2 的叉面垂直于图纸平面。设轴 1 的角速度为 ω_1,而轴 2 在此位置时的角速度为 ω_2'。取十字形零件上 A 点分析,若将十字形零件看作与轴 1 一起转动,则 A 点的速度为

$$v_{A1} = \omega_1 r$$

而将十字形零件看作与轴 2 一起转动,则 A 点的速度应为

$$v_{A2} = \omega_2' r\cos\alpha$$

显然,同一点的速度应该相等,即 $v_{A1} = v_{A2}$,所以

$$\omega_1 r = \omega_2' r\cos\alpha$$

即

$$\omega_2' = \frac{\omega_1}{\cos\alpha}$$

将两轴转过 90°,如图 13-2b 所示,此时轴 1 的叉面垂直于图纸平面,而轴 2 的叉面转到图纸平面上。设轴 2 在此位置时的角速度为 ω_2'',取十字形零件上 B 点分析,同理可得

$$\omega_2'' = \omega_1 \cos\alpha$$

如果再继续转过 90°,则两轴的叉面又将与图 13-2a 所示的图形一致。不难想象,每转过 90°,将交替出现图 13-2a 及图 13-2b 所示的叉面图形。因此,当轴 1 以等角速度 ω_1 回转时,轴 2 的角速度 ω_2 将在下列范围内作周期性的变化,即

$$\omega_1 \cos\alpha \leqslant \omega_2 \leqslant \frac{\omega_1}{\cos\alpha}$$

可见角速度 ω_2 变化的幅度与两轴的夹角 α 有关，α 越大，则 ω_2 变动越烈。

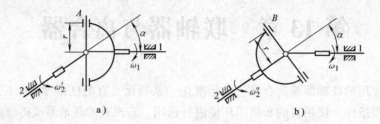

图 13-2 万向联轴器的速度分析

由于单个的万向联轴器存在着上述缺点，所以在要求两轴同步转动的场合，不可采用单万向联轴器，而应采用双万向联轴器，即由两个单万向联轴器串接而成，如图 13-3a、b 所示。当主动轴 1 等角速度旋转时，带动十字轴式的中间件 C 作变角速度旋转，利用对应关系，再由中间件 C 带动从动轴 2 以与轴 1 相等的角速度旋转。因此安装十字轴式万向联轴器时，如要使主、从动轴的角速度相等，必须满足两个条件：

1）主动轴、从动轴与中间件的夹角必须相等，即 $\alpha_1 = \alpha_2$。

2）中间件两端的叉面必须位于同一平面内（见图 13-3a、b）。

如果 $\alpha_1 \neq \alpha_2$（见图 13-3c）或中间两端面叉面不位于同一平面内，均不能使两轴同步转动。

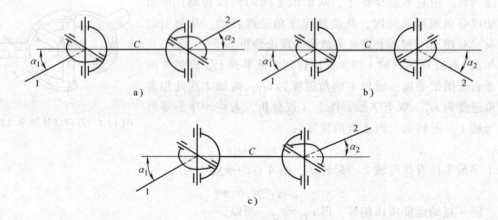

图 13-3 十字轴式万向联轴器示意图

a)、b) 正确 c) 错误

2. 要求同步转动时禁忌采用有弹性元件的联轴器

在轴的两端被驱动的是车轮等一类的传动件，要求两端同步转动，否则会产生动作不协调或发生卡住现象，在这种场合下，如果采用联轴器和中间轴传动，则联轴器一定要采用无弹性元件的挠性联轴器（见图 13-4a）。若采用有弹性元件的联轴器（见图 13-4b），会由于弹性元件的变形关系而使两端扭转变形不同，达不到两端同步转动。

3. 中间轴无支承时两端禁忌采用十字滑块联轴器

通过中间轴驱动传动件时，如果中间轴没有轴承支承（见图 13-5a），则在中间轴的两端不能采用十字滑块联轴器与其相邻的轴连接。因为十字滑块联轴器的十字盘是浮动的，容易造成中间轴运转不稳，甚至掉落，在这种情况下，应改用别的类型联轴器，例如采用具有中

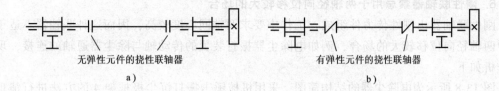

图 13-4　同步运转时不宜用有弹性元件联轴器

a）较好　b）较差

间轴的齿轮联轴器（见图 13-5b）。

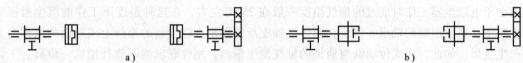

图 13-5　中间轴无支承不宜用十字滑块联轴器

a）较差　b）较好

4. 在转矩变动源和飞轮之间禁忌采用挠性联轴器

　　为了均衡机械的转矩变动而使用飞轮，在此转矩变动源和飞轮之间不宜采用挠性联轴器（见图 13-6a），因为这会产生附加冲击、噪声，甚至损坏联轴器，在这种情况下，可在飞轮与电动机之间使用固定联轴器，两者之间固定飞轮才有效果（见图13-6b）。

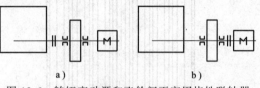

图 13-6　转矩变动源和飞轮间不宜用挠性联轴器

a）较差　b）较好

5. 载荷不稳定禁忌选用磁粉联轴器

　　如图 13-7 所示，码头上安装的带式输送机，设计时采用头尾同时驱动方式，由于头、尾滚筒在实际运行中功率不平衡，功率大的驱动滚筒受力比较大，这种场合电动机与减速器之间不宜采用磁粉联轴器（见图 13-7a），因为此种场合易使联轴器受力过大，长期使用磁粉易老化而损坏。可采用液力联轴器（液力偶合器），如图 13-7b 所示，头尾间载荷可自动平衡，工作可靠。

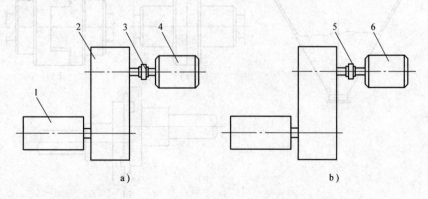

图 13-7　载荷不稳定不宜选用磁粉联轴器

a）较差　b）较好

1—滚筒　2—减速器　3—磁粉联轴器　4、6—电动机　5—液力偶合器

6. 刚性联轴器禁忌用于两轴径向位移较大的场合

刚性联轴器由刚性传力件组成，工作中要求两轴同心度较高，因而这种联轴器不适于工作中两轴径向位移较大的场合，例如电除尘器振打装置的传动轴与除尘器通轴的连接，现具体分析如下。

图 13-8 所示为电除尘器的结构简图，采用机械锤击振打沉尘极框架 4 的方法进行清理积尘。设计采用电动机通过减速装置和一级链传动（图中均未画出），带动一根贯通除尘器电场的通轴 3 上拨叉 8 回转，拨叉每回转一圈则拨动固定在每一块框架侧端的振打锤举起，然后靠自重落下达到锤击框架的目的。传动轴 1 与通轴 3 的连接禁忌采用刚性联轴器（见图 13-8a），因为由于电除尘器工作时通过的烟气温度一般在 250℃ 左右，在这种温度下工作的沉尘极框架产生变形，造成通轴的轴承 6 移位，而传动轴支承则固定在除尘器的箱体上或外面的操作台上不产生变形，如此，造成传动轴与通轴的轴线发生偏斜，刚性联轴器不能补偿这一位移，工作中产生较大的附加力矩，甚至使通轴卡死无法转动。对这种径向位移较大的场合，可选用十字滑块联轴器（见图 13-8b），十字滑块联轴器主要用于两平行轴间的连接，工作时可自行补偿传

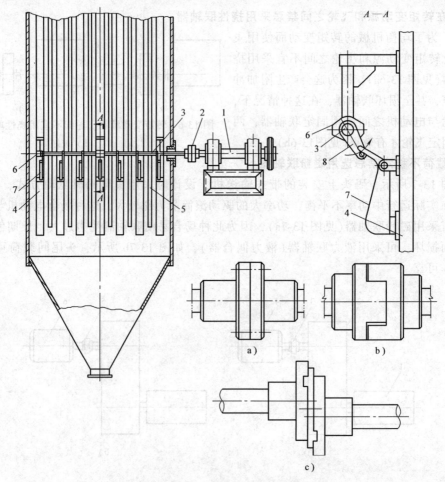

图 13-8　电除尘器传动轴与通轴的连接

a）较差　b）、c）较好

1—传动轴　2—联轴器　3—通轴　4—沉尘极框架　5—电晕极框架
6—轴承　7—振打锤　8—拨叉

动轴与通轴轴线的径向偏移(见图13-8c),从而保证振打装置的正常工作。

13.1.2 联轴器位置设计禁忌

1. 十字滑块联轴器禁忌设置在高速端

图13-9a所示传动装置中,十字滑块联轴器1不宜设置在减速器的高速轴端,应与低速轴端的弹性套柱销联轴器对调,如图13-9b所示。

十字滑块联轴器在两轴间有相对位移时,中间盘会产生离心力,速度较大时,将增大动载荷及其磨损,所以不适于高速条件下工作,而弹性套柱销联轴器由于有弹性元件可缓冲吸振,比较适于高速,所以两者对调比较好。

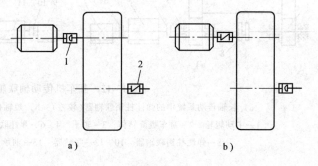

图13-9 十字滑块联轴器不宜设置在高速端

a) 较差 b) 较好

1—十字滑块联轴器 2—弹性套柱销联轴器

2. 高速轴的挠性联轴器应尽量靠近轴承

禁忌在高速旋转轴悬伸的轴端上安装挠性联轴器,因为悬伸量越大,变形和不平衡重量越大,引起悬伸轴的振动也越大(见图13-10a),因此,在这种场合下,应使联轴器的位置尽量靠近轴承(见图13-10b),并且最好选择重量轻的联轴器。

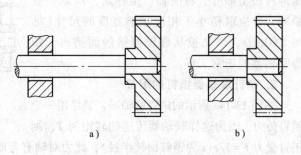

图13-10 高速轴的挠性联轴器应尽量靠近轴承

a) 较差 b) 较好

3. 液力联轴器的位置

液力联轴器应放置在电动机附近,如图13-11b所示,一则是液力联轴器转速高其传递转矩大,二则是电动机起动时可只带泵轮转动,起动时间较短。禁忌液力联轴器置于减速器输出端,如图13-11a所示,电动机起动时,不但要带动泵轮起动,而且还要带动减速器起动,起动时间长,且会出现力矩特性变差。

4. 弹性柱销联轴器禁忌用于多支承长轴的连接

如图13-12所示,圆形翻车机靠自重及货载重量压在两个主动辊轮和两个从动托辊上,当电动机转动时驱动减速器及辊轮旋转,从而使翻车机回转。

禁忌采用图13-12a所示的结构,两主动辊轮由一根长轴驱动,长轴分为两段,由弹性柱销联轴器连接,则由于长轴支承

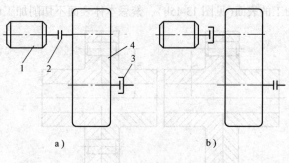

图13-11 液力联轴器的位置

a) 较差 b) 较好

1—电动机 2—联轴器 3—液力联轴器 4—减速器

较多(4个)，同轴度难以保证，且在长轴上易产生较大的挠度和偏心振动，因而产生附加弯矩，对翻车机工作极为不利，特别是当翻车机上货载不均衡时，系统起动更为困难。欲解决上述问题，可考虑将长轴改为两段短轴，改成双电动机分别驱动两主动辊轮的方案，如图 13-12b 所示。

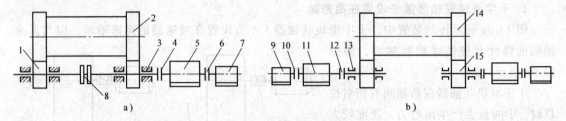

图 13-12 翻车机传动轴联轴器的设置
a) 长轴传动系统中的弹性柱销联轴器(较差) b) 短轴传动系统中的弹性柱销联轴器(较好)
1—主动辊轮 2—翻车机旋转体 3—轴承 4、6—弹性联轴器 5、11—减速器 7、9—电动机
8—弹性柱销联轴器 10、12—联轴器 13—轴承 14—旋转体 15—主动辊轮

13.1.3 联轴器结构设计禁忌

1. 挠性联轴器缓冲元件宽度的设计

禁忌挠性联轴器的缓冲元件宽度比联轴器相应接触面的宽度大(见图 13-13a)，这样其端部被挤出部分，将使轴产生移动，所以一般缓冲元件应取稍小于相应接触宽度的尺寸(见图 13-13b)，以防被从联轴器接触面挤出，妨碍联轴器的正常工作。

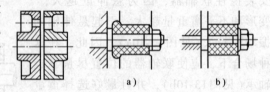

2. 销钉联轴器销钉的配置

如图 13-14a 所示的销钉联轴器，禁忌用一个销钉传力，因为这样联轴器传递的转矩为 T，则

图 13-13 缓冲元件宽度的设计
a) 禁忌 b) 推荐

销钉受力 $F = T/r$(r 为销钉回转半径)，此力对轴有弯曲作用，如果采用一对销钉(见图 13-14b)，则每个销钉受力为 $F' = T/2r$，仅为前者的一半，而且二力组成一个力偶，对轴无弯曲作用。

3. 联轴器的平衡

联轴器本体一般为铸件锻件，并不是所有的表面都经过切削加工，因此要考虑其不平衡。一般可根据速度的高低采用静平衡或动平衡。在高速条件下工作的联轴器本体应该是全部经过切削加工的表面(见图 13-15b)，禁忌本体表面不切削加工(见图 13-15a)，因为不利于联轴器的平衡。

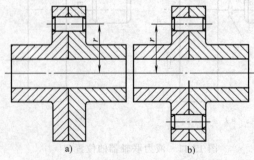

图 13-14 销钉联轴器销钉的配置
a) 较差 b) 较好

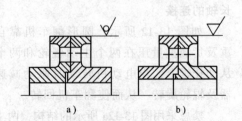

图 13-15 联轴器表面加工有利于平衡
a) 较差 b) 较好

4. 高速旋转的联轴器禁忌有突出在外的突起物

在高速旋转的条件下，如果联轴器连接螺栓的头、螺母或其他突出物等从凸缘部分突出（见图 13-16a），则由于高速旋转而搅动空气，增加损耗，或成为其他不良影响的根源，而且还容易危及人身安全。所以，在高速旋转条件下的联轴器应考虑使突出物埋入联轴器的防护边中，如图 13-16b 所示。

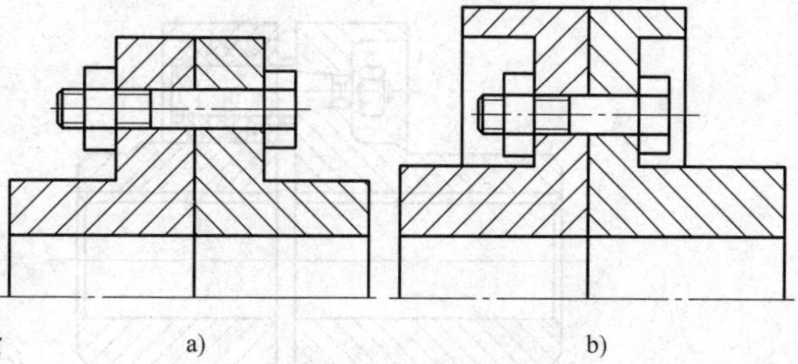

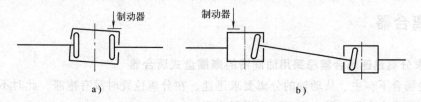

图 13-16 高速旋转联轴器不应有在外突起物
a）较差 b）较好

5. 禁忌利用齿轮联轴器的外套作制动轮

在需要采用制动装置的机器中，在一定条件下，可利用联轴器中的半联轴器改为钢制后作为制动轮使用。但对于齿轮联轴器，由于它的外套是浮动的，当被连接的两轴有偏移时，外套会倾斜，因此，禁忌将齿轮联轴器的浮动外套当作制动轮使用（见图 13-17a），否则容易造成制动失灵。

只有在使用具有中间轴的齿轮联轴器的场合（见图 13-17b），可以在其外套上改制或连接制动轮使用，因为此时外壳不是浮动的，不会发生与轴倾斜的情况。

图 13-17 禁忌用齿轮联轴器外套作制动轮
a）禁忌 b）推荐

6. 有凸肩和凹槽对中的联轴器要考虑轴的拆装

采用具有凸肩的半联轴器和具有凹槽的半联轴器相嵌合而对中的凸缘联轴器时，要考虑拆装时，轴必须做轴向移动。在轴不能做轴向移动或移动得很困难的场合（见图 13-18a），禁忌使用这种联轴器。因此，在能对中而轴又不能作轴向移动的场合，要考虑其他适当的连接方式，例如采用铰制孔装配螺栓对中（见图 13-18b），或采用剖分环相配合而对中（见图 13-18c）。

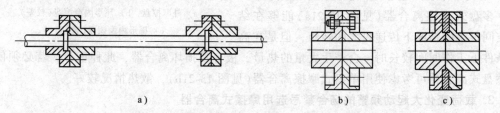

图 13-18 凸凹对中的联轴器要考虑轴的拆装
a）较差 b）、c）较好

7. 联轴器的弹性柱销要有足够的装拆尺寸

弹性套柱销联轴器的弹性柱销，应在不移动其他零件的条件下自由装拆，如图 13-19a 所示，设计时尺寸 A 有一定要求，就是为拆装弹性柱销而定。禁忌装拆时尺寸 A 小于设计规定，如图 13-19b 所示，右侧空间狭窄，手不能放入，拆装弹性套柱销时，必须卸下电动机才能进行处理，非常麻烦，应尽量避免。

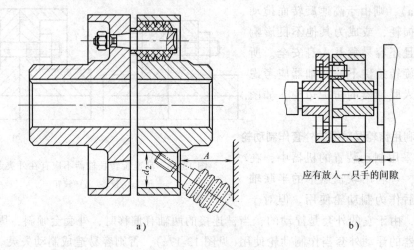

应有放入一只手的间隙

a)　　　　　　　　　　b)

图 13-19　弹性套柱销的装拆尺寸
a) 较好　b) 较差

13.2　离合器

1. 要求分离迅速场合禁忌采用油润滑的摩擦盘式离合器

在某些场合下，主、从动轴的分离要求迅速，在分离位置时没有拖滞，此时不宜采用油润滑的摩擦盘式离合器，因为由于油润滑具有黏性，使主、从动摩擦盘容易黏连，致使不易迅速分离，造成拖滞现象。若必须采用摩擦盘式离合器时，应采用干摩擦盘式离合器或将内摩擦盘做成碟形（见图 13-20c），松脱时，由于内盘的弹力作用可使其迅速与外盘分离。而环形内摩擦盘（见图 13-20b）则不如碟形，分离时容易拖滞。

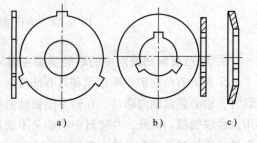

a)　　　　　b)　　　　　c)

图 13-20　要求分离迅速宜选用碟形内摩擦盘
a) 外摩擦盘　b) 环形内摩擦盘（较差）
c) 碟形内摩擦盘（较好）

2. 高温条件下禁忌选用多盘式摩擦离合器

多盘式摩擦离合器（见图 13-21a）能够在结构空间很小的情况下传递较大的转矩，但是在高温条件下工作时间较长时，会产生大量的热量，极容易损坏离合器，此种场合，若必须使用摩擦盘式离合器可考虑使用单盘式摩擦离合器（见图 13-21b），散热情况较好。

3. 载荷变化大起动频繁的场合禁忌选用摩擦式离合器

载荷变化较大且频繁起动的场合，例如挖掘机一类的传动系统，由于挖掘物料的物理性质变化大，阻力变化也大，使驱动机负荷变化范围大，且承受交变载荷，故要求驱动机有大的起动力矩和超载能力，碰到特殊情况还出现很大的堵转力矩，此时就要限制其继续转动，以免破坏设备，此种场合离合器既要适应变化的载荷，又要适应频繁离合，而摩擦式离合器（见图 13-22a）虽能使设备不随主传动轴旋转，但发热很大，不适用于这种工程机械。

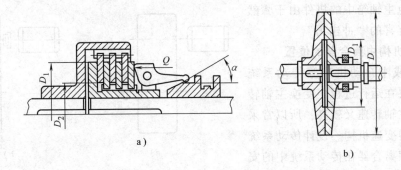

图 13-21 高温工作条件下的盘式摩擦离合器

a) 多盘式摩擦离合器(易发热) b) 单盘式摩擦离合器(散热好)

液力偶合器(见图 13-22b)具备载重起动、过载保护、减缓冲击和隔离振动等特点，可满足上述工况的要求，而且提高工作效率并降低油耗。

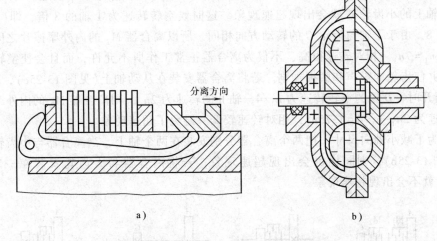

图 13-22 载荷变化大起动频繁不宜用摩擦离合器

a) 摩擦式离合器(不适于变载) b) 液力偶合器(适于变载)

4. 离合器操纵环禁忌安装在与主动轴相联的半离合器上

多数离合器采用机械操纵机构，最简单的是杠杆、拨叉和滑环所组成的杠杆操纵机构。

由于离合器在分离前和分离后，主动半离合器是转动的，而从动半离合器是不转动的，为了减少操纵环与半离合器之间的磨损，应尽可能将离合器操纵环安装在与从动轴相联的半离合器上(见图 13-23)。

5. 机床中离合器的位置

在图 13-24a 中，机床的离合器装在主轴箱的输出轴上，当离合器在"零位"时，虽然机床并不工作，但主轴箱中的轴和齿轮都在转动，功率做了无用的消耗，并使箱中机件磨损加快，机床寿命降低，所以禁忌将离合器装在主轴箱的输出轴上，而应将离合器装在电动机输出轴上，如图 13-24b 所示，这样在电动机开动时，可避免箱中机件在机床起动前的不必要磨损，

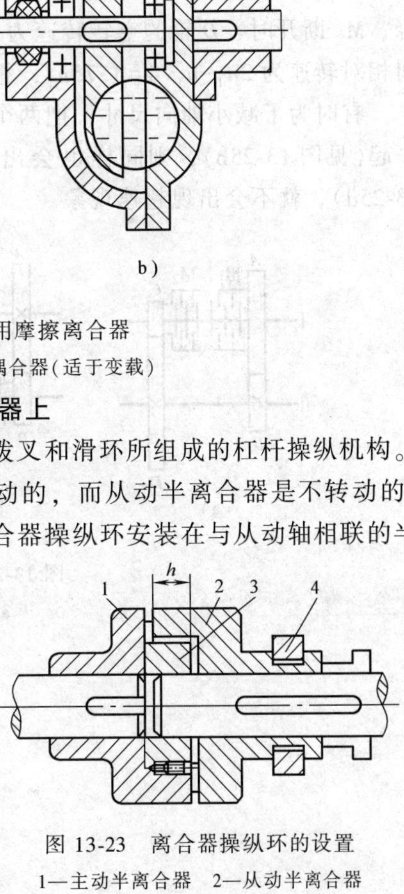

图 13-23 离合器操纵环的设置

1—主动半离合器 2—从动半离合器

3—对中环 4—操纵环

而且还能避免主轴箱中的机件由于骤然转动而遭受有害的"冲击力"。

6. 变速机构中离合器的位置

在自动或半自动机床等传动系统中，往往需要在运行过程中变换主轴转速，而机床主轴转速又较高，所以常采用摩擦离合器变速机构。设计传动系统时，对于摩擦离合器在传动系统中的安放位置，禁忌出现超速现象。所谓超速现象是指当一条传动路线工作时，在另

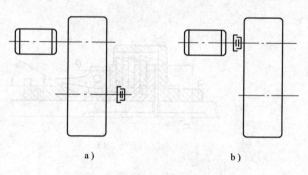

图 13-24　机床中离合器的位置
a）较差　b）较好

一条不工作的传动路线上，传动构件（例如齿轮）出现高速空转现象。

在图 13-25 中，Ⅰ轴为主动轴，Ⅱ轴为从动轴，各轮齿数为 $A = 80$，$B = 40$，$C = 24$，$D = 96$。当两个离合器都安装在主动轴上时（见图 13-25a），在离合器 M_1 接通、M_2 断开的情况下，Ⅰ轴上的小齿轮 C 就会出现超速现象。这时候空转转速为Ⅰ轴的 8 倍，即（80/40）×（96/24）= 8，由于Ⅰ轴与齿轮 C 的转动方向相同，所以离合器 M_2 的内外摩擦片之间相对转速为 $8n_1 - n_1 = 7n_1$。相对转速很高，不仅为离合器正常工作所不允许，而且会使空转功率显著增加，并使齿轮的噪声和磨损加剧。若将离合器安装在从动轴上（见图 13-25c），当 M_1 接合、M_2 断开时，D 轮的空转转速为 $n_1/4$，轴Ⅱ的转速为 $2n_1$，则离合器 M_2 的内外摩擦片之间相对转速为 $2n_1 - n_1/4 = 1.75n_1$，相对转速较低，避免了超速现象。

有时为了减小轴向尺寸，把两个离合器分别安装在两个轴上，当离合器与小齿轮安装在一起（见图 13-25b），则同样也会出现超速现象；若将离合器与大齿轮安装在一起（见图 13-25d），就不会出现超速现象。

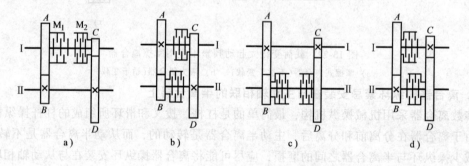

图 13-25　变速机构中离合器的位置
a）、b）禁忌　c）、d）推荐

第14章 弹 簧

14.1 概述

弹簧的种类很多，分类的方法也很多。

按承受的载荷类型分，有拉压弹簧、扭转弹簧和弯曲弹簧等；按结构形状分，有圆柱螺旋弹簧、非圆柱螺旋弹簧、板弹簧、碟形弹簧、环形弹簧、片弹簧、扭杆弹簧、平面涡卷弹簧和恒力弹簧等；按材料分，有金属弹簧、非金属的空气弹簧和橡胶弹簧等；按弹簧材料产生的应力类型分，有产生弯曲应力的螺旋扭转弹簧、平面涡卷弹簧、碟形弹簧和板弹簧；产生扭应力的螺旋拉压弹簧和扭杆弹簧；产生拉压应力的环形弹簧等。常用弹簧的类型及其特性见表 14-1。

表 14-1 常用弹簧的类型与特性

名 称	简 图	特 性 线	性 能
圆截面压缩弹簧	圆截面压缩弹簧		特性线成线性，结构简单，制造方便，应用广泛
矩形截面压缩弹簧	矩形截面压缩弹簧		在所占空间相同时，矩形截面弹簧比圆形截面的弹簧吸收的能量多，刚度更接近常量
扁截面压缩弹簧	扁形截面压缩弹簧		性能同矩形截面弹簧相近，但其工艺性和疲劳性能优越于矩形截面弹簧
不等节距压缩弹簧	不等节距压缩弹簧		当弹簧压缩到开始有簧圈接触时，特性线变为非线性，刚度及自振频率均为变量，利于消除和缓和共振，可作为变载荷机构的支撑或弹性元件

（续）

名　　称	简　　图	特　性　线	性　　能
多股压缩弹簧	多股压缩弹簧		当载荷大到一定程度时,特性线出现折点。比截面积相同的普通螺旋弹簧强度高,减振性能好,常用于武器和航空发动机中
圆柱螺旋弹簧	拉伸弹簧		结构简单,制造方便,应用广泛
	扭转弹簧		主要用于各种机构的压紧和储能
变径螺旋弹簧	圆锥压缩弹簧		当弹簧压缩到开始有簧圈接触时,特性线变为非线性,与变节距弹簧相比,有高的防共振能力,稳定性好,结构紧凑,多用于承载较大和减振的场合
	中凹型压缩弹簧		性能与圆锥压弹簧相似,多用于坐垫和床垫
	中凸型压缩弹簧		性能与圆锥压缩弹簧相似
	混合压缩弹簧		可获得特定的特性线

名　称	简　图	特　性　线	性　能
非圆柱螺旋弹簧	矩形簧圈压缩弹簧		在外廓尺寸有限制时使用，根据要求，簧圈可做成方形、矩形、梯形或椭圆形等
板弹簧	单板弹簧		具有良好的缓冲和减振性能，多用于汽车、拖拉机和铁路车辆的旋架装置
	多板弹簧		
扭杆弹簧			单位体积变形能大，主用于车辆旋架装置和稳定器，也用作内燃机的阀门
碟形弹簧			结构简单，减振和缓冲能力强，采用不同的组合可以得到不同的特性线，多用于中型车辆的缓冲和减振装置、车辆牵引钩和压力安全阀等
环形弹簧			阻尼作用大，有很高的减振能力，用于空间受限制的重型机械的缓冲和减振，如锻锤、机车牵引装置

（续）

名　称	简　图	特　性　线	性　能
片簧	线性 		用金属片制成，主要用于载荷和变形小的场合，如仪器仪表和家电等
	非线性 		
平面涡卷弹簧	非接触型 		圈数多，变形角大，储存的变形能量大，多用作压紧弹簧和仪器、钟表中的储能弹簧
	接触型 		
膜片膜盒	平膜片 		用作仪表的敏感元件，能起隔离两种不同介质的作用，如因压力改变能产生变形的柔性密封装置
	波纹膜片 		用来测量与压力成非线性关系的各种物理量，如管道中的液体和气体流量、飞行速度与高度

（续）

名　称	简　图	特　性　线	性　能
膜片膜盒	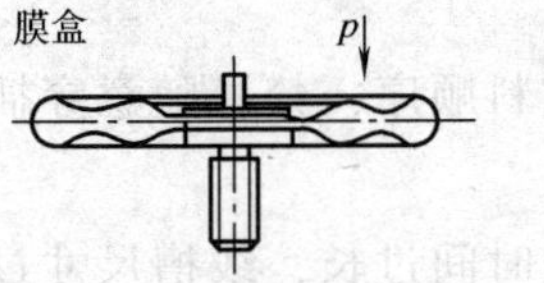 膜盒　　　P	随波纹线数,密度和深度而变化	两个相同膜片沿周边连接而成,安装方便
压力弹簧管	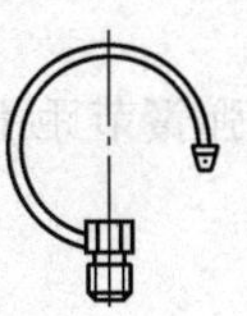	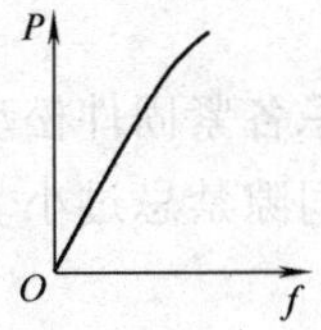 P　f　O	在流体压力作用下末端产生位移,通过传动机构将位移传到指针上,用于压力计、温度计、真空计、液位计和流量计
空气弹簧	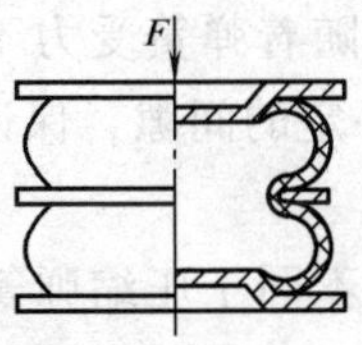 F	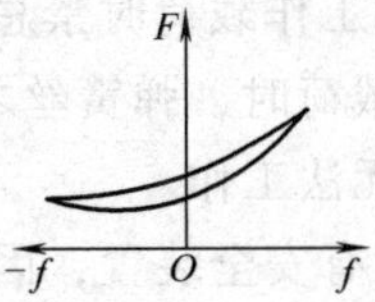 F　$-f$　O　f	可按需要设计特性线和高度,多用于车辆旋架装置
橡胶弹簧	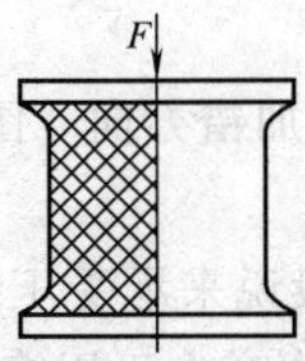 F	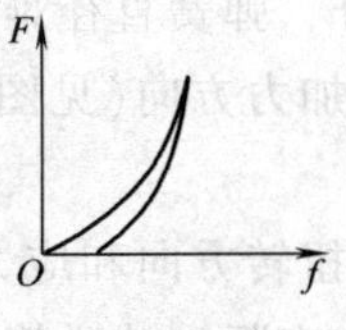 F　O　f	弹性模量小,容易得到需要的非线性特性线。形状不受限制,各方向刚度可自由选择,可承受来自多方面的载荷

14.2　弹簧制作及热处理禁忌

1. 弹簧热处理禁忌

1）过热倾向较大的弹簧材料，如 65Mn、SiMn 系弹簧钢，加热温度禁忌太高，以免过热。

2）在保证淬透性的情况下，禁忌使用冷却性能剧烈的介质。

3）尽量采用盐浴炉加热，禁忌出现材料氧化和脱炭。

4）禁忌回火温度过高和过低，以免发生硬度过高和过低。

5）弹簧热处理后，禁忌表面附着残盐，以免发生锈蚀。

6）热处理后的弹簧表面禁忌出现显著的脱碳层，以免影响材料的持久强度和抗冲击性能，因此，脱碳层深度和其他表面缺陷应在弹簧验收技术条件中详细规定。

7）经强压处理后的弹簧禁忌在高温、变载荷及有腐蚀性介质的条件下应用，因为在这种情况下，强压处理产生的残余应力是不稳定的，受变载荷的弹簧可采用喷丸处理，以提高其疲劳寿命。

2. 弹簧卷制的禁忌

1）发生材料乱盘时，就需要倒料，此时应严格按材料顺序，禁忌随意穿插，否则会越插越乱。

2）禁忌顶杆的线槽尺寸、安装位置不对，导板使用时间过长，线槽尺寸过渡磨损，使得卷出的弹簧直径不规则。

3）送料滚轮的压力禁忌太大或太小，以刚好送料为宜，以免弹簧自由长度尺寸变化太大。

4）检查变距系统的精度，禁忌各紧固件松动、窜位，以免弹簧节距不均匀。

5）支承圈末端与工作圈之间间隙禁忌过小。

14.3　弹簧设计禁忌

1）圆柱螺旋压缩弹簧受最大工作载荷时禁忌没有余量。随着弹簧受力不断增加，弹簧的弹簧丝逐渐靠近。在达到工作载荷时，弹簧丝之间应留有一定的间隙，保证此时弹簧仍有弹性。否则，弹簧将失去弹性，无法工作。

2）圆柱螺旋拉伸弹簧禁忌没有安全装置，因为拉伸弹簧不同于压缩弹簧，它没有自己的保护装置。

3）圆柱螺旋扭转弹簧的旋绕比禁忌过大或过小，旋绕比太小，材料弯曲变形严重，易断裂；旋绕比太大，簧圈容易松开，弹簧直径难控制。

4）注意圆柱螺旋扭转弹簧的加力方向（见图 14-1a），禁忌加错方向。图 14-1b 所示 p_1、p_2 方向相反，使弹簧受力小。

5）注意圆柱螺旋扭转弹簧的扭转方向和应力的关系，一般说来承受压缩应力较承受拉伸应力安全，较不易损坏，所以在实际设计弹簧时，使最大应力产生于压缩侧，并顺着弹簧的卷绕方向加载是有利的，禁忌加错方向。

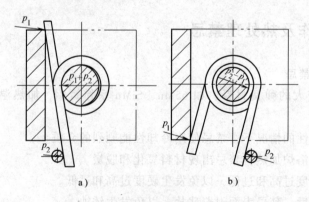

图 14-1　圆柱螺旋扭转弹簧加力方向禁忌

a）错误　b）正确

6）扭转螺旋弹簧的圈数禁忌小于 3 圈，如果小于 3 圈，就易受末端的影响，使得在承载时螺圈各部分作用着不等的弯矩。

7）环形弹簧的接触面的倾斜度以 1∶4 为宜，因为摩擦因数大的情况下，摩擦角如果大于倾斜角，则卸载时将产生自锁，即不能回弹。所以摩擦角在任何情况下都禁忌大于倾斜角。

8）环形弹簧的圆环的高度应取为外环外径的 16%～20%。其数值禁忌过小，否则接触面的导向不足，也禁忌过大，否则环的厚度相对较薄，制造困难。

9）由于环形弹簧材料的拉伸疲劳强度较压缩疲劳强度低，所以禁忌外环的厚度小于内环的厚度。

10）碟形弹簧的外径尺寸应在安装空间所允许的限度内尽量选取较大值，至于内外径之比 α 的取值范围，如仅考虑弹簧的效率问题，应选取 $\alpha = 1.8 \sim 3.2$，但由于受规定空间的限制，常使 α 取上述范围之外的数值，但 α 禁忌过小，因为难于制造，一般应使 α 值大于 1.25，而上限值实用上取小于 3.5。内外径的尺寸，一般是指定压平时的尺寸，其公差可参看有关标准。

11）为防止形成应力集中源，橡胶弹簧金属配件表面禁忌有锐角、凸起、沟和孔，并应使橡胶元件的变形尽量均匀。图 14-2a 所示为不适当的设计，图 14-2b 所示为较适当的设计。

12）橡胶弹簧在变形过程中，其横截面禁忌与其他结构零件接触，以避免产生接触应力和磨损。

13）带有金属配件的橡胶弹簧，其寿命主要取决于橡胶与金属结合的牢固程度，故在结合前，金属配件表面禁忌有锈蚀、油污和灰尘。黏合剂的涂布和干燥必须按规定的工艺，在规定的温度和环境下进行。

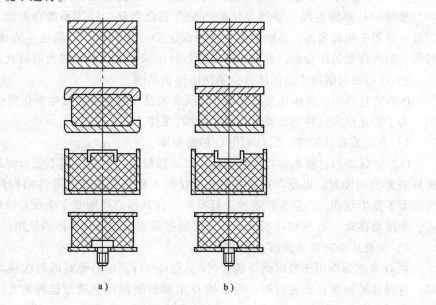

a）　　　　　　　b）

图 14-2　橡胶弹簧设计禁忌

a）较差　b）较好

第15章 密封装置

密封是一门涉及多学科的应用技术，它防止泄漏，减少物料的浪费，也可避免那些易燃、易爆、放射性或有毒物质泄漏对人身和环境的危害。

密封的分类方式有多种，根据与密封部位相联系的工作零件的状态，可将密封分为静密封与动密封两大类。工作零件间无相对运动的密封称为静密封；工作零件间有相对运动的密封称为动密封。根据密封面间间隙状态，可将密封分为接触密封与非接触密封。借助密封力使密封面互相接触或嵌入以减少或消除间隙的各类密封称为接触密封；密封面间预留固定的装配间隙，无需密封力压紧密封面的各类密封称为非接触密封。

几乎全部静密封都属于接触密封，如垫密封、胶密封和填料密封等。动密封既有接触密封，也有非接触密封，如接触密封的唇型密封、毡圈密封、油封密封以及非接触密封的迷宫密封等。

接触式动密封靠密封件与被密封零件表面接触实现密封，据接触表面的接触方式不同可分为填料密封和机械密封等。

非接触式密封利用间隙的阻力作用实现密封，如迷宫密封和浮动环密封等。

15.1 使用 O 形密封圈禁忌

1）与 O 形密封圈、油封等接触的滑动面要保持规定的表面的状态。

禁忌与 O 形密封圈、油封等接触的配合表面粗糙，因为不能很好地起到密封的作用，而且一旦用于粗糙表面，在密封圈的接触面上会产生伤痕，以后也不能使用了。与 O 形密封圈、油封接触的配合面，要确实地保持各自国家标准中规定的表面的状态。

2）O 形密封圈用于高压场合，要使用保护挡圈。

O 形密封圈用于高压场合，O 形密封圈有被挤出到间隙内发生损伤的情况，禁忌直接使用，为了防止出现这种情况要使用保护挡圈（见图 15-1）。

3）在安装和拆卸时，禁忌划伤 O 形密封圈。

O 形密封圈的材质非常容易被划伤。如果接触表面被划伤则不能起密封作用。在安装和拆卸 O 形密封圈时，以及将安装完成的零件装入配合件内时，零件结构形状应能保证顺利拆卸而不发生划伤，并且要慎重地进行操作。在其通道周围要完全没有棱角，以便平滑地装入，平滑地移动，如图 15-2 所示，另外要根据需要准备安装和拆卸使用的夹具。

4）往复运动时禁忌损伤 O 形密封圈。

在 O 形密封圈用于换向阀等场合时（见图 15-3），O 形密封圈每次移动都通过流道开口部，这时容易损伤 O 形密封圈。为了使 O 形密封圈能顺利通过这种地方，不挤到角上，要使其通过的各个地方平滑。

5）在安装作业中禁忌使 O 形密封圈偏离安装的预定位置。

以预定的正确状态将 O 形密封圈确实地安装在预定位置上是绝对必要的，一定要使其不发生从组装时定位的位置偏离、移动、下垂、部分挤出或部分咬入等，如图 15-4 所示。

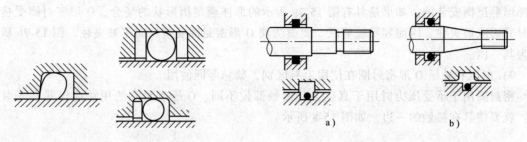

图 15-1　高压场合 O 形密封圈使用禁忌

图 15-2　O 形密封圈安装禁忌
a）错误　b）正确

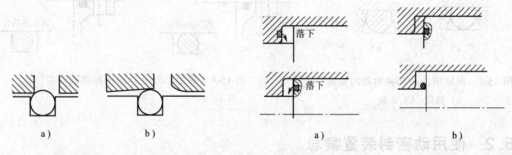

图 15-3　O 形密封圈用于换向阀的使用禁忌
a）错误　b）正确

图 15-4　O 形密封圈的正确安装
a）错误　b）正确

6）O 形圈的设置要选择装配时能监视的状态。禁忌如图 15-5a 所示，在安装的瞬间处于密闭室之中，这样不能监视和确认有无异常情况。

7）禁忌选择截面直径小、周长大的 O 形密封圈由于重力而下垂。

图 15-6 所示状态下使用截面直径小、周长大的 O 形密封圈，组装前因重力而下垂；组装时因挂住而拉伤。在使用这种尺寸 O 形密封圈的场合要选择能具有不因重力而下垂的足够张力的周长和安装直径的尺寸。

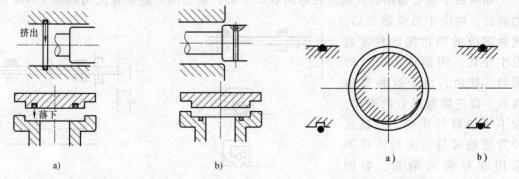

图 15-5　O 形圈的设置
a）错误　b）正确

图 15-6　截面直径小、周长大的
O 形密封圈使用
a）错误　b）正确

8）禁忌安装在燕尾槽内的 O 形密封圈被夹住。

在时而接触时而脱离的情况下使用 O 形密封圈，为了使其脱离时不致脱落，有将其压入梯形燕尾槽安装的。如果是具有图 15-7a 所示的那样燕尾槽形状的场合，O 形密封圈受挤压时其边缘被夹住，因而容易被剪断。要设法使 O 形密封圈受挤压时不被夹住。图 15-7b 所示为其一例。

9）内压和外压 O 形密封圈在使用上有区别，禁忌等同使用。

密封圈用于承受压力时用于真空，其接触部位不同。O 形密封圈的用法应该是在安装时，就要使其在接触的一边，如图 15-8 所示。

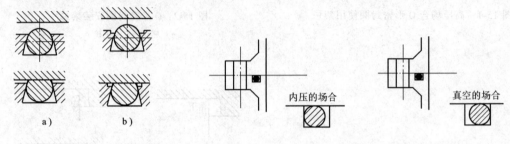

图 15-7　燕尾槽内 O 形密封圈的安装　　　　图 15-8　承受压力的 O 形密封圈的安装
　　　　　a）错误　b）正确

15.2　使用动密封装置禁忌

15.2.1　使用油封密封禁忌

（1）油封禁忌与滑动轴承组合使用

滑动轴承会磨损。轴承一旦发生磨损，不论在静态还是动态都产生轴心偏移。油封等不适用于轴心偏移的地方，特别是动态偏移的地方，滑动轴承必须采用即使轴心偏移也不致发生故障的其他密封方法。

（2）呈弯曲状态旋转的轴禁忌使用油封

如果由于悬臂轴端的负载而在弯曲状态下旋转的轴的密封装置使用如图 15-9a 所示的油封，则由于负载的变动，接触部分的单边接触程度也发生变化，因而成为漏油的原因。同时，由于这种单边接触，促进接触部分的损坏，起不了油封的作用，所以这种贯通轴部分的密封不得不采用非接触式油封，如图15-9b所示。

（3）在要求封住从内部来的油的同时又要阻止从外部来

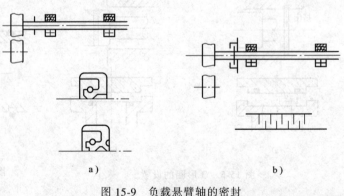

a)　　　　　　　　　　b)

图 15-9　负载悬臂轴的密封
a）错误　b）正确

的灰尘时要使用双向油封(见图 15-10)

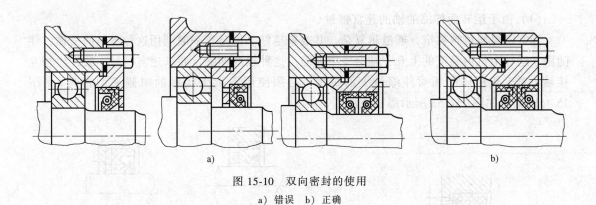

图 15-10　双向密封的使用
a) 错误　b) 正确

　　油封的密封效果受其方向的限制。期望封住从内部来的漏油同时又阻止从外部侵入的灰尘时，按照其使用目的确定油封，或把两个油封组合起来使用，要根据内外状况选定或组合起来使用。

　　(4) 即使不拆卸邻近件也要能随时更换油封

　　因为油封等是易损件，所以常常需要检查和更换。这时，如果为了提供更换作业必要的空间而需要拆卸没有直接关系的部分，则是非常不方便的，如图 15-11a 所示。设计时就应该考虑更换油封所需空间，不需要拆卸无直接关系的部分，如图 15-11b 所示。

　　(5) 在安装和拆卸时禁忌划伤油封

　　油封的材质非常易被划伤。如果接触面被划伤，则不能起密封作用。在安装和拆卸油封时，以及将安装完成的零件装入配合件内时，在其通道周围要完全没有棱角，以便能平滑地装入和移动，如图 15-12b 所示，另外，要根据需要准备安装和拆卸时用的夹具。

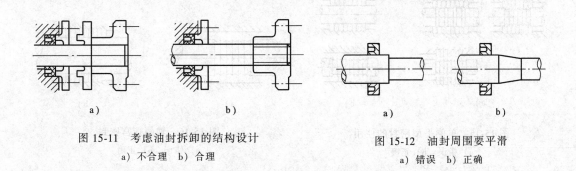

图 15-11　考虑油封拆卸的结构设计
a) 不合理　b) 合理

图 15-12　油封周围要平滑
a) 错误　b) 正确

　　(6) 油封安装壳体上禁忌没有拆卸孔

　　壳体上应钻有直径 3~6mm 的小孔 3~4 个，以利于拆卸密封圈，如图 15-13 所示。

　　(7) 加垫圈支承油封两侧的压力差，安装时禁忌安错方向

　　当油封前后两面之间压力差大于 0.05MPa 而小于 0.3MPa 时，需用垫圈来支承压力小的一面(见图 15-14)。

15.2.2 迷宫密封禁忌

（1）由于运转而伸缩的轴的迷宫密封

迷宫密封通道越狭窄，通道越复杂，其效果越好。但是，一般利用这种密封的机械，伴随由于运转中机内温度的上升，轴会发生伸缩。这种轴的伸缩，要求迷宫密封不致发生相互接触。对于和箱体的相对伸缩量大的机械，必须使用不发生接触的单侧平型密封（见图15-15b,禁忌如图15-15a所示那样使用）。

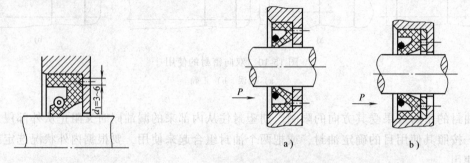

图 15-13　油封安装壳体孔结构

图 15-14　承压油封的安装方向
a）错误　b）正确

（2）轴侧迷宫密封，由于接触会使轴发生弯曲

密封齿设置在轴上的迷宫密封，如果在运转中晃动，则容易和轴周边的特定部分接触，而使该部分的温度上升，成为轴发生弯曲的原因。轴发生弯曲是产生振动的原因。如果是齿在机壳上的迷宫密封，则由于是机壳的特定部分接触，轴是全周接触，因而不易由于温度上升而发生弯曲。对于有可能接触的机械，采用齿在机壳上的迷宫密封是安全的（见图15-16b,禁忌采用如图15-16a所示的结构）。

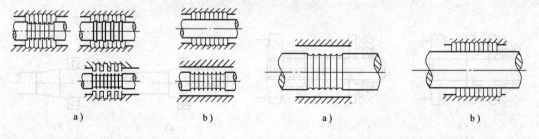

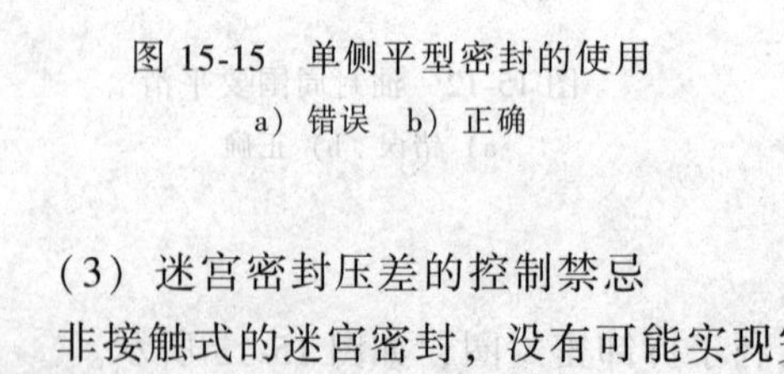

图 15-15　单侧平型密封的使用
a）错误　b）正确

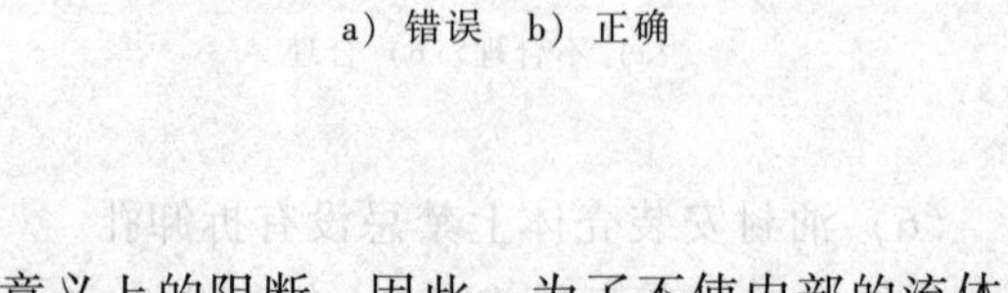

图 15-16　轴侧迷宫密封
a）错误　b）正确

（3）迷宫密封压差的控制禁忌

非接触式的迷宫密封，没有可能实现完全意义上的阻断。因此，为了不使内部的流体流到外界，并且不使外界的流体浸入机内，要输入压力流体，使此流体介于中间，使机内和机外隔绝。此种场合有必要适当进行压力差的控制，如图15-17所示。

（4）禁忌使迷宫密封因热膨胀差而松弛

齿在机壳上的迷宫密封也要更换，所以，通常是将迷宫密封加工成部分里衬嵌装在箱体上。这种场合，当迷宫密封的里衬和箱体的材质不同时，由于热膨胀的差别，嵌装部分会出现间隙，从而使相互中心偏移，有可能发生接触。材质不同时的嵌装槽要设计成即使有热膨胀的差别也不致发生中心偏移，如图 15-18 所示。

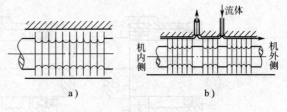

图 15-17　迷宫密封压差的控制
a）错误　b）正确

15.2.3　唇形密封禁忌

1）唇形密封禁忌在安装时发生损伤，

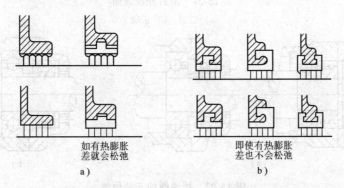

图 15-18　迷宫密封嵌装槽设计
a）错误　b）正确

因此需在轴上倒角 15°～30°。如因结构的原因不能倒角则装配时需用专门套筒，如图 15-19 所示。

2）唇形密封用于圆锥滚子轴承时，禁忌直接使用，应在圆锥滚子轴承外径配合处钻减轻压力的孔，如图 15-20 所示。

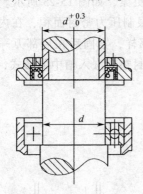

图 15-19　唇形密封使用套筒

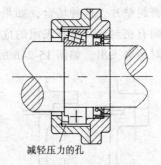

图 15-20　减压孔结构

3）唇形密封外径的配合处禁忌有孔、槽等，以便在装入和取出密封时，外径不受损伤，如图 15-21 所示。

4）挡油圈的安装位置应保证润滑油能流入密封部位，在密封前禁忌安装挡油圈，如图 15-22 所示。

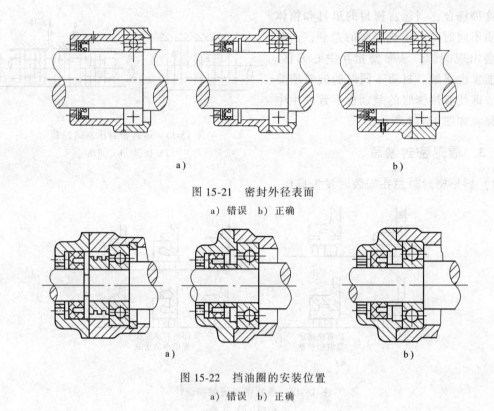

图 15-21　密封外径表面
a）错误　b）正确

图 15-22　挡油圈的安装位置
a）错误　b）正确

15.3　使用法兰及密封垫片禁忌

1）嵌入式法兰两法兰面禁忌贴太紧，如果贴太紧，则会因为垫片太薄或弹性减弱变薄时，因为在达到必要的表面压力之前已经压紧了，而不能更紧，如图 15-23 所示。

2）禁忌使高压法兰的垫片飞出。高压的场合，为了限制压力密封面积，在内周面使用宽度窄的密封垫片。这种场合，如果是像图 15-24a 所示那样，紧固后在局部万一有不完全的地方，则有密封垫片断开飞出的危险。最好是采用将密封垫片嵌入槽中的形式，即便万一松弛也绝对不会飞出，如图 15-24b 所示。

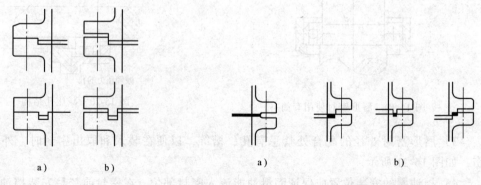

图 15-23　嵌入式法兰的安装
a）错误　b）正确

图 15-24　高压法兰的使用
a）错误　b）正确

3）禁忌使法兰垫片槽附近变弱。如果凸法兰和凹法兰厚度相同，凹法兰槽底部非常薄，因而变弱，如图 15-25a 所示。为了不使其变弱，凹法兰要加厚，如图 15-25b 所示。

4）靠螺纹旋入紧固的垫片容易断。

如果旋入螺纹紧固垫片，垫片很容易断，直径大、宽度窄并且薄的垫片，在紧固操作中更容易断，如图 15-26a 所示。要避免采用垫片因对抗摩擦而滑动的紧固方式，最好采用只靠压紧的方式，如图 15-26b 所示。

5）静密封垫片之间禁忌装导线。在盖和容器之间装有密封垫，为了测量某些量的变化，通过垫片引出较细的导线，容器中的介质会随垫片间导线产生的空隙溢出，如图 15-27a 所示，导线应在其他部位引出，如图 15-27b 所示。

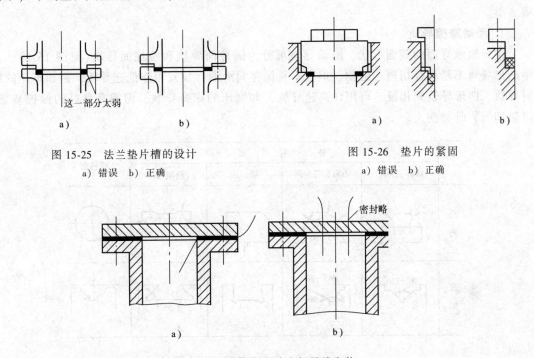

图 15-25　法兰垫片槽的设计　　　　　图 15-26　垫片的紧固
a）错误　b）正确　　　　　　　　a）错误　b）正确

图 15-27　静密封垫片之间导线安装
a）错误　　b）正确

6）禁忌强制紧固法兰使之贴合。如果强制贴合，会使机器发生不合理的变形，成为机器不正常的重大原因，还会使运转以开始发生泄漏，所以不要强制紧固。

第16章 导 轨

16.1 概述

按摩擦性质，导轨可分为滑动摩擦导轨、滚动摩擦导轨、弹性摩擦导轨和流体摩擦导轨等4类。

1. 滑动摩擦导轨

按导轨承导面的截面形状，滑动导轨可分为圆柱面导轨和棱柱面导轨（见图16-1）。其中凸形导轨不易积存切屑、脏物，但也不易保存润滑油，故宜用作低速导轨，例如车床的床身导轨。凹形导轨则相反，可用作高速导轨，如磨床的床身导轨，但需有良好的保护装置，以防切屑、脏物伤人。

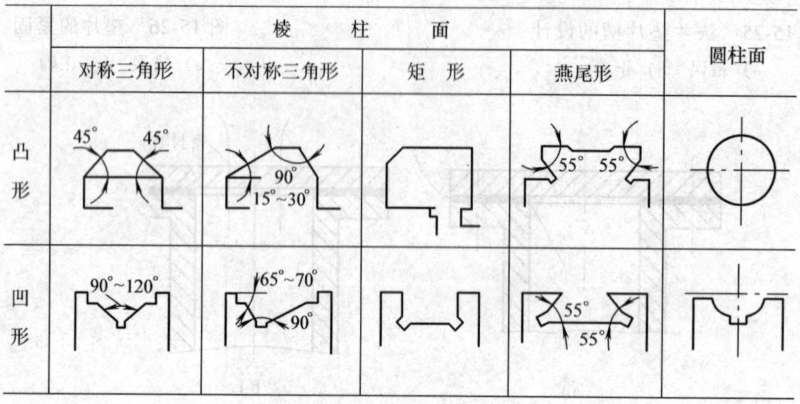

图16-1 滑动摩擦导轨的截面形状

滑动导轨间隙调整需注意以下几点：

1）调整方便，保证刚性，接触良好。

2）镶条一般应放在受力较小一侧，如要求调整后中心位置不变，可在导轨两侧各放一根镶条。

3）导轨长度较长（$l>1200\mathrm{mm}$）时，可采用两根镶条在两端调节，使结合面加工方便，接触良好。

4）选择燕尾形导轨的镶条时，应考虑部件装配的方式，即便于装配。

2. 滚动摩擦导轨

滚动摩擦导轨是在运动件和承导件之间放置滚动体（滚珠、滚柱和滚动轴承等），使导轨运动时处于滚动摩擦状态。

与滑动摩擦导轨比较，滚动导轨的特点是：

1）摩擦因数小，并且静、动摩擦因数之差很小，故运动灵活，不易出现爬行现象。

2）定位精度高，一般滚动导轨的重复定位误差约 $0.1 \sim 0.2 \mu m$，而滑动导轨的定位误差一般为 $10 \sim 20 \mu m$，因此，当要求运动件产生精确微量的移动时，通常采用滚动导轨。

3）磨损较小，寿命长，润滑简便。

4）结构较为复杂，加工比较困难，成本较高。

5）对脏物及导轨面的误差比较敏感。

正确合理地设计和使用直线滚动导轨副，可以提高耐用度和精度保持性，减少维修和保养时间。为此，应注意如下事项：

（1）尽量避免力矩和偏心载荷的作用

直线滚动导轨的样本中给出的额定动（C_a）、静（C_{0a}）载荷，都是在各个滚珠受载均匀的理想状态下算出的。因此，必须十分注意避免力矩载荷和偏心载荷。否则，一部分滚珠承受的载荷，有可能超过计算 C_a 值时确定的许用接触（Hz）应力（$3000 \sim 3500 MPa$）和 C_{0a} 确定的许用（Hz）应力（$4500 \sim 5000 MPa$），导致过早的疲劳破坏或产生压痕并出现振动、噪声和降低移动精度等现象。

（2）提高刚度，减少振动

适当预紧可以提高刚度，均化误差，从而提高运行精度，均化滚动体的受力，从而提高寿命，并在一定程度上提高阻尼。但是预紧力过大会增加导轨副的摩擦阻力，增加发热，降低使用寿命。因此预紧力有其最佳值。

滚动支承的阻尼较小，因此要尽可能使它承受恒定的载荷。有过大的振动和冲击载荷的场合不宜应用直线滚动导轨副。为了减小振动，可以在移动的工作台上加装减振装置。条件许可时可安装锁紧装置，加工时把不移动的工作台固定。

（3）降低加速度的影响

直线滚动导轨副的移动速度可以高达 $600 m/min$。起动和停止时，将产生一个力矩，使部分滚动体受载过大，造成破坏。因此，如果加速度较大，应采取以下措施：减轻被移动物体的重量，降低物体的重心，采取多级制动以降低加速度，在起动和制动时，增加阻尼装置等。

（4）注意润滑和防尘

直线滚动导轨常用钠基润滑脂润滑。如果使用油润滑，应尽可能采用高黏度的润滑油。如果与其他机构统一供油，则需附加滤油器，在油进入导轨之前再经过一道精细的过滤。

（5）防止异物侵入和润滑剂泄出

产品出厂时滑块底座两端均装有耐油橡胶密封垫。有条件的地方也可再加风箱式密封罩或伸缩式的防护罩。将导轨轴全部遮盖起来，以防止异物侵入和润滑剂泄出。

3. 弹性摩擦导轨

弹性摩擦导轨的优点是：摩擦力极小；没有磨损，不需润滑；运动灵活性高；当运动件的位移足够小时，精度很高，可以达到极高的分辨率。

弹性导轨的主要缺点是运动件只能作很小的移动，这就大大限制了其使用范围。

4. 液体静压导轨

液体静压导轨的工作原理与静压轴承相同。将具有一定压力的润滑油，经节流器输入到导轨面上的油腔，即可形成承载油膜，使导轨面之间处于纯液体摩擦状态，而使运动件浮起。液体静压导轨可分为开式液体静压导轨和闭式液体静压导轨两种。

开式液体静压导轨的特点是：能较好地承受垂直载荷，对偏载引起的倾覆力矩承受能力较差；结构简单，便于加工和调整。

闭式液体静压导轨的特点是：

1）承受载荷能力强，对偏载也能较好地承受。

2）运动精度比开式的好，动态性能也较好。

3）结构比较复杂，加工和装调比较麻烦。

液体静压导轨的优点是：

1）摩擦因数很小（起动摩擦因数可小至 0.0005），可使驱动功率大大降低、远动轻便灵活，低速时无爬行现象。

2）导轨工作表面不直接接触，基本上没有磨损，能长期保持原始精度，寿命长。

3）承载能力大，刚度好。

4）摩擦发热小，导轨温升小。

5）油液具有吸振作用，抗振性好。

液体静压导轨的缺点是：结构较复杂，需要一套供油设备，油膜厚度不易掌握，调整较困难。这些都影响静压导轨的广泛使用。

16.2 导轨设计禁忌

1）禁忌采用双 V 导轨。由于两条导轨都有导向作用，一般情况下，很难达到两条导轨都紧密接触，因此难以达到导轨的导向作用（见图 16-2a）。一般采用 V 形导轨和一平导轨比较合适，如图 16-2b 所示。

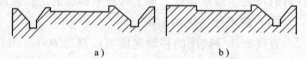

图 16-2 导轨的配合使用
a）较差 b）较好

2）禁忌使工作台与导轨两者中"长的在上"。在床身上通过导轨支撑工作台，二者之间相对运动，如果上面的移动件较长，而下面的支撑件较短，则当移动到左右极限位置时，由于工作台及其上工件的重量偏移，而使导轨受力不均匀，产生不均匀磨损，如图 16-3a 所示。图 16-3b 所示较好。

3）导轨的温度变化较大时，禁忌导向面之间的距离太大。双矩形导轨利用两个侧面为导向面，用距离较远的两面导向时，导轨的摩擦力是对称的，工作平稳，但是，在温度变化较大的情况下，间隙变化

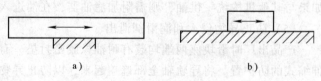

图 16-3 导轨、工作台的上下相对位置
a）较差 b）较好

较大，可能会发生较大的晃动甚至卡死（见图 16-4a）。此时，用一个导轨的两个侧面导向比较合适，如图 16-4b 所示。

4）禁忌导轨的压板固定接触不良。固定工作台的压板常与下导轨面接触，在工作台受向上的力或反倒力矩时，压板起固定作用，因此压板应与下导轨面紧密、全面接触，由于压板受力时相当于悬臂梁，压板与床身之间不能只用一个螺栓固定，如图 16-5a 所示，而应该采取如图 16-5b 所示方式固定。

5）镶条导轨禁忌用开槽沉头螺钉固定。在机座上安装镶钢导轨时，机座上常预先加工出凸台或凹槽定位导轨，或采用销钉定位导轨，在已有定位装置的情况下，不宜采用头部为锥面，或者有定心作用的开槽沉头螺钉，如图 16-6a 所示，这种螺钉在导轨已定位的情况下，因无法调整，而使头部锥面无法均匀接触。此时，应采用内六角螺钉，如图 16-6b 所示。

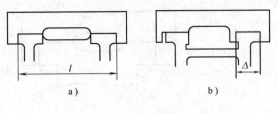

图 16-4　导轨导向面的使用
a）较差　b）较好

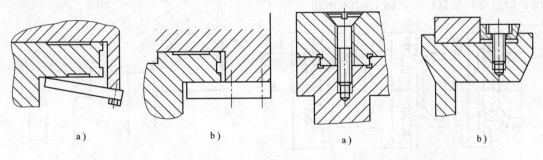

图 16-5　导轨压板的固定
a）错误　b）正确

图 16-6　镶条导轨固定用螺钉
a）错误　b）正确

6）镶条调整禁忌有间隙。图 16-7a 所示用一个螺钉调整镶条位置，结构虽然简单，但是，螺钉头与镶条凹槽之间有间隙，工作中引起镶条窜动，使导轨松紧不一致，产生间隙，而图 16-7b 所示用两个螺钉，消除了间隙，比较合理，但这一结构的螺钉还应有放松装置，图中没有画出。

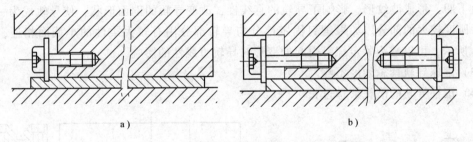

图 16-7　镶条调整
a）较差　b）较好

7）导向面应不变。在工作台受力变化时，应避免因导向面改变引起的误差，所以应采用 V 导轨和平导轨组合使用，如图 16-8b 所示，禁忌使用双矩形导轨，如图 16-8a 所示。

8）镶条应装在不受力面上。有镶条的表面导向精度和承载能力差，所以一般禁忌用有镶条的面作为受力面。当不能避免有镶条的面承载时，要使有镶条的表面受力最小，如图 16-9 所示。

9）禁忌导轨铸造缺陷。铸造与机座连在一起的导轨时，浇铸时应使导轨位于最底部位，减少铸造缺陷。

10）导轨支撑部分应该有较高的刚度。当导轨与铸造床身为一体时，应保证导轨部分

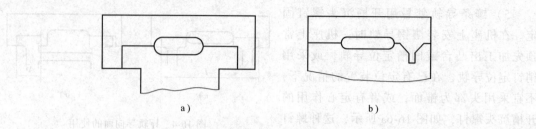

图 16-8　导轨的组合使用

a）较差　b）较好

有足够的强度和刚度。禁忌把导轨设计成悬臂结构，如图 16-10a 所示，应使支撑在导轨下面，而且要有加强肋，如图 16-10b 所示。

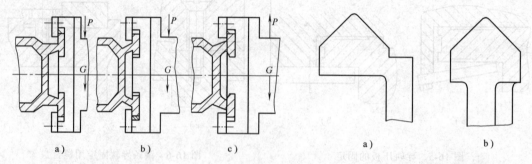

图 16-9　镶条的安装位置

a）不合理　b）合理　c）较好

图 16-10　导轨的铸造

a）较差　b）较好

　11）固定导轨的螺钉禁忌斜置。如图 16-11a 所示，当螺钉斜置时，加工装配都不方便，结构不合理，应改成图 16-11b 所示的结构。

　12）禁忌拧紧紧定螺钉时引起导轨变形影响精度。如图 16-12a 所示，当拧紧螺钉时，使导轨下凹，形成波纹形，影响了导轨的直线性，改变导轨的剖面形状，使导轨成为一个独立的、刚度较大的部分。如果螺钉固定部分与导轨部分用有较大柔性的小截面相连，如图 16-12b 所示，可以减小紧定螺钉引起的变形对导轨直线性的影响。

　13）滚珠导轨禁忌硬度不够。

　14）滚柱导轨的滚柱禁忌过长。

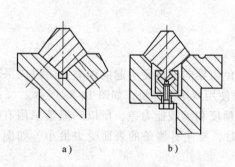

图 16-11　导轨安装螺钉的位置设计

a）较差　b）较好

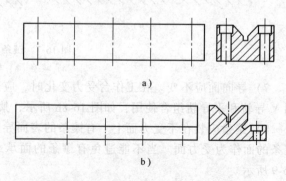

图 16-12　导轨紧定螺钉的位置设计

a）较差　b）较好

第17章 机　　架

在机器(或仪器)中支承或容纳零、部件的零件称之为机架,所以机架是底座、机体、床身、壳体、箱体以及基础平台等零件的统称。按制造方法,机架可以分为铸造机架、焊接机架、螺栓连结和铆接机架。按机架材料可分为金属机架、非金属机架。非金属机架又可分为混凝土机架、素混凝土机架、花岗岩机架、塑料机架或其他材料的机架。由于篇幅所限,在此只介绍最常用的铸造机架和焊接机架的设计计算及应注意的问题。

17.1　铸造机架

17.1.1　概述

大多数机壳型构件都是铸铁的,这是因为,铸铁具有可以获得复杂的几何形状以及在成批生产时价格较低的优点。

铸造机架结构设计的一般原则是:

1) 长度较大(超过龙门刨的加工宽度)的机架应尽可能避免不用或少用落地镗铣床之类的设备,也要避免在内部深处有加工面以及有倾斜面的加工,这类加工面的加工往往需用专门设计的工艺装备。

2) 加工面应集中在少数几个方向上,以减少加工时的翻转和调头次数,同一方向的加工面尽可能安排在同一平面内以便在一次进给中加工完毕。

3) 所有加工面都应有较大的基准支承面以便于加工时的定位、测量和夹紧。

4) 箱体的加工量,主要在箱壁精度高的支承孔和平面的加工,故结构设计时应注意:避免设计工艺性差的盲孔、阶梯孔和交叉孔;同轴线上的孔径分布应尽量避免中间隔壁上的孔径大于外壁上的孔径;箱体上的紧固孔和螺纹孔的尺寸规格尽量一致,以减少刀具数量和换刀次数。

为保证机架与地基及机架各段之间的连接刚度,应注意以下问题:

1) 重要接合面的粗糙度一般应不低于 $Ra3.2\mu m$ 最好能经过粗刮工序,每 $25mm\times25mm$ 面积内的接触点数不少于 4~8 点。

2) 连接螺栓应有足够的总截面积,以期有足够的抗拉刚度,数量须充分,一般为 8~12 个,布置在接合部位四周(比两边或三边固紧的刚度大得多)。

3) 设计合适的凸缘结构,凸缘结构形式可参考机械设计手册。

17.1.2　铸造机架结构设计禁忌

1) 型芯数目禁忌过多,应尽量减少。

2) 避免用型芯撑以免渗漏。有些铸件,底部为油槽,要注意防漏,在铸造油槽时,安装型芯撑以支持型芯,而这些型芯撑的部位会引起缺陷产生渗漏,槽底面应设计成有高凸台

266

边的铸孔，而油槽部分的型芯可通过型头固定，避免缺陷，如图 17-1b 所示。禁忌采用图 17-1a 所示结构。

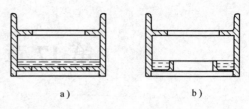

图 17-1　防止渗漏的结构
a）较差　b）较好

3）改变内腔结构，保证芯铁强度和便于清砂。对于需要用大型芯的床身、立柱等，在布肋时，要考虑能方便地取出芯铁。图 17-2a 所示结构，肋板之间太宽，为加补该处的强度，应将芯铁设计成城墙垛的形状，这种形状不便于清砂和利用，禁忌采用，应改成图 17-2b 所示结构较合理。

4）改进结构，省去型芯。禁忌采用图 17-3a 所示结构，应改为图 17-3b 所示结构，省去了型芯，简化了铸型的装配。

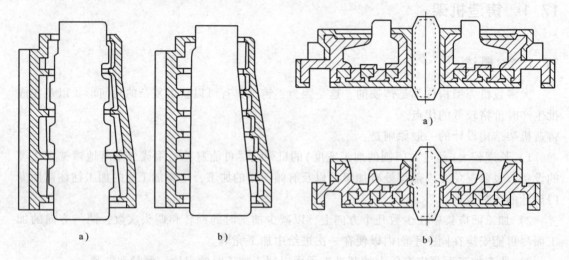

图 17-2　便于清砂的型腔结构
a）较差　b）较好

图 17-3　省去型芯结构的设计
a）较差　b）较好

5）防止变形。为消除金属冷却时的变形和提高加工机架时的刚度，在门型机架的两腿之间加横向连接肋，加工后，将该肋去除，如图 17-4b 所示。禁忌采用图 17-4a 所示结构。

6）尽量减小壁厚，节约金属。减小壁厚，可以减轻机架重量，节约材料，但禁忌像图 17-5a 所示这样，为了保证强度和刚度，必须设计加强肋，如图 17-5b 所示。

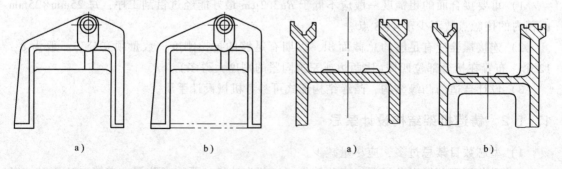

图 17-4　门型机架提高刚度的设计
a）较差　b）较好

图 17-5　减小壁厚的设计
a）较差　b）较好

17.2 焊接机架

17.2.1 概述

1. 设计原则

焊接机架设计一般应注意的问题：

（1）材料可焊性

焊接机架要考虑材料的可焊性，可焊性差的材料会造成焊接困难，使焊缝可焊性降低。

（2）合理布置焊缝

焊缝应置于低应力区，以获得大的承载能力；还要减小焊缝应力集中和变形，焊缝尽量对称布置，最好至中性轴距离相等；尽量减少焊缝数量和尺寸，并使焊线尽量短；焊缝不要布置在加工面和要处理的部位。

（3）提高抗震能力

由于普通钢材的吸振能力低于铸铁，所以对于抗振能力高的焊接件要采取抗振措施，可以利用板间的摩擦力来吸振或利用填充物吸振。

（4）合理选择截面，合理布置肋

以提高刚度和固有频率，防止出现翘曲和共振。

（5）合理选取壁厚

钢板焊接机架的壁厚，应主要按刚度（尤其振动刚度）要求确定，焊接壁厚应为相应铸件壁厚的 2/3 ~ 4/5。

（6）提高焊缝抗疲劳能力及抗脆断能力

减少应力集中，尽量采用对接接头；减少或消除焊接残余应力；减小结构刚度，以降低应力集中和附加应力的影响；调整残余应力场。

（7）坯料选择的经济性

尽可能选标准型材、板材或棒料，减少加工用量。

（8）操作方便

避免仰焊缝，减少立焊缝，尽量采用自动焊接，减少手工焊接。

2. 焊缝尺寸的确定

焊缝的尺寸一般按以下原则确定：

1）按焊缝的工作应力。

2）按等强度原则。

3）按刚度条件。

由于焊接机床的床身、立柱、横梁和箱体等一般按刚度设计，故焊缝尺寸宜采用后一种方法。

按刚度条件选择角焊缝尺寸的经验做法是：根据被焊钢板中较薄的钢板强度的 33%、50% 和 100% 作为焊缝强度来确定焊缝尺寸。其焊角尺寸 K 为：

1）100% 强度焊缝，$K = 3/4\delta$。

2）50% 强度焊缝，$K = 3/8\delta$。

3）33% 强度焊缝，$K = 1/4\delta$。

式中，δ为较薄钢板的厚度。

17.2.2　焊接机架结构设计禁忌

1）禁忌局部刚度过高，注意闭式结构与开式结构的过渡。

2）禁忌相互壁厚差很大的部分焊接。

如果焊接部位两侧的壁厚差别太大，由于热容量的差别而形成熔敷时的温度差和熔敷后的冷却速度差，容易形成熔敷不完全。

3）禁忌焊缝互成十字、汇合、集中在一处。

几条焊缝汇合的地方容易出现不完全焊接，所以焊缝要尽量成 T 字形，应尽量避免十字焊缝或多条焊缝聚集在一起（见图 17-6a），尽量使焊缝部位互相错开，不要汇集在一处，如图 17-6b 所示。

4）禁忌热影响区互相靠近。

为了避免这种情况，最好使各焊缝相互离开。

5）单面焊接时，禁忌在内面产生毛刺。

对于不能在内侧去毛刺的部分，要在内侧加上衬板，以防止在内侧产生毛刺。

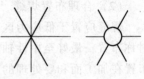

图 17-6　焊缝位置设计禁忌
a）错误　b）正确

6）禁忌对长件不同时焊接两侧而出现弯曲。

对于长件如果不是两侧同时进行焊接，就会出现弯曲，所以要两侧同时焊接。

7）要进行退火的焊接件禁忌制成空间封闭部分。

封闭在密封空间的空气，由于退火时受热膨胀凸起，而引起变形。

8）禁忌焊接的起点和终点形成缺陷。

焊接的起点和终点容易形成缺陷，所以在不允许有缺陷的情况下，尽量使焊接的起点和终点设置在工作区以外的部分。在不能采取这种方法的场合，要采取环绕全周进行焊接，以消除起点和终点。

9）禁忌将焊接接头设在条件不好的地方。

尽量避免在弯曲处及其他应力比别处高的部分、由于加工及其他残余应力较高的地方进行焊接。

10）禁忌产生温度差的垫板断续焊接。

在一些承受温度的压力容器上，垫板和壳体之间有温度差，如果用断续焊接将垫板焊接在壳体上，则在焊接条件最差的起点和终点处产生拉伸应力而容易发生裂纹。对于这种情况，垫板要采用全周连续焊接。

11）禁忌将横置的压力圆筒的纵向焊缝设置在最下部。

容器内的最下部容易受到腐蚀，而且难以修补，所以禁忌将焊缝设置在最下部。对于横置的圆筒容器，应将纵向焊缝设置在下部 15°范围之外。

12）禁忌在有振动的部分焊接细管。

在受振动的容器上或在容器之间直接焊接细管，如图 17-7a 所示，其连接根部容易受到过量载荷，在这种情况下，要加强连接根部，避免载荷过分集中，如图 17-7b 所示。

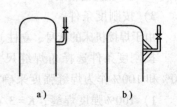

图 17-7　振动部分细管的焊接
a）错误　b）正确

第18章 机械创新设计基本方法与禁忌

在产品开发和技术革新中，机械创新设计非常重要，做得好则事半功倍，能得到异于常规设计的极佳效果，而若做得不好则可能事与愿违，达不到理想效果，甚至碰触设计禁忌而导致创新失败，造成人力、财力和时间等的浪费。因此，设计人员有必要了解一些机械创新设计方法和相关禁忌。机械创新设计包括的内容很多，限于篇幅，本章只介绍其中广泛应用且比较实用的基本方法及禁忌，主要是机构创新设计和机械结构创新设计两方面。

18.1 机构创新设计与禁忌

18.1.1 常见机构的运动特性与设计禁忌

1. 常见机构的运动特性

一个机械装置的功能，通常通过传动装置和机构来实现。机构设计具有多样性和复杂性，一般在满足工作要求的条件下，可采用不同的机构类型。在进行机构设计时，除了要考虑满足基本的运动形式、运动规律或运动轨迹等工作要求外，还应注意以下几个方面的要求：

1）机构尽可能简单。可通过选用构件数和运动副较少的机构、适当选择运动副类型、适当选用原动机等方法来实现。

2）尽量缩小机构尺寸，以减少重量和提高机动、灵活性能。

3）应使机构具有较好的动力学性能，提高效率。

在实际设计时，要求所选用的机构能实现某种所需的运动和功能，表 18-1 和表 18-2 归纳介绍了常见机构可实现的运动形式和常见机构的性能特点，可为设计提供参考。

表 18-1 常见机构可实现的运动形式

可实现的运动形式	连杆机构	凸轮机构	齿轮机构	其他机构
匀速转动	平行四边形机构	—	所有类型都可以	摩擦轮机构 有级、无级变速机构
非匀速转动	铰链四杆机构 转动导杆机构	—	非圆齿轮机构	组合机构
往复移动	曲柄滑块机构	移动从动件 凸轮机构	齿轮-齿条机构	组合机构 气动、液压机构
往复摆动	曲柄摇杆机构 双摇杆机构	摆动从动件 凸轮机构	齿轮式往 复运动机构	组合机构 气动、液压机构
间歇运动	所有类型都可以	间歇凸轮机构	不完全齿轮机构	棘轮机构 槽轮机构 组合机构
增力及夹持	杠杆机构 肘杆机构	所有类型都可以	所有类型都 可以	组合机构

表 18-2　常见机构的性能特点

指标	具体项目	特点			
		连杆机构	凸轮机构	齿轮机构	组合机构
运动性能	运动规律、轨迹	任意性较差，只能实现有限个精确位置	任意性较好	一般为定比传动或移动	任意性较好
	运动精度	较低	较高	高	较高
	运转速度	较低	较高	很高	较高
工作性能	效率	一般	一般	高	一般
	使用范围	较广	较广	广	较广
动力性能	承载能力	较大	较小	大	较大
	传力特性	一般	一般	较好	一般
	振动、噪声	较大	较小	小	较小
	耐磨性	好	差	较好	较好
经济性能	加工难易	易	难	较难	较难
	维护方便	方便	较麻烦	较方便	较方便
	能耗	一般	一般	一般	一般
结构紧凑性能	尺寸	较大	较小	较小	较小
	重量	较轻	较重	较重	较重
	结构复杂性	复杂	一般	简单	复杂

2. 常见机构的运动特性设计禁忌

人们在进行机构运动形式选择时，容易受到惯性思维的影响，选用一些常规的机构，而忽视了某些实际问题，从而不能达到理想设计效果。常见情况如下：

（1）实现间歇运动不宜仅限于常用间歇机构　在设计具有间歇运动形式的机械时，人们往往选择常用间歇机构，如棘轮机构、槽轮机构、不完全齿轮机构等，但连杆机构也具有非常好的间歇运动特性，却经常容易被人忽视。连杆机构由低副组成，通常能传递较大的载荷，并且经济性、耐用性、易加工性和和易维护性都比较好；缺点是尺寸较大。因此，在尺寸没有严格限制的情况下，实现间歇型运动时不宜将连杆机构排除在外。

例如，钢材步进输送机的驱动机构实现了横向移动间歇运动。如图 18-1 所示，当曲柄 1

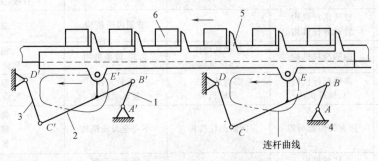

图 18-1　钢材步进输送机的驱动机构

1—曲柄　2—连杆　3—摇杆　4—机架　5—推杆　6—钢材

整周转动时，E（E'）的运动轨迹为图中双点画线所示连杆曲线，E（E'）行经该曲线上部水平线时，推杆 5 推动钢材 6 前进，E（E'）行经该曲线的其他位置时钢材 6 都停止不动。

又如，图 18-2 所示的摆动导杆机构实现了摆动间歇运动。导杆 2 的导槽一部分做成圆弧状，并且其槽中心线的圆弧半径等于曲柄 1 的长度，当曲柄 1 端部的销 A 转入圆弧导槽时，导杆停歇，不仅实现了单侧间歇摆动的功能，而且结构简单且易于实现。

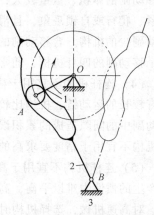

图 18-2　间歇摆动导杆机构
1—曲柄　2—导杆　3—机架

（2）实现转动和移动相互转换的机构选择　在需要实现转动和移动相互转换时，通常可采用连杆机构、齿轮-齿条机构或凸轮机构，然而这些机构亦有其不适合的情况，选择时要注意避开其缺点。如：连杆机构运动精度低、尺寸相对较大，不适合要求高精度且结构紧凑的场合；齿轮-齿条机构比连杆机构加工成本高，在精度要求一般时不是首选，且不适合在较大尺寸时应用；凸轮机构不适合传递大的载荷，它主要用作控制机构，精度较高，一般不用于传力，另外凸轮机构也不适合从动件移动距离较大的场合，否则容易导致凸轮过大，而凸轮加工成本相对较高，维护也比较麻烦。

除上述三种机构外，螺旋传动机构在将转动转换为移动方面也是不错的选择。螺旋传动机构经济性较好，结构紧凑，并在传递大载荷方面有比较好的优越性，且能自锁，防止反向运动，对机构有安全保护作用，但注意自锁时传动效率较低，在要求效率较高时不宜采用螺旋传动。

利用上述机构的组合机构还可以在机构创新设计中获得更加灵活方便的功能，综合掉单一机构的缺点。如图 18-3 所示的酒瓶开启器，即螺旋传动机构与齿轮-齿条机构的组合机构。图 18-3a 为初始状态，旋转螺杆，利用螺旋传动将螺杆旋入酒瓶软木塞，旋转过程中两侧手柄逐渐升高，摆动至最高点（见图 18-3b），手柄相当于齿轮，螺杆亦相当于齿条，齿条带动齿轮转动，使手柄升高；然后，用力向下压两侧的手柄，则将螺杆和软木塞一起从酒瓶拔出（见图 18-3c），直至图 18-3a 所示状态。该机构将螺旋传动机构与齿轮-齿条机构进行组合，将螺杆和齿条合二为一，有效完成启瓶功能，使结构紧凑，将了螺旋传动的自锁特性，同时又利用齿轮-齿条机构工作效率高的特性综合掉自锁螺旋效率低的缺点。

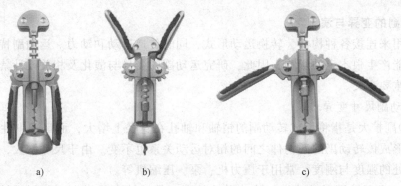

a)　　　　　　　　　　b)　　　　　　　　　　c)

图 18-3　酒瓶开启器（螺旋传动机构与齿轮-齿条机构组合）

（3）尽量选用移动副少的连杆机构　由于转动副比移动副更易制造，更容易保证运动精度，传动效率较高，并可采用标准轴承实现高的精度、效率、灵敏度、标准化和系列化，而移动副的体积、重量较大，传动效率较低，实现高精度配合较难，润滑要求较高，易发生楔紧、爬行或自锁现象，且滑块的惯性力完全平衡困难，因此，选择连杆机构时，最好选用移动副少的机构。含移动副的机构一般只适用于做直线运动或将转动变为移动的场合。含有两个移动副的四杆机构，通常用来作为操纵机构、仪表机构等，而很少作为传动机构使用。

（4）连杆机构不宜用于精度要求高的场合　为了满足机构的工作要求，连杆机构通常具有较长的运动链，机构比较复杂，不仅发生自锁的可能性大，而且由于构件的尺寸误差和运动副中的间隙造成的累积误差较大，致使运动轨迹的偏差增大，运动精度降低。因此，连杆机构不宜用于精度要求高的场合。

（5）连杆机构不宜用于高速工作场合　连杆机构中做平面复杂运动和往复运动的构件所产生的惯性力难以平衡，高速时引起的动载、振动、噪声较大，因而不宜用于高速工作场合。对高速机械，选择机构时，要尽量考虑对称性，并对机构进行平衡，以平衡惯性力和减小动载荷。

（6）凸轮机构不宜传递较大载荷　凸轮机构属于高副机构，凸轮与从动件为点或线接触，接触应力高，容易磨损，磨损后运动失真，使运动精度下降，导致机构失效。同时，为获得较好的传力性能，使机构运动轻便灵活，要求凸轮机构的最大压力角 α 要尽量小，不能超过许用压力角 $[\alpha]$，否则将产生较大有害分力，使机构运动不灵活，甚至卡死，若采用增大凸轮基圆的办法，虽然能减小最大压力角 α，但凸轮尺寸过大将使机构变得笨重。所以，凸轮机构一般不宜用于传递较大载荷。

（7）大传动比不宜采用定轴齿轮系统　当需要传递大传动比时，定轴齿轮系统采用多个齿轮、多个轴、多对轴承，使结构复杂，并且占用空间大，因此不宜采用。可采用蜗杆传动或周转齿轮系。除一般行星齿轮系之外，工程上还常使用渐开线少齿差行星齿轮传动、摆线针轮行星传动和谐波齿轮传动。这些传动的共同特点是结构紧凑、传动比大、重量轻及效率高，因而应用较广，效果较好。

（8）不宜忽略机构力学性能　选择机构时，不宜忽略机构的力学性能，应注意选用具有最大传动角、最大机械增益和较高效率的机构，以便减小原动机的功率和损耗，减小主动轴上的力矩和机构的重量和尺寸。

18.1.2　机构的变异、演化与设计禁忌

1. 运动副的变异与演化

运动副用来连接各种构件，转换运动形式，同时传递运动和动力。运动副特性会对机构的功能和性能产生根本上的影响。因此，研究运动副的变异与演化及相关设计禁忌对机构创新设计具有重要意义。

（1）运动副尺寸变异

1）转动副扩大是指将组成转动副的销轴和轴孔在直径上增大，而运动副性质不变，仍是转动副，形成该转动副的两构件之间的相对运动关系也不变。由于尺寸增大，提高了构件在该运动副处的强度与刚度，常用于压力机、泵、压缩机等。

如图 18-4 所示的颚式破碎机，转动副 B 扩大，其销轴直径增大到包括了转动副 A，此

时，曲柄就变成了偏心盘，使得该机构实为曲柄摇杆机构。类似的机构还有图 18-5 所示的冲压机构，也采用了偏心盘，使得该机构实为曲柄滑块机构。

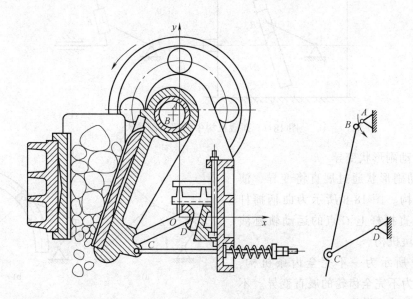

图 18-4　颚式破碎机中的转动副扩大

图 18-6 所示为另一种转动副扩大的形式，转动副 C 扩大，销轴直径增大至与摇块合为一体。该机构实为一种曲柄摇块机构，实现旋转泵的功能。

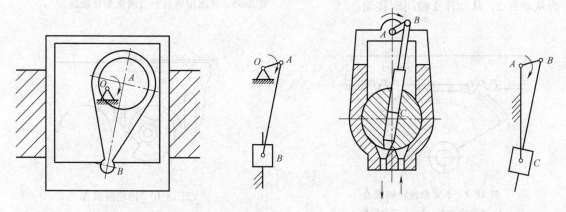

图 18-5　冲压机构中的转动副扩大和移动副扩大　　　　图 18-6　旋转泵中的转动副扩大

2）移动副扩大是指组成移动副的滑块与导路尺寸增大，并且尺寸增大到将机构中其他运动副包含其中。这种机构中滑块的尺寸大，故质量较大，将产生较大的冲压力，常用在锻压机械中。

图 18-5 所示的冲压机构中，移动副扩大，并将转动副 O、A、B 均包含其中。大质量的滑块将产生较大的惯性力，有利于冲压。

图 18-7 所示为曲柄导杆机构，通过扩大水平移动副 C 演化为顶锻机构，大质量的滑块将会产生很大的顶锻压力。

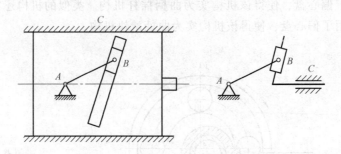

图 18-7　顶锻机构中的移动副扩大

（2）运动副形状变异

1）运动副形状通过展直将变异、演化出新的机构。图 18-8 所示为曲柄摇杆机构通过展直摇杆上 C 点的运动轨迹演化为曲柄滑块机构。

图 18-9 所示为一不完全齿条机构，不完全齿条为不完全齿轮的展直变异。不完全齿条 1 主动，做往复移动，不完全齿扇做往复摆动；图 18-10 所示是槽轮机构的展直变异。拨盘 1 主动，做连续转动，从动槽轮被展直并只采用一部分轮廓，成为从动件 2，从动件 2 做间歇移动。

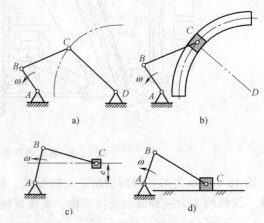

图 18-8　转动副通过展直演化为移动副

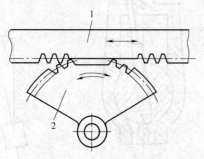

图 18-9　不完全齿轮的展直

1—不完全齿条　2—不完全齿扇

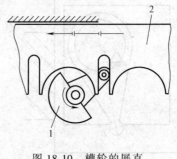

图 18-10　槽轮的展直

1—拨盘　2—从动件

2）运动副通过绕曲将变异、演化出新的机构。楔块机构的接触斜面（见图 18-11a），若在其移动平面内进行绕曲，则演化成盘形凸轮机构的平面高副（见图 18-11b）；若在空间上绕曲，就演化成螺旋机构的螺旋副（见图 18-11c）。

（3）运动副性质变异

1）组成运动副的各构件之间的摩擦、磨损是不可避免的，对于面接触的运动副采用滚动摩擦代替滑动摩擦，可以减小摩擦因数，减轻摩擦、磨损，同时也使运动更轻便、灵活。运动副性质由移动副变异为滚滑副，如图 18-12 所示。滚滑副结构常见于凸轮机构的滚子从

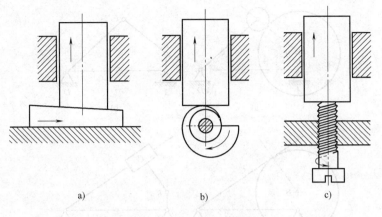

图 18-11　运动副的绕曲

动件、滚动轴承、滚动导轨、滚珠丝杠、套筒滚子链等。实际应用中这种变异是可逆的，由移动副替代滚滑副可以增加连接的刚性。

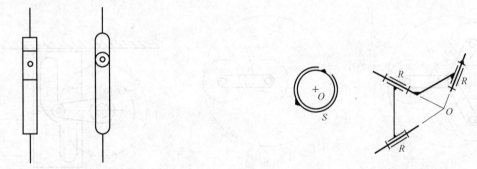

<table>
<tr><td>图 18-12　移动副变异为滚滑副</td><td>图 18-13　球面副变异为转动副</td></tr>
</table>

2）空间副变异为平面副更容易加工制造。图 18-13 所示的球面副具有 3 个转动的自由度，它可用汇交于球心的三个转动副替代，更容易加工和制造，同时也提高了连接的刚度，常用于万向联轴器。

3）高副变异为低副可以改善受力情况。高副为点接触，单位面积上受力大，容易产生构件接触处的磨损，磨损后运动失真，影响机构运动精度。低副为面接触，单位面积上受力小，在受力较大时亦不会产生过大的磨损。图 18-14 所示为偏心盘凸轮机构通过高副低代形成的等效机构。图 18-14a 和 b 所示的运动等效，图 18-14c 和 d 所示的运动等效。

2. 构件的变异与演化

机构中构件的变异与演化通常从改善受力、调整运动规律、避免结构干涉和满足特定工作特性等方面考虑。

图 18-15 所示的周转齿轮系中系杆形状和行星齿轮个数产生了变异。图 18-15a 所示的构件形式比图 18-15b 所示的构件形式受力均衡，旋转精度高。

图 18-16 所示机构将滑块设计成带有导向槽的结构形状，直接驱动曲柄做旋转运动，形成无死点的曲柄机构，可用于活塞式发动机。

图 18-17 所示机构为避免摆杆与凸轮轮廓线发生运动干涉，经常把摆杆做成曲线状或弯

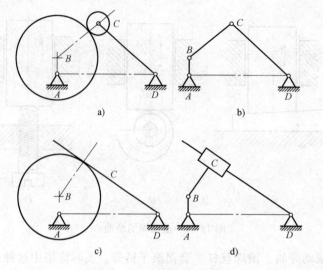

图 18-14 高副低代的变异

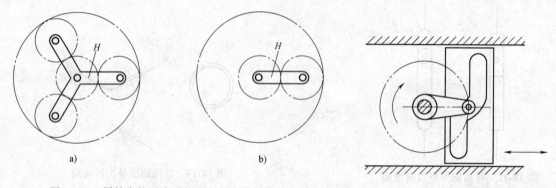

图 18-15 周转齿轮系中系杆和行星齿轮的变异

图 18-16 无死点曲柄机构

臂状。图 18-17a 所示为原机构，图 18-17b、c 所示为摆杆变异后的机构。

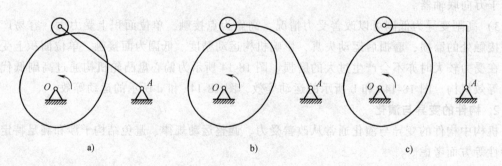

图 18-17 凸轮机构中摆杆形状的变异

图 18-18 所示为凸轮机构从动件末端形状的变异。常用的末端形状有尖顶（见图 18-18a）、滚子（见图 18-18b）、平面（见图 18-18c）和球面（见图 18-18d）等，不同的末端形状使机构的运动特性各不相同。

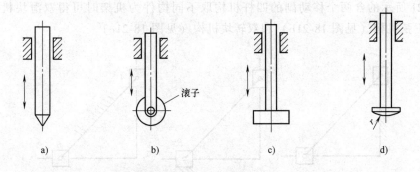

图 18-18 凸轮机构中从动件末端形状的变异

构件形状变异的形式还有很多。如：齿轮有圆柱形、圆锥形、非圆形、扇形等，凸轮有盘形、圆柱形、圆锥形、曲面体等。

总体来讲，构件形状的变异规律，一般由直线形向圆形、曲线形以及空间曲线形变异，以获得新的功能。

3. 机架的变换与演化

图 18-19 所示的铰链四杆机构取不同的构件为机架时可得曲柄摇杆机构（见图 18-19a、b）、双曲柄机构（见图 18-19c）和双摇杆机构（见图 18-19d）。

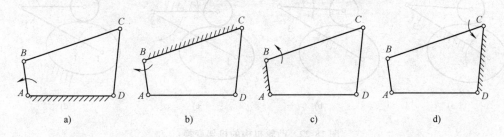

图 18-19 铰链四杆机构的机架变换

图 18-20 所示的含一个移动副的四杆机构取不同构件为机架时可得曲柄滑块机构（见图 18-20a）、转（摆）动导杆机构（见图 18-20b）、曲柄摇块机构（见图 18-20c）和曲柄滑杆机构（见图 18-20d）。

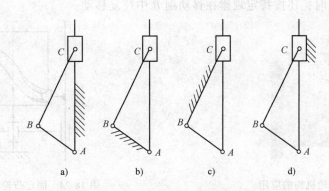

图 18-20 含一个移动副的四杆机构的机架变换

图 18-21 所示的含两个移动副的四杆机构取不同构件为机架时可得双滑块机构（见图 18-21a）、正弦机构（见图 18-21b）和双转块机构（见图 18-21c）。

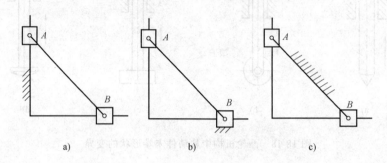

图 18-21　含两个移动副的四杆机构的机架变换

凸轮机构机架变换后可产生很多新的运动形式。图 18-22a 所示为一般摆动从动件盘形凸轮机构，凸轮 1 主动，摆杆 2 从动；若变换主动件，以摆杆 2 为主动件，则机构变为反凸轮机构（见图 18-22b）；若变换机架，以构件 2 为机架，构件 3 主动，则机构成为浮动凸轮机构（见图 18-22c）；若将凸轮固定，构件 3 主动，则机构成为固定凸轮机构（见图 18-22d）。

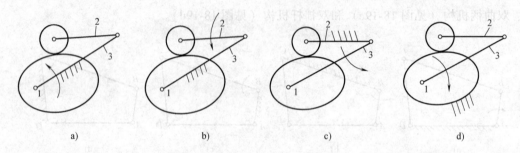

图 18-22　凸轮机构的机架变换
1—凸轮　2—摆杆　3—构件

图 18-23 所示为反凸轮机构的应用。摆杆 1 主动，做往复摆动，带动凸轮 2 做往复移动，凸轮 2 采用局部凸轮轮廓（滚子所在的槽）并将构件形状变异成滑块。图 18-24 所示是固定凸轮机构的应用，圆柱凸轮 1 固定，构件 3 主动，当构件 3 绕固定轴 A 转动时，构件 2 在随构件 3 转动的同时，还按特定规律在移动副 B 中往复移动。

图 18-23　反凸轮机构的应用
1—摆杆　2—凸轮

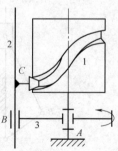

图 18-24　固定凸轮机构的应用
1—圆柱凸轮　2、3—构件

一般齿轮机构（见图 18-25a）机架变换后就生成了行星齿轮机构（见图 18-25b）。齿形带或链传动等挠性传动机构（见图 18-26a）机架变换后也生成了各类行星传动机构（见图 18-26b）。

图 18-27 所示为挠性件行星传动机构的应用，用于汽车风窗玻璃的清洗。其中挠性件 1 连接固定带轮 4 和行星带轮 3，转臂 2 的运动由连杆 5 传入。当转臂 2 摆动时，与行星带轮 3 固结的杆 *a* 及其上的刷子做复杂平面运动，实现清洗工作。

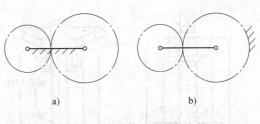

图 18-25　齿轮传动的机架变换

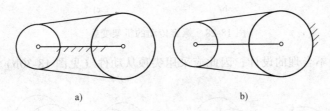

图 18-26　挠性传动的机架变换

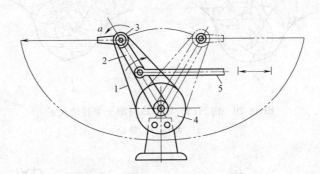

图 18-27　挠性件行星传动机构的应用

1—挠性件　2—转臂　3—行星带轮　4—固定带轮　5—连杆

图 18-28 所示为螺旋传动中固定不同零件得到的不同运动形式：螺杆转动、螺母移动（见图 18-28a）；螺母转动、螺杆移动（见图 18-28b）；螺母固定、螺杆转动并移动（见图 18-28c）；螺杆固定、螺母转动并移动（见图 18-28d）。

4. 机构变异、演化设计禁忌

（1）凸轮轮廓线与滚子半径的变异禁忌　如图 18-29 所示，凸轮为外凸轮，r_T 为滚子半径，ρ 为凸轮理论轮廓 η 上某点的曲率半径，ρ_a 为凸轮实际轮廓 η' 上与该点对应点的曲率半径。当凸轮轮廓存在局部内凹时，必须注意实际轮廓与理论轮廓的形状和尺寸的关系。

1）当理论轮廓为内凹时，如图 18-29a 所示，$\rho_a = \rho + r_T$。若 $\rho_a \geq r_T$，则实际轮廓总可以做出，设计合理。若 $\rho_a < r_T$，则滚子无法进入实际轮廓的内凹处，如图 18-29b 所示，这种设计是不合理的，即便滚子能在凸轮表面滚过，这样的设计也是不被允许的。图 18-30 所示绕线机中的凸轮轮廓就属于这种情况，心形凸轮内凹轮廓的尖点附近是不能与滚子接触到的

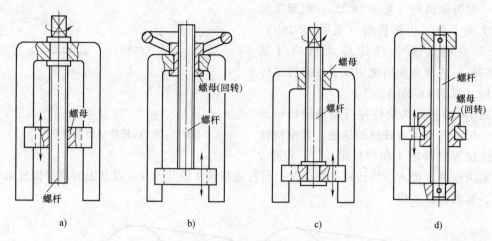

图 18-28　螺旋传动的机架变换

（见图 18-30a），是不合理的设计，因此应采用尖顶从动件（见图 18-30b）。

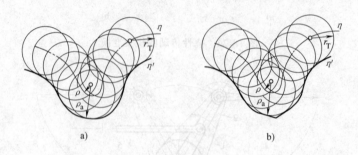

图 18-29　内凹凸轮轮廓线与滚子半径的关系

a）推荐　b）禁忌

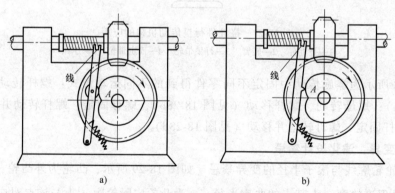

图 18-30　绕线机中的凸轮机构

a）禁忌　b）合理

2）当理论轮廓为外凸时，$\rho_a = \rho - r_T$。ρ_a 的值有三种情况：

① $\rho > r_T$ 时，$\rho_a > 0$，可以做出光滑的实际轮廓曲线，如图 18-31a 所示。

② $\rho = r_T$ 时，$\rho_a = 0$，实际轮廓出现尖点，如图 18-31b 所示。因尖点极易磨损，凸轮工作

一段时间后就会出现运动失真现象,所以不能实际使用。

③ $\rho < r_T$ 时,$\rho_a < 0$,实际轮廓出现交叉,如图 18-31c 所示。加工时,交叉部分会被刀具切去,致使从动件工作时不能按预期的运动轨迹运动,造成从动件运动失真。凸轮实际轮廓在任何位置出现尖点或交叉的情况都是不允许的。

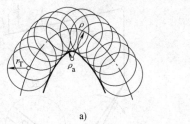 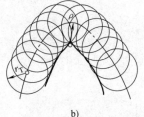 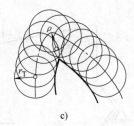

图 18-31 外凸轮轮廓线与滚子半径的关系

a) 合理 b)、c) 禁忌

（2）从动件偏置位置变异禁忌　如图 18-32 所示,两个凸轮的尺寸、形状、转向、从动件形状都相同,但从动件对凸轮中心的偏置位置在通过凸轮中心垂线的不同侧,致使两者的压力角不同,显然图 18-32a 压力角较大,图 18-32b 压力角较小,运转灵活。

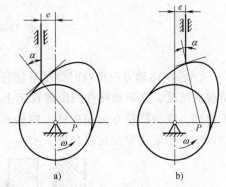

图 18-32 从动件偏置位置变异

a) 较差 b) 较好

（3）拉力机构比推力机构好　在进行推拉杆机构设计时,可能的话,应尽可能设计为拉力机构,因为在同样载荷的情况下,拉力机构的重量可以减轻许多,尤其是在一些行程比较长的情况,推力机构几乎无法实现。两种情况的比较如图 18-33 所示。

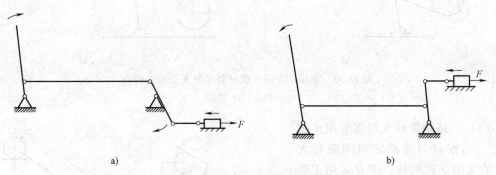

图 18-33 拉力机构比推力机构好

a) 较差 b) 较好

（4）避免长杆用于推力场合　对于长杆用于推力载荷的场合,由于长杆受压,当压力较大时,会出现侧向弯曲的失稳现象,虽然可以加大截面,满足使用要求,但很不经济,为此,可考虑将压杆变为拉杆,则无需考虑上述情况。例如图 18-34a 所示,远距离传递往复运动采用的杆系驱动方案,转动手柄 B 通过杆 C 使 A 点处的楔子楔入槽中,使用中发现,虽然施加力已足够大,但仍楔不紧,原因正如上面所述,由于杆 C 工作时受压,压力较大时，在 x 轴、y 轴方向都会出现失稳现象。为此可采用图 18-34b 所示结构，则楔入时杆 C 由压杆变成拉杆，且在杆 C 上与曲柄铰接处开槽形孔，其余处不需改变杆件截面形状及尺寸，抬起操作杆 B 便能保证楔子可靠地楔紧，由于楔子做成有自锁性能，因此楔入力往往大于拔出力，所以用拉杆较合理。

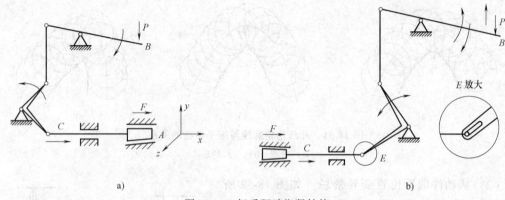

图 18-34 杆系驱动楔紧结构

a) 禁忌 b) 推荐

（5）在移动方向负载时要尽量使杆承受垂直的力 在拉近式输送装置中，常为单向有负载的情况，在驱动杆件的位置设定上要考虑杆件的受力方向。图 18-35a 所示的受力情况不合理。应使移动方向和曲柄、曲柄和其受力方向在负载时尽量承受接近垂直的力，如图 18-35b 所示受力情况比较合理。

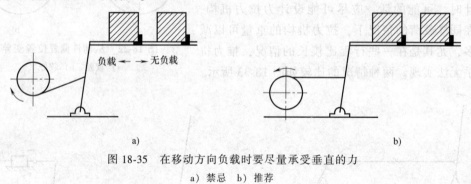

图 18-35 在移动方向负载时要尽量承受垂直的力

a) 禁忌 b) 推荐

（6）导路间隙较大时宜采用正弦机构 当推杆与导路之间间隙较大时，宜采用正弦机构，不宜采用正切机构。如图 18-36a 所示，正切机构摆杆转角 θ_2 与推杆升程 H_2 之间的关系式为 $\tan\theta_2 = H_2/L_2$。推杆与导路之间的间隙使推杆晃动，导致尺寸 L_2 改变，因此正切机构产生误差；而导路间隙对正弦机构精度影响很小，如图 18-36b 所示，因为正弦机构摆杆转角 θ_1

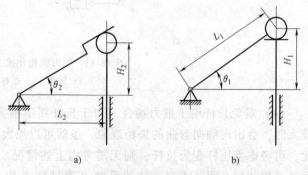

图 18-36 导路间隙对正弦、正切机构的影响

a) 正切机构，较差 b) 正弦机构，较好

与推杆升程 H_1 之间的关系式为 $\sin\theta_1 = H_1 / L_1$，而导路间隙不影响尺寸 L_1。

18.1.3 机构组合及其设计禁忌

1. 机构组合的基本概念

在工程实际中，单一的基本机构应用较少，而基本机构的组合系统却应用于绝大多数机械装置中。因此，机构组合是机械创新设计的重要手段。

任何复杂的机构系统都是由基本机构组合而成的。这些基本机构可以通过互相连接组合成各种各样的机械，也可以是互相之间不连接且单独工作的基本机构组成的机械系统，但各组成部分之间必须满足运动协调条件，互相配合，准确完成各种各样所需的动作。

图 18-37 所示的药片压片机包含互相之间不连接的三个独立工作的基本机构。送料凸轮机构与上、下加压机构之间的运动不能发生运动干涉。送料凸轮机构必须在上加压机构上行到某一位置、下加压机构把药片顶出型腔后，才开始送料，当上、下加压机构开始压紧动作时返回原始位置不动。

图 18-38 所示的内燃机包括曲柄滑块机构、凸轮机构和齿轮机构，这几种机构通过互相连接组成了内燃机。

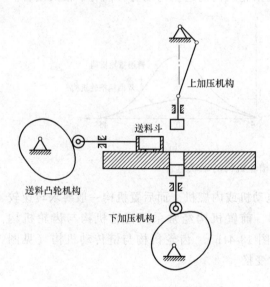

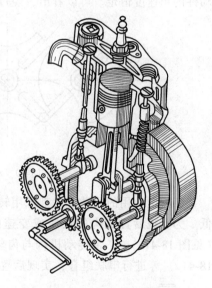

图 18-37　基本机构互不连接的组合　　　　　　图 18-38　基本机构互相连接的组合

机械的运动变换是通过机构来实现的。不同的机构能实现不同的运动变换，具有不同的运动特性。基本机构主要有各类四杆机构、凸轮机构、齿轮机构、间歇运动机构、螺旋机构、带传动机构、链传动机构、摩擦轮机构等。

只要掌握基本机构的运动规律和运动特性，再照顾具体的工作要求，选择适当的基本机构类型和数量，对其进行组合设计，就为设计新机构提供了一条最佳途径。

2. 常用机构的组合方法

基本机构的连接组合方式主要有串联组合、并联组合、叠加组合和混合组合等。以下分别进行讨论。

（1）串联组合　串联组合是应用最普遍的组合。串联组合是指若干个基本机构顺序连接，每一个前置机构的输出运动是后置机构的输入，连接点设置在前置机构输出构件上，可以设在前置机构的连架杆上，也可以设在前置机构的浮动构件上。串联组合的原理框图如图18-39 所示。

图 18-39　串联组合的原理框图

串联组合可以是两个基本机构的串联组合，也可以是多级串联组合，即指 3 个或 3 个以上基本机构的串联。串联组合可以改善机构的运动与动力特性，也可以实现工作要求的特殊运动规律。

图 18-40a 所示为双曲柄机构与槽轮机构的串联组合。双曲柄机构为前置机构，槽轮机构的主动拨盘固连在双曲柄机构 *ABCD* 的从动曲柄 *CD* 上。对双曲柄机构进行尺寸综合设计，要求从动曲柄 *E* 点的速度变化能减小槽轮的转速变化，实现槽轮的近似等速转位。图18-40b 所示为经过优化设计获得的双曲柄槽轮机构与普通槽轮机构的角速度变化曲线的对照。其中横坐标 α 是槽轮动程时的转角，纵坐标 i 是从动槽轮与其主动件的角速度比，而主动件的角速度恒定。可以看出，经过串联组合的槽轮机构的运动与动力特性有了很大改善。

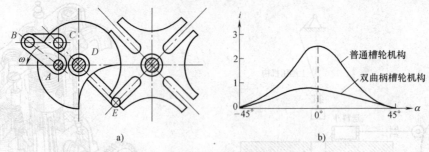

图 18-40　双曲柄机构与槽轮机构的串联组合

工程中应用的原动机大都采用转速较高的电动机或内燃机，而后置机构一般要求转速较低。为实现后置机构的低速或变速的工作要求，前置机构经常采用齿轮机构与齿轮机构（见图 18-41a）、V 带传动机构与齿轮机构（见图 18-41b）、齿轮机构与链传动机构（见图18-41c）等进行串联组合，实现后置机构的速度变换。

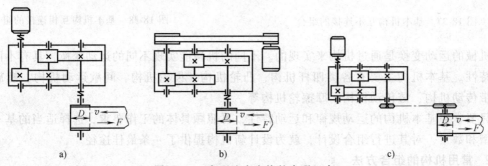

图 18-41　实现速度变换的串联组合

图 18-42 所示为一个具有间歇运动特性的连杆机构串联组合。前置机构为曲柄摇杆机构 *OABD*，其中连杆 *E* 点的轨迹为图中双点画线所示。后置机构是一个具有两个自由度的五杆

机构 *BDEF*。因连接点设在连杆的 *E* 点上，所以当 *E* 点运动轨迹为直线时，输出构件将实现停歇；当 *E* 点运动轨迹为曲线时，输出构件再摆动。实现了工作要求的特殊运动规律。

图 18-43 所示家用缝纫机的驱动装置为连杆机构和带传动机构的串联组合。实现了将摆动转换成转动的运动要求。

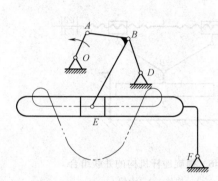

图 18-42　实现间歇运动特性
的连杆机构串联组合

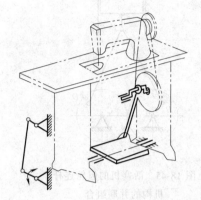

图 18-43　连杆机构和带传动机构的串联组合

（2）并联组合　并联组合是指两个或多个基本机构并列布置，运动并行传递。机构的并联组合可实现机构的平衡，改善机构的动力特性，或完成复杂的需要互相配合的动作和运动。如图 18-44 所示，并联组合的类型有并列式（见图 18-44a）、时序式（见图 18-44b）和合成式（见图 18-44c）。

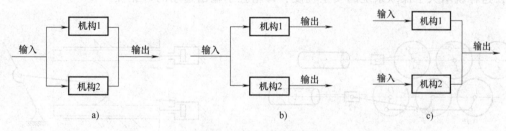

图 18-44　并联组合机构的类型
a）并列式　b）时序式　c）合成式

1）并列式并联组合要求两个并联的基本机构的类型、尺寸相同，对称布置。它主要用于改善机构的受力状态、动力特性、自身的动平衡、运动中的死点位置以及输出运动的可靠性等问题。并联的两个基本机构常采用连杆机构或齿轮机构，它们的输入或输出构件一般是两个基本机构共用的。有时是在机构串联组合的基础上再进行并联式组合。

图 18-45 所示是活塞机的齿轮连杆机构，其中两个尺寸相同的曲柄滑块机构 *ABE* 和 *CDE* 并联组合，同时与齿轮机构串联。*AB* 和 *CD* 与气缸的轴线夹角相等，并且对称布置。齿轮转动时，活塞沿气缸内壁往复移动。若机构中两个齿轮与两个连杆的质量相同，则气缸壁上将不会受到因构件的惯性力而引起的动压力。

图 18-46 所示为一压力机的螺旋连杆机构，其中两个尺寸相同的双滑块机构 *ABP* 和 *CBP* 并联组合，并且两个滑块同时与输入构件 1 组成导程相同、旋向相反的螺旋副。构件 1 输入转动，使滑块 *A* 和 *C* 同时向上或向下移动，从而使滑块 2 沿导路上下移动，完成加压。由

于并联组合，使滑块 2 沿导路移动时滑块与导路之间几乎没有摩擦阻力。

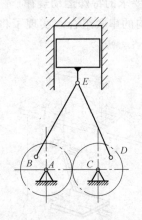

图 18-45　活塞机的齿轮连杆
机构的并联组合

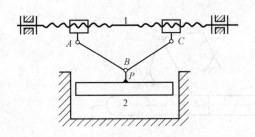

图 18-46　螺旋连杆机构的并联组合
1—构件　2—滑块

图 18-47 所示为铁路机车车轮，利用错位排列的两套曲柄滑块机构使车轮通过死点位置。

图 18-48 所示为某飞机上采用的襟翼操纵机构。它是两个齿轮齿条机构并列式并联组合，用两个液压缸驱动。这种机构的特点是：两个液压缸共同控制襟翼，襟翼的运动反应速度快，而且如果一个液压缸发生故障，另一个液压缸可以单独驱动（这时襟翼摆动速度减半），这样就增大了操纵系统的安全程度，即增强了输出运动的可靠性。

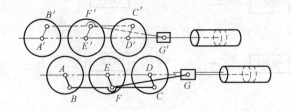

图 18-47　机车车轮的两套曲柄滑块机构并联组合

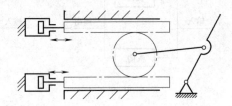

图 18-48　襟翼操纵机构

2）时序式并联组合要求输出的运动或动作严格符合一定的时序关系。它一般是同一个输入构件，通过两个基本机构的并联，分解成两个不同的输出，并且这两个输出运动具有一定的运动或动作的协调。这种并联组合机构可实现机构的惯性力完全平衡或部分平衡，还可实现运动分流。

图 18-49 所示为两个曲柄滑块机构的时序式并联组合，把两个机构的曲柄连接在一起，成为共同的输入构件，两个滑块各自输出往复移动。这种采用相同结构对称布置的方法，可使机构总惯性力和惯性力矩达到完全平衡，从而提高连杆的强度和抗振性。

图 18-50 所示为某种冲压机构的时序式并联组合，齿轮机构先与凸轮机构串联，凸轮左侧驱动一摆杆，带动送料推杆；凸轮右侧驱动连杆，带动冲头（滑块），实现冲压动作。两条驱动路线分别实现送料和冲压，动作协调配合，共同完成工作。

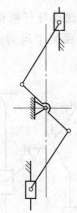
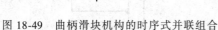

图 18-49　曲柄滑块机构的时序式并联组合

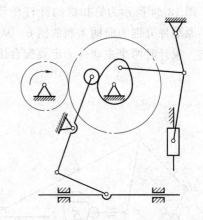

图 18-50　冲压机构中的时序式并联组合

　　图 18-51 所示的双滑块驱动机构为摇杆滑块机构与反凸轮机构并联组合。共同的原动件是做往复摆动的摇杆 1，一个从动件是大滑块 2，另一个从动件是小滑块 4。两滑块运动规律不同。工作时，大滑块在右端位置先接受工件，然后左移，再由小滑块将工件推出。需使两滑块的动作协调配合。

　　图 18-52 所示为一冲压机构，该机构是移动从动件盘形凸轮机构与摆动从动件盘形凸轮机构的并联组合。共同的原动件是凸轮 1，凸轮 1 上有等距槽，通过滚子带动推杆 2，靠凸轮 1 的外轮廓带动摆杆 3。工作时，推杆 2 负责输送工件，滑块 5 完成冲压。

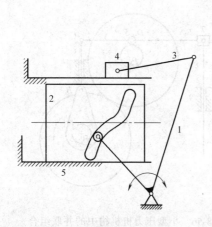

图 18-51　双滑块机构的并联组合

1—摇杆　2—大滑块　3—连杆　4—小滑块　5—机架

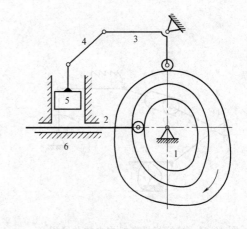

图 18-52　冲压机构中的并联组合

1—凸轮　2—推杆　3—摆杆　4—连杆　5—滑块　6—机架

　　3）合成式并联组合是将并联的两个基本机构的运动最终合成，完成较复杂的运动规律或轨迹要求。两个基本机构可以是不同类型的机构，也可以是相同类型的机构。其工作原理是两基本机构的输出运动互相影响和作用，产生新的运动规律或轨迹，以满足机构的工作要求。

　　图 18-53 所示为一大筛机构，原动件分别为曲柄 1 和凸轮 7，基本机构为连杆机构和凸

轮机构，两机构并联，合成生成滑块6（大筛）的输出运动。

图18-54所示为钉扣机的针杆传动机构，由曲柄滑块机构和摆动导杆机构并联组合而成。原动件分别为曲柄1和曲柄6，从动件为针杆3，可以实现平面复杂运动，以完成钉扣动作。设计时两个主动件一定要配合协调。

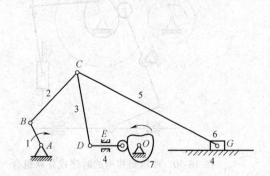

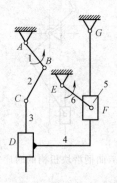

图18-53　大筛机构中的并联组合
1—曲柄　2、3、5—连杆　4—机架　6—滑块　7—凸轮

图18-54　针杆机构中的机构并联组合
1、6—曲柄　2—连杆　3—针杆　4—滑块　5—滑块

图18-55所示为缝纫机送布机构，原动件分别为凸轮1和摇杆4，基本机构为凸轮机构和连杆机构，两机构并联，合成生成送布牙3的平面复合运动。

图18-56所示为小型压力机机构，由连杆机构和凸轮机构并联组合而成。齿轮1上固连偏心盘，通过偏心盘带动连杆2、3、4；齿轮6上固连凸轮，通过凸轮带动滚子5和连杆4，运动在连杆4上被合成，连杆4再带动压杆8完成输出动作。

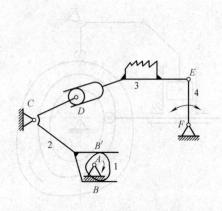

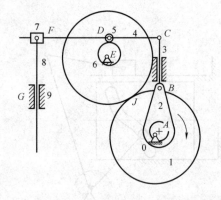

图18-55　缝纫机送布机构中的并联组合
1—凸轮　2、4—摇杆　3—布牙

图18-56　小型压力机机构中的并联组合
1、6—齿轮　2~4—连杆　5—滚子　7—滑块　8—压杆　9—机架

（3）机构叠加组合　机构叠加组合是指在一个基本机构的可动构件上再安装一个及以上的基本机构的组合方式。把支撑其他机构的基本机构称为基础机构，安装在基础机构可动构件上的机构称为附加机构。

机构叠加组合有两种类型，具有一个动力源的叠加组合（见图18-57a）和具有两个及两个以上个动力源的叠加组合（见图18-57b）。

1）具有一个动力源的叠加组合是指附加机构安装在基础机构的可动件上，附加机构的

图 18-57 叠加组合机构的类型

输出构件驱动基础机构的某个构件运动，同时也可以有自己的运动输出。动力源安装在附加机构上，由附加机构输入运动。

具有一个动力源的叠加组合机构的典型应用有摇头电风扇（见图 18-58）和组合轮系（见图 18-59）。

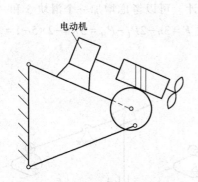

图 18-58　摇头电风扇机构中的叠加组合

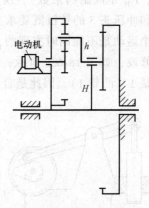

图 18-59　组合轮系机构中的叠加组合

2）具有两个及两个以上动力源的叠加组合是指附加机构安装在基础机构的可动件上，再由设置在基础机构可动件上的动力源驱动附加机构运动。附加机构和基础机构分别有各自的动力源，或有各自的运动输入构件，最后由附加机构输出运动。进行多次叠加时，前一个机构即为后一个机构的基础机构。

具有两个及两个以上动力源的叠加组合机构的典型应用有户外摄影车（见图 18-60）和机械手（见图 18-61）。

图 18-60　户外摄影车机构中的叠加组合

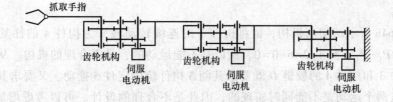

图 18-61　机械手机构中的叠加组合

机构的叠加组合为创建新机构提供了坚实的基础，特别在要求实现复杂的运动和特殊的运动规律时，机构的叠加组合有巨大的创新潜力。

（4）混合组合　机构的混合组合是指联合使用上述组合方法。如串联组合后再并联组合，并联组合后再串联组合，串联组合后再叠加组合等。图 18-50、图 18-52、图 18-53、图 18-56、图 18-61 所示的机构中都存在着混合组合。

3. 机构组合设计注意事项

（1）机构必须有确定的运动规律　机构创新设计首先必须满足机构运动的合理性，具有确定的运动规律是机构设计的最基本要求，不能运动或无规则乱动都是不合理的设计，即机构自由度应与原动件数相等。

如图 18-62a 所示的冲压机构，凸轮 1 与齿轮 1′一体，通过摆杆 2 带动冲压头 3，4 为机座，其机构运动简图如图 18-62b 所示，自由度 $F = 3n - 2P_L - P_H = 3 \times 3 - 2 \times 4 - 1 = 0$（$P_L$ 是低副约束数，P_H 是高副约束数），所以是不能动的，是不合理的机构。从运动关系上看，连接摆杆 2 和冲压头 3 的铰链既要求其随摆杆绕固定的机座摆动，又要求其随冲压头上下移动，而这两个运动是不能同时实现的，因此是不合理的设计。可以考虑增加一个滑块 5 和一个移动副来修改，如图 18-62c 所示，修改后机构的自由度 $F = 3n - 2P_L - P_H = 3 \times 4 - 2 \times 5 - 1 = 1$，原动件数是 1（凸轮 1），因此是合理的。

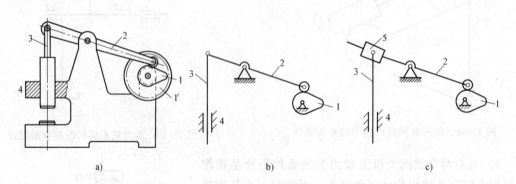

图 18-62　冲压机构
a）、b）禁忌　c）推荐
1—凸轮　1′—齿轮　2—摆杆　3—冲压头　4—机座　5—滑块

图 18-63a 所示凸轮连杆机构中，转动副 D 既是构件 2 上的点，又是构件 1 上的点；但构件 1 作摆动，构件 2 作移动，要 D 点既作移动又作摆动，不可实现。因此，其自由度 $F = 3 \times 3 - 2 \times 4 - 1 = 0$。故机构不能运动。应如图 18-63b 所示，执行构件 2 与机架以移动副连接，在构件 1 和构件 2 之间加入构件 3，并分别以转动副 D、E 连接。则自由度 $F = 3 \times 4 - 2 \times 5 - 1 = 1$，机构可动。

如图 18-64a 所示的切削机构，欲将构件 1 的连续转动转变为构件 4 的往复移动。其自由度 $F = 3n - 2P_L - P_H = 3 \times 4 - 2 \times 6 - 0 = 0$，所以是不能运动的，是不合理的机构。从运动关系上看，连接构件 3 和构件 4 的铰链 D 既要求其随 3 构件绕固定件 5 摆动，又要求其随构件 4 左右移动，而这两个运动是不能同时实现的，因此是不合理的设计。可以考虑增加一个杆件 6 和一个转动副来修改，如图 18-64b 所示。修改后机构的自由度 $F = 3n - 2P_L - P_H = 3 \times 5 - 2 \times 7 -$

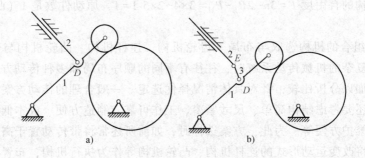

图 18-63　凸轮连杆组合机构

a) 禁忌　b) 推荐

0＝1，原动件数是 1（杆件 1），因此是合理的。

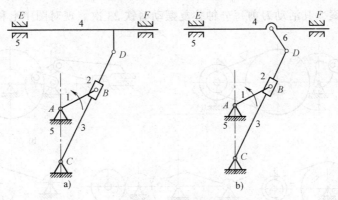

图 18-64　切削机构

a) 禁忌　b) 推荐

　　如图 18-65a 所示的冲压机构，其自由度 $F = 3n - 2P_\mathrm{L} - P_\mathrm{H} = 3 \times 5 - 2 \times 6 - 1 = 2$，而机构只有一个原动件（凸轮 1），所以该机构是无规则乱动的，是不合理的机构。从运动关系上看，构件 2 受到凸轮驱动往复移动时，构件 3 的铰链 F 的运动是不确定的，使后续构件 4 和 5 的运动也不确定，因此是不合理的设计。可以考虑将构件 3 和 4 中去掉一个，如图 18-65b 所

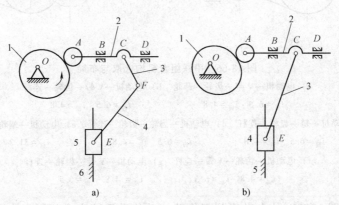

图 18-65　冲压机构

a) 禁忌　b) 推荐

示，修改后机构的自由度 $F=3n-2P_L-P_H=3×4-2×5-1=1$，原动件数是 1（凸轮 1），因此是合理的。

（2）串联组合的机构选取与布局　齿轮机构、连杆机构、凸轮机构与带、链、蜗杆传动等组成较为复杂的机械传动系统时，往往有不同的顺序布局和多种传动方案，这就需要将各种传动方案加以分析比较，针对具体情况择优选定。一般合理的传动方案除应满足机器预定的功能外，还要考虑结构简单、尺寸紧凑、工作可靠、制造方便、成本低廉、传动效率高和使用安全、维护方便等。为此，方案选择时，如前所述常将带传动置于高速级，链传动置于低速级，而将改变运动形式的连杆机构、凸轮机构等作为执行机构，布置在传动系统的末端，以实现预定的运动。

传动方案的选定是一项比较复杂的工作，需要综合运用多方面的技术知识和实践经验，从多方面分析比较，才能获得较为合理的传动方案。

例如图 18-66 所示的由功率 $P_m=7.5kW$、满载转速 $n_m=720r/min$ 的电动机驱动的剪板机的各种传动方案，其活动刀剪每分钟往复摆动剪铁 23 次。现对图中七种方案进行分析。

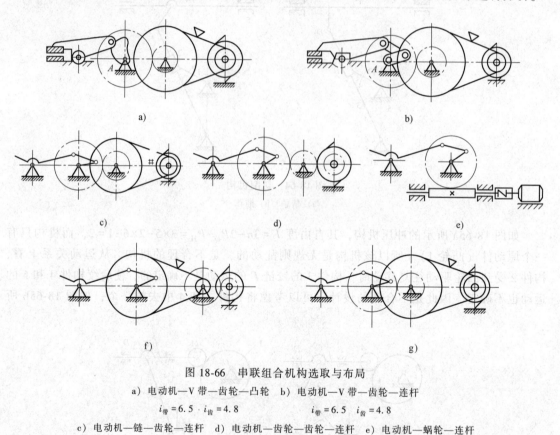

图 18-66　串联组合机构选取与布局

a）电动机—V 带—齿轮—凸轮　b）电动机—V 带—齿轮—连杆

$i_带=6.5$　$i_齿=4.8$　　　　　$i_带=6.5$　$i_齿=4.8$

c）电动机—链—齿轮—连杆　d）电动机—齿轮—齿轮—连杆　e）电动机—蜗轮—连杆

$i_链=6.5$　$i_齿=4.8$　　　　$i_齿=6.5$　$i_齿=4.8$　　　　　$i_蜗=31.2$

f）电动机—齿轮—V 带—连杆　g）电动机—V 带—齿轮—连杆

$i_齿=4.8$　$i_带=6.5$　　　　$i_带=4.8$　$i_齿=6.5$

图 18-66a 和图 18-66b 从电动机到工作轴 A 的传动系统完全相同，由 $i_带=6.5$ 的 V 带传动和 $i_齿=4.8$ 的齿轮传动组成，其总传动比 $i=i_带i_齿=6.5×4.8≈31.2$，使工作轴 A 获得 $n_w=$

$n_m/i = 720\text{r/min}/31.2 = 23\text{r/min}$ 的连续回转运动。考虑到剪板机工作速度低，载荷重且有冲击，对活动刀剪除要求适当的摆角、急回速比及增力性能外，对其运动规律并无特殊要求。图 18-66b 所示的采用连杆机构变换运动形式，较图 18-66a 所示的采用凸轮机构，变换运动形式为佳，结构也简单得多。

图 18-66b～e 在电动机到工作轴 A 之间采用了不同的传动机构，它们都能满足工作轴转速 23r/min 的要求，但图 18-66b 采用 V 带传动，可发挥其缓冲吸振的特点，使剪铁时的冲击振动不致传给电动机，且当过载时 V 带在带轮上打滑对机器的其他机件起安全保护作用。虽然图 18-66b 所示机构的外廓尺寸大些，但结构和维护都较图 18-66c～e 所示的结构方便。图 18-66e 采用单级蜗杆传动，虽具有外廓尺寸紧凑和传动平稳的优点，但这对剪板机而言，显然并非主要矛盾；而传动效率低，能量损失大，使电动机功率增大，且蜗杆传动制造费用高，成为突出缺点。另外，蜗轮尺寸小虽属优点，但转动惯量也因而减小，可能反而还要安装较大的飞轮，才能符合剪切要求，这样就更不合理了，故此方案在剪板机中很少采用。

图 18-66f 与图 18-66b 所示方案相比，仅排列顺序不同，其齿轮传动在高速级，尺寸虽小些，但速度高，冲击、振动和噪声均较大，制造和安装精度以及润滑要求也较高，而带传动放在低速级，则不能发挥带传动能缓冲、吸振及工作平稳的优点，且带布置在低速级，转矩大，带的根数多，带轮尺寸和质量显著增大，显然是不合理的。

图 18-66b、图 18-66g 所示两方案所选机械类型、排列顺序、总传动比均相同，但传动比分配不同，图 18-66b 中 $i_带 > i_齿$，而图 18-66g 则相反。两者相比，图 18-66b 所示方案较好。这是因为图 18-66b 所示方案中大带轮直径和质量虽较大，但大齿轮尺寸可以较小，使大齿轮制造会方便一些；另外，带轮相对大齿轮处于高速位置，其质量增大，转动惯量增大，在剪板机短时最大负载作用下，可获得增加飞轮惯性的效果。权衡之下，还是利多于弊。综上所述，图 18-66b 所示方案应为首选方案。

（3）机构必须有利于使用

1）凸轮-杠杆机构磨损量互补。类似的机构组合在构件位置设定不同时对后期使用可能产生不同影响。例如，图 18-67 所示的两种类似的凸轮—杠杆机构，相同的磨损量对不同机械精度的影响可能是不同的，因为磨损引起的后果不同。假设凸轮与杠杆下端接触面的磨损量 u_1 和从动件与杠杆上端接触面的磨损量 u_2，对于两个方案分别相等，由图可知，u_1、u_2 所引起的从动件移动误差 Δ 却有明显的差别。图 18-67a 中，$\Delta = u_1 + u_2$；图 18-67b 中，$\Delta = u_2 - u_1$。后者由于磨损量的相互抵消而提高了机构的精度。这里，即使 u_1 与 u_2 是偶然误差，通过正确设计结构方案仍可得到较高的精度。

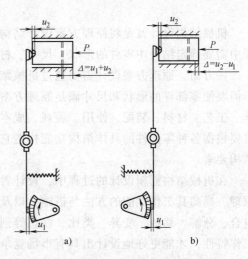

图 18-67 两种凸轮—杠杆机构磨损量比较
a）较差 b）较好

2）利用并联机构安装游丝以消除空回。图 18-68 所示为常见的百分表结构，其中游丝的作用是产生反力矩，迫使各级齿轮在传动时总在固定齿面啮合，从而消除了侧隙对空回的影响。

设计时必须注意，游丝必须安装在传动链的最后一环，即增加并联机构，才能把传动链中所有的齿轮都保持单面压紧，不致出现测量变化而指示值不变的情况。游丝不能安装在齿轮3的轴上（见图18-68a），因为这样齿轮3和齿轮4间的侧隙不能消除，仍将产生空回测量误差。图18-68b所示结构增加一个并联的大齿轮是正确的，游丝安装在该大齿轮的轴上，可消除整个传动系统的空回误差。另外，如果将游丝安装在小齿轮4的轴上，游丝转的圈数过多，偏心严重，甚至碰圈，也不合理。

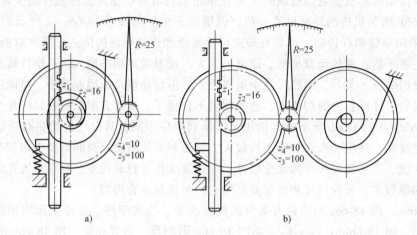

图18-68　利用并联机构安装游丝以消除空回
a）禁忌　b）推荐

18.2　机械结构创新设计与禁忌

机械结构设计就是将原理方案设计结构化，即把机构系统转化为机械实体系统，这一过程中需要确定结构中零件的形状、尺寸、材料、加工方法、装配方法等。

一方面，原理方案设计需要通过机械结构设计得以具体实现；另一方面，机械结构设计不但要使零部件的形状和尺寸满足原理方案的功能要求，还必须解决与零部件结构有关的力学、工艺、材料、装配、使用、美观、成本、安全和环保等一系列问题。机械结构设计时，需要根据各种零部件的具体结构功能构造它们的形状，确定它们的位置、数量、连接方式等结构要素。

在机械结构创新设计的过程中，设计者不但应该掌握各种机械零部件实现其功能的工作原理，提高其工作性能的方法与措施，以及常规的设计方法，还应该根据实际情况善于运用组合、分解、移植、变异、类比、联想等创新设计方法，追求结构创新，获得更好的功能和工作特性，才能更好地设计出具有市场竞争力的产品。

18.2.1　结构元素的变异、演化与设计禁忌

1. 结构元素的变异与演化

结构元素在形状、数量、位置等方面的变异可以适应不同的工作要求，或比原结构具有更好和更完善的功能。下面简述几种有代表性的结构元素变异与演化。

（1）杆状构件结构元素变异与演化

1）适应运动副空间位置和数量的连杆结构。图 18-69 所示为一般连杆结构的两种形式。因运动副空间位置和数量不同，连杆的结构形状也随之产生变异。

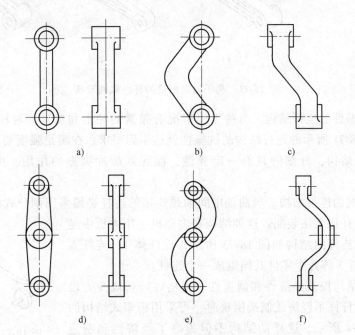

图 18-69　适应运动副空间位置和数量的连杆结构

a）二轴连杆　b）、c）二轴连杆变异　d）三轴连杆　e）、f）三轴连杆变异

2）提高强度的连杆结构。当三个转动副同在一个杆件上且构成钝角三角形时，应尽量避免做成弯杆结构。图 18-70a、b 所示结构强度较差，图 18-70c 所示结构强度一般，图 18-70d、e 所示结构强度较好。

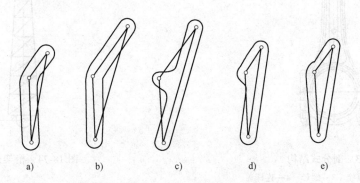

图 18-70　避免弯杆结构以提高强度

a）、b）较差　c）一般　d）、e）较好

3）提高抗弯刚度的连杆结构。杆件可采用圆形、矩形等截面形状，如图 18-71a 和图 18-69 所示，结构较简单。若需要提高构件的抗弯刚度，可将截面设计成工字形（见图 18-71b）、T 形（见图 18-71c）或 L 形（见图 18-71d）。

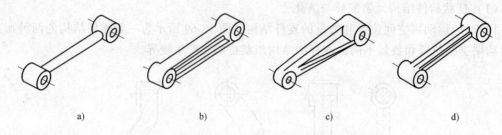

图 18-71 利于提高刚度的杆件截面形状

4）提高抗振性的连杆结构。有些工作情况有频繁的冲击和振动，对杆件的损害较大，这种情况下图 18-71 所示的连杆结构的抗振性就达不到要求。在满足强度要求的前提下，采用图 18-72 所示结构，杆细些且有一定弹性，能起到缓冲吸振的作用，可提高连杆的抗振性。

5）便于装配的连杆结构。与曲轴中间轴颈连接的连杆必须采用剖分式结构，因为如果采用整体式，连杆将无法装配。这种结构在内燃机、压缩机中经常采用。剖分式连杆的结构如图 18-73 所示，连杆体 1、连杆盖 4、螺栓 2 和螺母 3 等几个零件共同组成一个连杆。

6）桁架式结构提高经济性和制造性。当构件较长或受力较大，采用整体式杆件不经济或制造困难时，可采用桁架式结构的杆件，如图 18-74 所示。这样的结构不但提高了经济性和制造性，还节省了材料、减轻了重量。

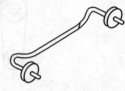

图 18-72 提高抗振性的连杆结构

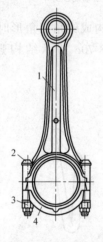

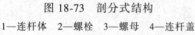

图 18-73 剖分式结构

1—连杆体 2—螺栓 3—螺母 4—连杆盖

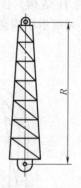

图 18-74 桁架式结构的杆件

（2）螺纹紧固件结构元素变异与演化　常用的螺纹紧固件有螺栓、螺钉、双头螺柱、螺母、垫圈等，如图 18-75 所示。在不同的应用场合，由于工作要求不同，这些零件的结构就必须变异出所需的结构形状。

六角头螺栓拧紧力比较大，紧固性好，但需和螺母配用，且需一定扳手操作空间，因而要求有大的操作空间。盘头螺钉可以用手拧，可用作调整螺钉。沉头螺钉的头部能拧进被连

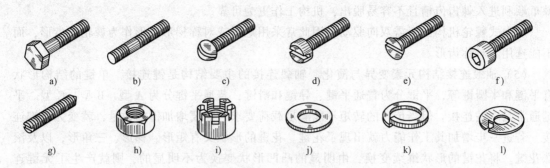

图 18-75　螺纹紧固件

a) 六角头螺栓　b) 双头螺柱　c) 开槽圆柱头螺钉　d) 开槽盘头螺钉　e) 开槽沉头螺钉　f) 内六角沉头螺钉
g) 开槽锥端紧定螺钉　h) 六角螺母　i) 六角开槽螺母　j) 平垫圈　k) 弹簧垫圈　l) 止动垫圈

接件表面，使被连接件表面平整。内六角螺钉头部所占空间小，拧紧所需操作空间也小，因而适合要求结构紧凑的场合。双头螺柱适合经常拆卸的场合。紧定螺钉用于确定零件相互位置和传力不大的场合。开槽螺母是用来防松的，平垫圈用来保护承压面，弹簧垫圈和止动垫圈都是用来防松的。

（3）齿轮结构元素变异与演化　齿轮的结构元素变异包括齿轮的整体形状变异、轮齿的方向变异和齿廓形状变异。

为传递不同空间位置的运动，齿轮整体形状可变异为圆柱形、圆锥形、齿条、蜗轮等；为实现两轴的变转速，齿轮整体形状可变异为非圆齿轮和不完全齿轮。

为提高承载能力和平稳性，轮齿的方向可变异为直齿、斜齿、人字齿等。

为适应不同的传力性能，齿廓形状可变异为渐开线形、圆弧形、摆线形等。

（4）棘轮结构元素变异与演化　棘轮的结构元素变异如图 18-76 所示。图 18-76a 所示为最常见的不对称梯形齿形，齿面沿径向线方向，其轮齿的非工作齿面可做成直线形或圆弧形，因此齿厚加大，使轮齿强度提高。

图 18-76b 所示为棘轮常用的三角形齿形，齿面沿径向线方向，其工作面的齿背无倾角。另外也有三角形齿形的齿面具有倾角 θ 的齿形，一般 $\theta = 15° \sim 20°$。三角形齿形非工作面可做成直线形（见图 18-76b）和圆弧形（见图 18-76c）。

图 18-76　棘轮结构元素变异

图 18-76d 所示为矩形齿形。矩形齿形双向对称，同样对称的还有梯形齿形（见图 18-76e）。

设计棘轮机构在选择齿形时，要根据各种齿形的特点。单向驱动的棘轮机构一般采用不对称齿形，而不能选用对称齿形。

当棘轮机构承受载荷不大时，可采用三角形齿形。具有倾角的三角形齿形，工作时能使棘爪顺利进入棘齿齿槽且不容易脱出，机构工作更为可靠。

双向式棘轮机构由于需双向驱动，因此常采用矩形或对称梯形齿形作为棘轮的齿形，而不能选用不对称齿形。

（5）轴毂连接结构元素变异与演化 轴毂连接的主要结构是键连接。单键的结构形状有平键和半圆键等，平键分为普通平键、导键和滑键，普通平键分为 A 型、B 型、C 型。平键通常是单键连接，但当传递的转矩不能满足载荷要求时需要增加键的数量，就变为双键连接。若进一步增加其工作能力就出现了花键。花键的形状又有矩形、梯形、三角形，以及滚珠花键。将花键的形状继续变换，由明显的凸凹形状变换为不明显的，则就产生了无键连接，即成形连接。

（6）滚动轴承结构元素变异与演化 滚动轴承有多种类型。球形滚动体便于制造，成本低，摩擦力小，适合高速，但承载能力不如圆柱滚子。圆柱滚子轴承承载能力强，旋转精度高，可以做游动端支承。滚动体还有圆锥滚子、鼓形滚子和滚针等不同形状，用以获得不同的运动和承载特性。滚动体的数量随轴承规格不同而变异，在类型上有单排滚动体和双排滚动体。除传统滚动轴承外，随着工业技术的不断发展，通过结构变异演化出来的新型轴承非常多。对滚动体和滚道进行结构变异在轴承创新设计中应用比较多。例如：为改善润滑和应力集中，近年来出现了对数修形圆锥滚子轴承；为更好地适应振动冲击性载荷和改善轴承系统的润滑冷却条件，出现了空心圆柱滚子轴承；为承受双向轴向载荷，出现了四点接触球轴承。

（7）基于材料的结构元素变异与演化 图 18-77 所示是美国通用汽车公司设计的双稳态闭合门（美国专利 3541370 号），通过结构元素的材料变异演化出新结构，从工作原理上进

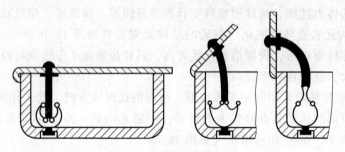

图 18-77 利用塑料件制成的双稳态闭合门

行了结构创新。这种双稳态闭合门用挤压丙烯替代机械装置制成弹簧压紧装置，比一般金属零件组成的结构更为简单、方便，易于维护。

2. 结构元素变异、演化设计禁忌

（1）摆杆和推杆端部球面位置设计禁忌 如图 18-78 所示，主动摆杆 1 将力传递给从动推杆 2。图 18-78a所示推杆末端为球面，此时推杆受力情况不好，推杆的受力方向

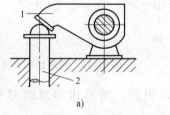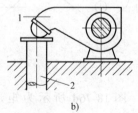

a)   b)

图 18-78 摆杆和推杆端部球面位置设计

a）较差 b）较好

1—主动摆杆 2—从动推杆

为球面的法线方向，驱动力对推杆会产生横向分力，将推杆压向导路，推杆和导路之间产生有害的摩擦力，使推杆运动不灵活。若将球面的结构形状放在摆杆上，如图 18-78b 所示，则得到较好的传力效果，推杆的受力方向总垂直于平顶，即与推杆运动方向相同，推杆运动灵活、轻便。

（2）降低接触应力　图 18-79 所示的结构中，从图 18-79a 到图 18-79c 的高副接触中综合曲率半径依次增大，接触应力依次减小，因此，图 18-79c 所示结构有利于改善球面支承的接触强度和刚度。

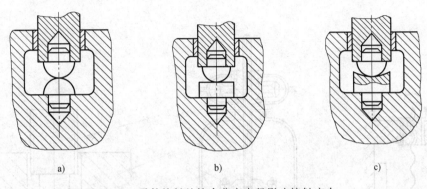

a)　　　　　　　　　　b)　　　　　　　　　　c)

图 18-79　零件接触处综合曲率半径影响接触应力

a)、b) 较差　c) 较好

（3）避免构件运动相互干涉　在对连杆机构进行结构设计时，必须保证组成连杆机构的所有运动构件在其运动范围内不与其他构件、轴、机架等部件发生碰撞，即满足运动不干涉条件。不仅在确定构件的外形时要考虑，而且在确定各构件所在的运动平面（这些平面常常是互相平行的不同平面）即对构件分层时也要考虑是否会发生运动干涉的问题。例如：为避免连杆运动时与曲柄碰撞，把曲柄轴设计成悬臂支承的形式；对要求轴为通轴即简支梁支承形式的曲柄，采用偏心轮式曲柄或曲轴；对一双曲柄机构，将其曲柄 1 和 3、连杆 2、机架 4 分别布置在几个互相平行的平面内，如图 18-80 所示。

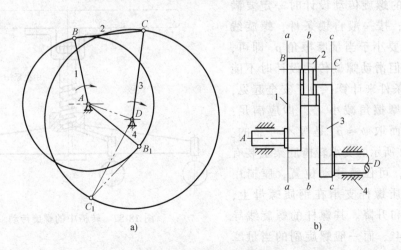

a)　　　　　　　　　　　　　　　　　b)

图 18-80　双曲柄机构的结构

1、3—曲柄　2—连杆　4—机架

（4）螺杆与螺母相对运动关系设计禁忌　图 18-81a 为螺母转动、螺杆移动的设计。可见，要实现螺杆的上下移动，必须使螺杆下端的结构与旁边的承导件相连，否则，在螺母转动时螺杆也将随之一起转动，而不能实现上下移动。图 18-81b 所示的浓密机提升装置，就属于此类错误的设计。该提升装置采用了蜗杆传动，蜗轮 1 内装螺母（不能上下运动），螺杆 2 下端与连接板 3 间采用了螺纹连接，而缺少与连接板及主轴等部件的固定结构，因而当螺母转动时，螺杆也随螺母一起转动，而主轴（耙子）却不能实现升降。改进措施如图 18-81c 所示，可在螺杆与连接板之间加一卡板 5，这样即可限制螺杆的旋转，实现主轴正常上下升降。

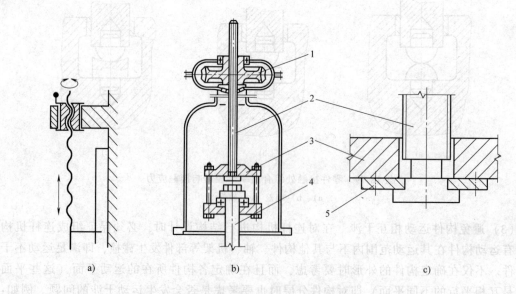

图 18-81　螺母转动、螺杆移动的设计
1—蜗轮　2—螺杆　3—连接板　4—主轴　5—卡板

（5）螺旋传动自锁条件设计禁忌
有自锁要求的螺旋传动设计时一定要满足自锁条件，按一般自锁条件，螺旋线导程角 ψ 只要小于当量摩擦角 ρ_v 即可，即 $\psi \leqslant \rho v$。但滑动螺旋传动设计时不能按一般自锁条件来计算，为了安全起见，必须将当量摩擦角减小 1°，即应满足：$\psi \leqslant \rho_v - 1°$，而取 $\psi \approx \rho_v$ 是极不可靠的。例如图 18-82 所示的支承转椅底架上装有五个行走轮，可任意移动位置，座椅用矩形螺纹钢质螺杆支承在钢质螺母上，能任意回转和升降。其螺杆的螺旋线导程角 $\psi = 5.64°$，而一般螺旋副的当量摩

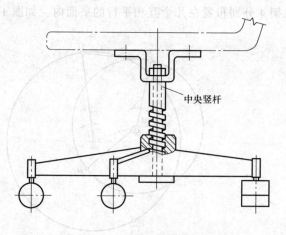

中央竖杆

图 18-82　转椅中的螺旋传动

擦角 $\rho_v \approx 5.7°$，可见 ψ 略小于 ρ_v，转椅处于自锁的临界状态，人坐上去后稍有摇晃，静摩

擦因数变为动摩擦因数，摩擦因数降低很多，导致 ψ 大于 ρ_v，座椅就会自行下降。改正措施可将中央螺杆的螺旋线导程角减小到 $\psi<\rho_v-1°$，例如 $\psi=4°$，则自锁可靠性较大，人坐上去转椅就不会下降了。转椅螺杆螺旋线导程角 ψ 的取值与自锁性的对比见表 18-3。

表 18-3　转椅螺杆螺旋线导程角与自锁性对比

项目 方案	螺旋线导程角 ψ/(°)	当量摩擦角 ρ_v/(°)	自锁条件	结论
1	6	5.7	不满足	错误
2	5.6	5.7	临界状态	禁忌
3	5	5.7	基本满足	较差（不可靠）
4	4	5.7	满足	较好（可靠）

18.2.2　机械结构设计基本要求与禁忌

在机械结构创新设计过程中，从功能准确、使用可靠、容易制造、简单方便、经济性高等角度出发，要充分考虑以下各方面的基本要求。

1. 实现功能要求

机械结构设计就是将原理设计方案具体化，即构造一个能够满足功能要求的三维实体的零部件及其装配关系。概括地讲，各种零件的结构功能主要是承受载荷、传递运动和动力，以及保证或保持有关零部件之间相对位置或运动轨迹关系等。功能要求是结构设计的主要依据和必须满足的要求。设计时，除根据零件的一般功能进行设计外，通常可以通过零件的功能分解、功能组合、功能移植等技巧来完成机械零件的结构功能设计。主要设计方法如下：

（1）零件功能分解　每个零件的每个部位都承担着不同的功能，具有不同的工作原理。若将零件的功能分解、细化，则有利于提高其工作性能，开发新功能，也可使零件整体功能更趋于完善。

例如，螺钉可分解为螺钉头、螺钉体、螺钉尾三个部分。螺钉头的不同结构类型分别适用于不同的拧紧工具和连接件表面结构要求。螺钉体有不同的螺纹牙型，如三角形螺纹（粗牙、细牙）、倒刺环纹螺纹等，分别适用于不同的连接紧固件。螺钉体除螺纹部分外，还有无螺纹部分。无螺纹部分也有制成细杆的，被称为柔性螺杆。柔性螺杆常用于冲击载荷，因为冲击载荷作用下这种螺杆将会提高疲劳强度，如发动机连杆的连接螺栓。为提高其疲劳寿命，可采用降低螺杆刚度的方法进行构型，例如采用大柔度螺杆和空心螺杆，如图 18-83 所示。螺钉尾部带倒角可起到导向作用，带有平端、锥端、短圆柱端或球面等形状的尾部保护螺纹尾端不受碰伤与紧定可靠，还可设计成有自钻自攻功能的尾部结构，如图 18-84 所示。

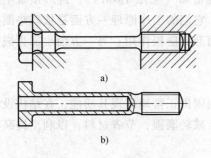

图 18-83　大柔度螺杆

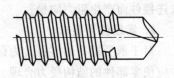

图 18-84　自钻、自攻螺钉尾部结构

轴的功能可分解为轴环与轴肩用于定位，轴身用于支承轴上零件，轴颈用于安装轴承，轴头用于安装联轴器。

滚动轴承的功能可分解为内圈与轴颈连接，外圈与座孔连接，滚动体实现滚动功能，保持架实现分离滚动体的功能。

齿轮的功能可分解为轮齿部分的传动功能、轮体部分的支撑功能和轮毂部分的连接功能。

零件结构功能的分解内容是很丰富的，为获得更完善的零件功能，在结构设计时可尝试进行功能分解的方法，再通过联想、类比与移植等进行功能扩展或新功能的开发。

（2）零件功能组合　零件功能组合是指一个零件可以实现多种功能，这样可以使整个机械系统更趋于简单化，简化制造过程，减少材料消耗，提高工作效率，是结构设计的一个重要途径。

零件功能组合一般是在零件原有功能的基础上增加新的功能，如前文提到的具有自钻、自攻功能的螺纹尾（见图18-84），将螺纹与钻头的结构组合在一起，使螺纹连接结构的加工和安装更为方便。图18-85所示为三合一功能的组合螺钉，它是外六角头、法兰和锯齿的组合，不仅实现了支撑功能，还可以提高连接强度，防止松动。

图18-86所示是用组合法设计的一种内六角花形、外六角与十字槽组合式的螺钉头，可以适用于三种扳拧工具，方便操作，提高了装配效率。

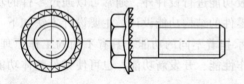 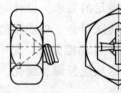

图18-85　三合一结构的防松螺钉　　　　　　图18-86　组合式螺钉头

许多零件本身就有多种功能，例如花键既具有静连接的功能又具有动连接的功能，向心推力轴承既具有承受径向力的功能又具有承受轴向力的功能。

（3）零件功能移植　零件功能移植是指相同的或相似的结构可实现完全不同的功能。例如，齿轮啮合常用于传动，如果将啮合功能移植到联轴器，则产生齿式联轴器。同样的还有滚子链联轴器。

齿的形状和功能还可以移植到螺纹连接的防松装置上，螺纹连接除借助于增加螺旋副预紧力而防松外，还常采用各种弹性垫圈，诸如波形弹性垫圈（见图18-87a）、齿形锁紧垫圈（见图18-87b）、锯齿锁紧垫圈（见图18-87c、d）等。它们的工作原理一方面是依靠垫圈被压平产生弹力，弹力的增大又使结合面的摩擦力增大而起到防松作用；另一方面也靠齿嵌入被连接件而产生阻力防松。

2. 满足使用要求

对于承受载荷的零件，为保证零件在规定的使用期限内正常地实现其功能，在结构设计中应使零部件的结构受力合理，降低应力，减小变形，减轻磨损，节省材料，以利于提高零件的强度、刚度和延长使用寿命。

（1）受力合理　图18-88所示铸铁悬臂支架，其弯曲应力自受力点向左逐渐增大。

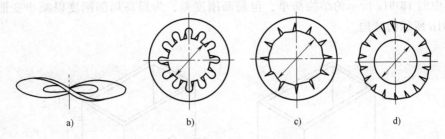

图 18-87 波形弹性垫圈与带齿的弹性垫图

图 18-88a 所示结构强度差。图 18-88b 所示结构虽然强度高，但不是等强度，浪费材料，增加重量，也较差。图 18-88c 所示为等强度结构，且符合铸铁材料的特点，铸铁压缩性能优于拉伸性能的特点，故肋板设置在承受压力一侧。

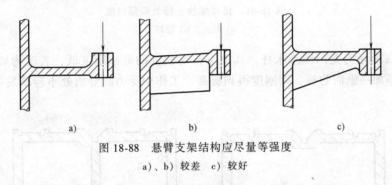

图 18-88　悬臂支架结构应尽量等强度

a)、b) 较差　c) 较好

（2）降低应力　如图 18-89 所示，若零件两部分交接处有直角转弯则会在该处产生较大的应力集中。设计时可将直角转弯改为斜面和圆弧过渡，这样可以减少应力集中，防止热裂等。图 18-92a 所示结构较差，图 18-89b 所示较好。

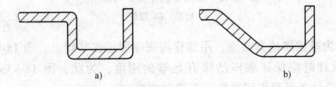

图 18-89　应避免较大应力集中

a) 较差　b) 较好

如图 18-90 所示，在盘形凸轮类零件上开设键槽时，应特别注意选择开设键槽的位置，禁止将键槽开在结构薄弱的位置上（见图 18-90a），而应开在较强的位置上（见图 18-90b），以避免应力集中，延长凸轮的使用寿命。

（3）减小变形　用螺栓连接时，连接部分可有不同的形式，如图 18-91

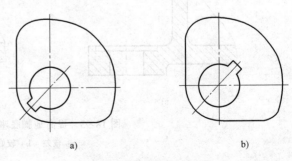

图 18-90　盘形凸轮上的键槽位置

a) 较差　b) 较好

所示。其中图 18-91a 所示的结构简单，但局部刚度差，为提高局部刚度以减小变形，可采用图 18-91b 所示的结构。

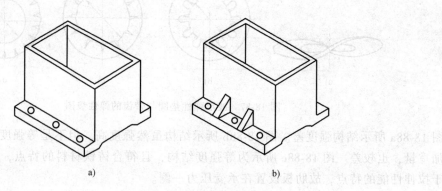

图 18-91　提高螺栓连接处局部刚度

a）较差　b）较好

图 18-92a 所示为龙门刨床床身，其中 V 形导轨处的局部刚度低，若改为如图 18-92b 所示的结构，即加一纵向肋板，则刚度得到提高，工作中受力时导轨处不容易发生变形，精度提高。

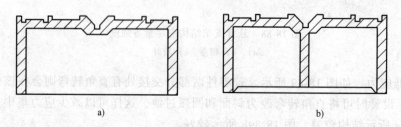

图 18-92　提高导轨连接处局部刚度

a）较差　b）较好

图 18-93 所示为减速器地脚底座，用螺栓将底座固定在基础上。图 18-93a 所示地脚底座局部刚度不足。设计时应保证底座凸缘有足够的刚度，为此，图 18-93b 中相关尺寸 C_1、C_2、B、H 等应按设计手册荐用值选取，不可随意确定。

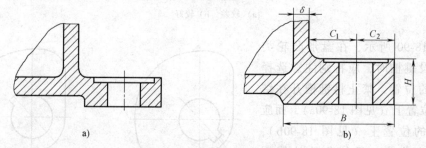

图 18-93　提高地脚底座凸缘刚度

a）较差　b）较好

（4）减轻磨损　对高速、轻载及精度不高的齿轮传动，为了降低噪声，常用非金属材料（如玻璃纤维增强塑料、尼龙等）做小齿轮，由于非金属材料的导热性差，与其啮合的大齿轮仍用钢和铸铁制造，以利于散热。为了不使小齿轮在运行过程中发生阶梯磨损（见图18-94a），小齿轮的齿宽应比大齿轮的齿宽小些（见图18-94b），以免在小齿轮上磨出凹痕。

图18-95所示的滑动轴承，当轴的止推环外径小于轴承止推面外径时（见图18-95a），会造成较软的轴承合金层上出现阶梯磨损，应尽量避免，改成图18-95b所示的结构好些。原则上设计的尺寸应使磨损多的一侧全面磨损，但在有些情况下，由于事实上不可避免双方都受磨损，最好是能够避免修配困难的一方（例如轴的止推环）出现阶梯磨损（见图18-98c），图18-98d所示结构较好。

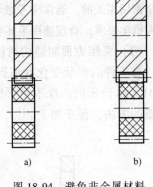

图18-94 避免非金属材料
齿轮阶梯磨损
a）较差 b）较好

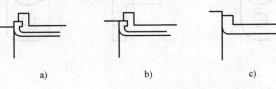

图18-95 轴承侧面的阶梯磨损
a）、c）较差 b）、d）较好

非液体摩擦润滑止推轴承的外侧和中心部分滑动速度不同，止推面中心部位的线速度远低于外边，磨损很不均匀，若轴颈与轴承的止推面全部接触（见图18-96a、b），则工作一段时间后，中部会较外部凸起，轴承中心部分润滑油更难进入，造成润滑条件恶化，工作性能下降，为此可将轴颈或轴承的中心部分切出凹坑（见图18-96c、d），不仅使磨损趋于均匀，还改善了润滑条件。

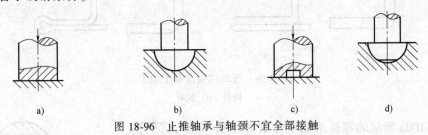

图18-96 止推轴承与轴颈不宜全部接触
a）、b）较差 c）、d）较好

（5）节省材料 考虑节约材料的冲压件结构，可以将零件设计成能相互嵌入的形状，这样既能不降低零件的性能，又可以节省很多材料。如图18-97所示，图18-97a所示的结构较差，图18-97b所示的结构较好。

3. 满足结构工艺性要求
组成机器的零件要能最经济地制造

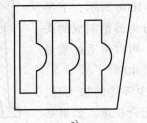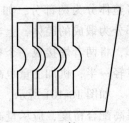

图18-97 冲压件结构应考虑节约材料
a）较差 b）较好

和装配,应具有良好的结构工艺性。机器的成本主要取决于材料和制造费用,因此工艺性与经济性是密切相关的。通常应考虑采用方便制造的结构、便于装配和拆卸,零件形状简单合理以及满足人机学要求,合理选用毛坯类型,易于维护和修理等,本书介绍前三种需考虑的因素。

(1) 采用方便制造的结构 结构设计中,应力求使设计的零部件制造加工方便。

在零件的形状变化并不影响其使用性能的条件下,在设计时应采用最容易加工的形状。图 18-98a 所示的凸缘不便于加工,图 18-98b 采用的是先加工成整圆、切去两边再加工两端圆弧的方法,便于加工。

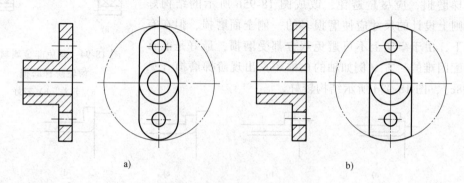

图 18-98 凸缘结构应方便制造

a) 较差 b) 较好

图 18-99a 所示陡峭弯曲结构的加工需特殊工具,成本高。另外,曲率半径过小易产生裂纹,在内侧面上还会出现皱折。改为图 18-99b 所示的平缓弯曲结构就要好一些。

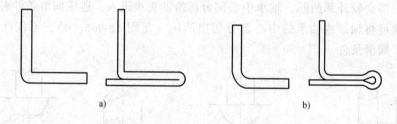

图 18-99 弯曲结构应利于加工

a) 较差 b) 较好

图 18-100a 所示的零件采用整体锻造,加工余量大。修改设计后采用铸锻焊复合结构,将整体分为两部分,如图 18-100b 所示,下半部分为锻成的腔体,上半部分为铸钢制成的头部,将两者焊接成一个整体,可以将毛坯重量减轻一半,机加工量也减少了 40%。

如图 18-101 所示,为减少零件的加工量、提高配合精度,应尽量减少配合长度。如果必须要有很长的配合面,则可将孔的中间部分加大,这样中间部分就不必精密加工,加工方

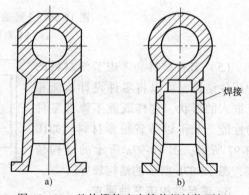

图 18-100 整体锻件改为铸焊结构更好

a) 较差 b) 较好

便，配合效果好。图 18-101a 所示结构较差，图 18-101b、c 所示结构较好。

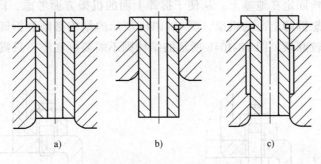

图 18-101　注意减小加工面
a）较差　b）、c）较好

（2）便于装配和拆卸　加工好的零部件要经过装配才能成为完整的机器，装配质量对机器设备的运行有直接的影响。同时，考虑机器的维修和保养，零部件结构通常设计成方便拆卸的。

在结构设计时，应合理考虑装配单元，使零件得到正确安装，图 18-102a 所示的两法兰盘用普通螺栓连接，无径向定位基准，装配时不能保证两孔的同轴度，图 18-102b 中所示结构以相配合的圆柱面为定位基准，结构合理。

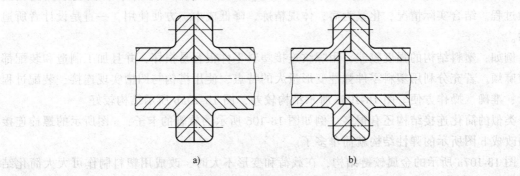

图 18-102　法兰盘的定位基准
a）禁忌　b）推荐

对配合零件应注意避免双重配合。图 18-103a 中零件 A 与零件 B 有两个端面配合，由于制造误差，不能保证零件 A 的正确位置，应采用图 18-103b 所示的合理结构。

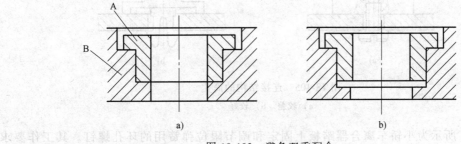

图 18-103　避免双重配合
a）禁忌　b）推荐

图 18-104 为一机架用螺栓（见图 18-104a）或双头螺柱（见图 18-104b）固定在底座上，底座用地脚螺栓固定在地基上。从便于拆卸上面的机架方面考虑，图 18-104b 所示的结构更合理，因为要想拆卸上面的机架，图 18-104a 所示的结构必须要拆卸地脚螺栓，把底座从地基上拆下，比较麻烦。图 18-104b 所示的结构则不需要拆底座，只需将螺母拆下即可将上面的机架取下。

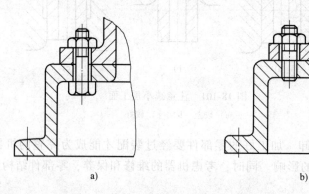

图 18-104　便于拆卸的结构
a) 较差　b) 较好

（3）零件形状简单合理　结构设计往往经历着一个从简单到复杂，再由复杂到高级简单的过程。结合实际情况，化繁为简，体现精炼，降低成本，方便使用，一直是设计者所追求的。

例如，塑料结构的强度较差，用螺纹连接塑料零件很容易损坏，并且加工制造和装配都比较麻烦。若充分利用塑料零件弹性变形量大的特点，使用搭钩与凹槽实现连接，装配过程简单、准确、操作方便。图 18-105a 所示结构较差，图 18-105b 所示结构较好。

类似的简化连接结构还有很多。例如图 18-106 所示的软管的卡子，a 图所示的螺栓连接机构改成 b 图所示的弹性结构就简单多了。

图 18-107a 所示的金属铰链结构，在载荷和变形不大时，改成用塑料制作可大大简化结构，如图 18-107b 所示。

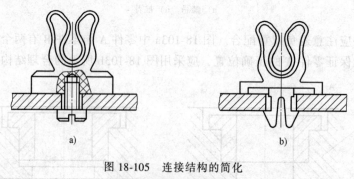

图 18-105　连接结构的简化
a) 较差　b) 较好

图 18-108 所示为小轿车离合器踏板上固定和调节限位弹簧用的环孔螺钉。其工作要求是连接、传递拉力，并能实现调节与固定。图 18-108a 是通过车、铣、钻等加工过程形成的零件；图 18-108b 是用外购螺栓再进一步加工而成；图 18-108c 是外购地脚螺栓直接使用，

其成本由 100% 降到 10%。

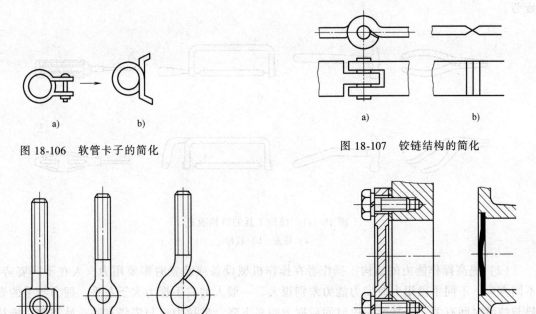

图 18-106　软管卡子的简化

图 18-107　铰链结构的简化

图 18-108　环孔螺钉的简化

图 18-109　端盖的简化

图 18-109 中用弹性板压入孔来代替原有老式设计的螺钉固定端盖，节省加工装配时间。

图 18-110 所示为简单、容易拆装的吊钩结构。

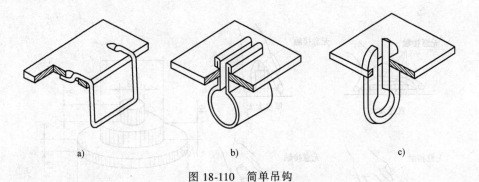

图 18-110　简单吊钩

4. 满足人机学要求

在结构设计中必须考虑人机学方面的问题。机械结构的形状应适合人的生理和心理特点，使操作安全可靠、准确省力、简单方便，不易疲劳，有助于提高工作效率。此外，还应使产品结构造型美观，操作舒适，降低噪声，避免污染，有利于环境保护。

（1）减少操作疲劳的结构　结构设计与构型时应该考虑操作者的施力情况，避免操作者长期保持一种非自然状态下的姿势。图 18-111 所示为各种手工操作工具改进前后的结构形状。图 18-111a 所示的结构形状呆板，操作者长期使用时处于非自然状态，容易疲劳；图

18-111b 所示的结构形状柔和，操作者在使用时基本处于自然状态，长期使用也不会觉得疲劳。

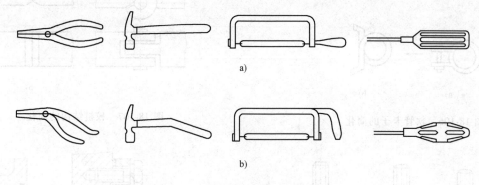

图 18-111　操作工具的结构改进

a）较差　b）较好

（2）提高操作能力的结构　操作者在操作机械设备或装置时需要用力，人在不同姿势、不同方向、不同手段用力时发力能力差别很大。一般人的右手握力大于左手，握力与手的姿势与持续时间有关，当持续一段时间后握力明显下降。推拉力也与姿势有关，站姿前后推拉时，拉力要比推力大，站姿左右推拉时，推力大于拉力。脚力的大小也与姿势有关，一般坐姿时脚的推力大，当操作力在 50~150N 时宜选脚力控制。用脚操作最好采用坐姿，座椅要有靠背，脚踏板应设在座椅前正中位置。

（3）减少操作错误的结构　用手操作的手轮、手柄或杠杆外形应设计得使手握舒服，不滑动，且操作可靠，不容易出现操作错误。图 18-112 所示为旋钮的结构形状与尺寸的建议。

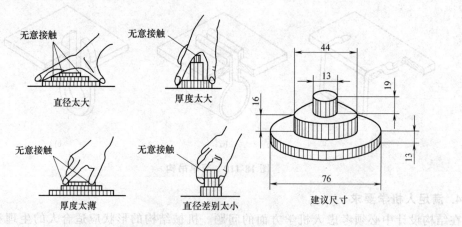

图 18-112　旋钮的结构形状与尺寸建议

在进行结构创新设计时，还应该考虑其他方面的要求。如采用标准件和标准尺寸系列，有利于标准化；考虑零件材料性能特点，设计适合材料功能要求的零件结构；考虑防腐措施，可实现零件自我加强、自我保护和零件之间相互支持的结构设计；为节约材料和资源，使报废产品能够回收利用的结构设计等。

参 考 文 献

［1］ 于惠力，向敬忠，张春宜. 机械设计 ［M］. 2 版. 北京：科学出版社，2013.

［2］ 于惠力，张春宜，潘承怡. 机械设计课程设计 ［M］. 2 版. 北京：科学出版社，2013.

［3］ 于惠力，潘承怡，冯新敏，等. 机械设计学习指导. ［M］. 2 版. 北京：科学出版社，2013.

［4］ 邱宣怀，郭可谦，吴宗泽，等. 机械设计 ［M］. 4 版. 北京：高等教育出版社，2012.

［5］ 濮良贵，纪名刚，等. 机械设计 ［M］. 8 版. 北京：高等教育出版社，2012.

［6］ 张策. 机械原理与机械设计 ［M］. 北京：机械工业出版社，2005.

［7］ 宋宝玉. 机械设计课程设计 ［M］. 哈尔滨：哈尔滨工业大学出版社，2010.

［8］ 王黎钦，陈铁鸣，等. 机械设计 ［M］. 5 版. 哈尔滨：哈尔滨工业大学出版社，2015.

［9］ 机械设计手册编委会. 机械设计手册单行本：联轴器、离合器与制动器 ［M］. 北京：机械工业出版社，2007.

［10］ 向敬忠，赵彦玲. 机械设计基础. 哈尔滨：黑龙江科学技术出版社，2002.

［11］ 秦大同，谢里阳. 现代机械设计手册 ［M］. 北京：化学工业出版社，2011.

［12］ 向敬忠，宋欣，崔思海. 机械设计课程设计图册 ［M］. 北京：化学工业出版社，2009.

［13］ 于惠力，冯新敏. 齿轮传动装置设计与实例 ［M］. 北京：机械工业出版社，2015.

［14］ 于惠力，冯新敏. 常见机械零件设计与实例 ［M］. 北京：机械工业出版社，2015.

［15］ 于惠力，冯新敏. 常见机构设计与实例 ［M］. 北京：机械工业出版社，2015.

［16］ 于惠力，冯新敏. 传动零部件设计实例精解 ［M］. 北京：机械工业出版社，2009.

［17］ 于惠力，冯新敏. 连接零部件设计实例精解 ［M］. 北京：机械工业出版社，2009.

［18］ 于惠力，李广慧，尹凝霞. 轴系零部件设计实例精解 ［M］. 北京：机械工业出版社，2009.

［19］ 于惠力，冯新敏，等. 新编实用紧固件手册 ［M］. 北京：机械工业出版社，2011.

［20］ 于惠力，冯新敏，李伟. 机械零部件设计入门与提高 ［M］. 北京：机械工业出版社，2011.

［21］ 于惠力，冯新敏，等. 机械工程师版简明机械设计手册 ［M］. 北京：机械工业出版社. 2017.

［22］ 于惠力，冯新敏. 轴系零部件设计与实用数据速查 ［M］. 北京：机械工业出版社，2010.

［23］ 成大先. 机械设计手册 ［M］. 5 版. 北京：化学工业出版社，2010.

［24］ 阮忠唐. 联轴器、离合器设计与选用 ［M］. 北京：化学工业出版社，2006.

［25］ 张黎骅，郑严. 新编机械设计手册 ［M］. 北京：人民邮电出版社，2008.

［26］ 机械设计手册编委会. 机械设计手册单行本：联轴器、离合器与制动器 ［M］. 北京：机械工业出版社，2007.

［27］ 机械设计手册编委会. 机械设计手册单行本：滚动轴承 ［M］. 北京：机械工业出版社，2007.

［28］ 吴宗泽. 机械设计课程设计手册 ［M］. 北京：高等教育出版社，2014.

［29］ 王红梅，赵静. 机械创新设计 ［M］. 北京：科学出版社，2011.

［30］ 张有忱，张莉彦. 机械创新设计 ［M］. 北京：清华大学出版社，2011.

［31］ 高志，黄纯颖. 机械创新设计 ［M］. 北京：高等教育出版社，2010.

［32］ 高志，刘莹. 机械创新设计 ［M］. 北京：清华大学出版社，2009.